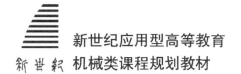

新世纪应用型高等教育
机械类课程规划教材

Engineering Training Instruction

工程训练指导书

主　编　邵　强
副主编　胡红英　冯屈原　唐建波
主　审　刘德全

U0245096

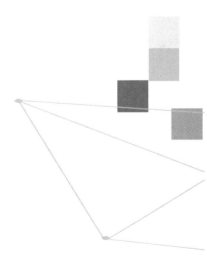

大连理工大学出版社

图书在版编目(CIP)数据

工程训练指导书 / 邵强主编. -- 大连 : 大连理
工大学出版社,2020.8(2023.3 重印)
ISBN 978-7-5685-2595-4

Ⅰ. ①工… Ⅱ. ①邵… Ⅲ. ①机械制造工艺—高等学
校—教学参考资料 Ⅳ. ①TH16

中国版本图书馆 CIP 数据核字(2020)第 122090 号

工程训练指导书
GONGCHENG XUNLIAN ZHIDAOSHU

大连理工大学出版社出版

地址:大连市软件园路 80 号   邮政编码:116023
发行:0411-84708842   邮购:0411-84708943   传真:0411-84701466
E-mail:dutp@dutp.cn   URL:http://dutp.dlut.edu.cn

辽宁虎驰科技传媒有限公司印刷   **大连理工大学出版社发行**

幅面尺寸:185mm×260mm   印张:19   字数:462 千字
2020 年 8 月第 1 版   2023 年 3 月第 4 次印刷

责任编辑:王晓历   责任校对:常　皓
封面设计:对岸书影

ISBN 978-7-5685-2595-4   定　价:49.80 元

工程训练是现代高等职业教育中工程教育的重要组成部分,既是传授工程知识和工程技术的重要手段,又是理论教学与生产实践相结合的桥梁,更是培养学生工程素质、创新潜质和实践能力的重要途径。通过工程训练,学生的工程素质、专业素质和适应社会的能力都将得到全面的提升与发展,培养复合型、应用型、创新型的人才也是当代高等职业教育的主要目标。

当今社会各界对工程技术人员的需求量在不断增加,要求水平也在日益提高,因此,作为理工科学生最重要的实践教学环节的工程训练越来越受到高等职业院校的重视。伴随着科学技术的高速发展,工程训练的内容和形式也在逐步改良更新。

根据新形势下的教学要求,本教材将传统制造工艺与现代先进制造技术相结合,注重学生工艺设计能力和动手实践能力的培养,让学生在工程实训中真正了解机械制造技术及其发展。

本教材共 15 章,包括普通车床实训;普通铣床实训;数控车床实训;加工中心实训;钣金实训;焊接实训;刨床实训;磨床实训;钳工实训;翻砂铸造实训;电火花线切割实训;激光加工实训;电气控制实训;三维数字化实训和工业工程实训。

本教材在编写过程中,以技能训练为主线,相关知识为支撑,将理论教学与技能训练进行良好的结合,不仅全面介绍了普通车床、普通铣床、数控车床和加工中心的操作流程,还详细讲解了钣金、焊接、刨削、磨削、钳工和铸造的操作工艺,以及特种加工技术中的线切割加工、电火花成型、激光加工技术、3D 打印技术和电气控制。对于企业生产中日益重要的管理意识,本教材也有所介绍,主要内容是关于生产线、立体仓库的工业工程管理和企业经营的沙盘模拟。在内容编排上,贯彻由浅入深、循序渐进的原则,在编写时力求突出重点,以真实案例为切入点,紧密联系实际生产过程,采用图文并茂的阐述形式,降低了学习难度,以利于培养学生的实践能力。

教材编写团队深入推进党的二十大精神融入教材,充分认识党的二十大报告提出的"实施科教兴国战略,强化现代人才建设支撑"精神,落实"加强教材建设和管理"新要求,在教材中加入思政元素,紧扣二十大精神,围绕专业育人目标,结合课程特点,注重知识传授、能力培养与价值塑造的统一。

本教材随文提供视频微课供学生即时扫描二维码进行观看,实现了教材的数字化、信息化、立体化,增强了学生学习的自主性与自由性,将课堂教学与课下学习紧密结合,力图为广大读者提供更为全面并且多样化的教材配套服务。

本教材由大连民族大学邵强任主编；大连民族大学胡红英，大连工业大学冯屈原，大连民族大学唐建波任副主编；大连民族大学郑殿华、孙嘉恒、李钢、田红娟、王林林、吴强、王德超、王东、宫永伟、陈剑伟、张加兴、贾朕、衣文旭、吴宪雨、罗清、付玉，千代达电子制造（大连）有限公司田笑梅，大连民族大学高健参与了编写。具体编写分工如下：第 1 章由郑殿华、孙嘉恒和李钢编写；第 2 章由邵强、田红娟和冯屈原编写；第 3 章由王林林编写；第 4 章由吴强编写；第 5、第 6 章由王德超、王东编写；第 7、第 11 章由邵强编写；第 8 章由胡红英、冯屈原编写；第 9 章由宫永伟、陈剑伟和张加兴编写；第 10 章由胡红英、贾朕编写；第 12 章由邵强、衣文旭编写；第 13 章由吴宪雨、唐建波编写；第 14 章由罗清、付玉编写；第 15 章由田笑梅、高健编写。

在编写本教材的过程中，编者参考、引用和改编了国内外出版物中的相关资料以及网络资源，在此表示深深的谢意！相关著作权人看到本教材后，请与出版社联系，出版社将按照相关法律的规定支付稿酬。

由于编者水平有限，书中疏漏和不妥之处在所难免，敬请专家、同仁和广大读者给予指正并提出宝贵意见。

编　者

2020 年 8 月

所有意见和建议请发往：dutpbk@163.com

欢迎访问高教数字化服务平台：http://hep.dutpbook.com

联系电话：0411-84708445　84708462

目 录

第 1 章

普通车床实训

本章思政目标:学习普通车床的基本操作、训练,加强职业认知,增强学生的家国情怀、文化素养,筑牢中华民族共同体意识。

1.1 车床基本操作

1.1.1 实训目的

1.了解普通车床的安全操作规程。

2.掌握普通车床的基本操作及步骤。

3.对操作者的有关要求。

4.掌握车削加工中的基本操作技能。

5.培养良好的职业道德。

1.1.2 实训要求

1.安全技术。

2.熟悉普通车床的结构组成及功用。

3.熟悉普通车床的基本操作。

①车床的启动和停止。

②车床转速、进给量、进给方向、光丝杠转换。

③车床手动进给控制。

1.1.3 实训设备

实训使用的设备为 CA6136-750 车床,18 台(图 1-1)

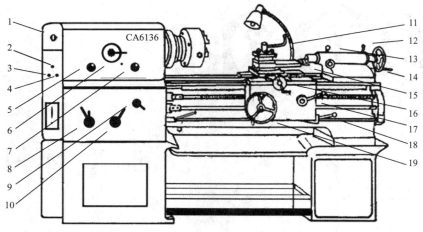

图 1-1　CA6136 车床的调整手柄

1—电源总开关；2—冷却开关；3—急停按钮；4—电动机控制开关；5—纵向反、正走刀手柄；6—主轴变速手柄；

7—主轴高、低档手柄；8、9、10—螺距及进给量调整手柄、丝杠光杠变换手柄；11—方刀架转位、固定手柄；

12—尾座紧固手柄；13—尾座顶尖套筒固定手柄；14—尾座顶尖套筒移动手柄；15—上刀架移动手柄；

16—下刀架横向移动手柄；17—开合螺母操纵手柄；18—主轴正、反转及停止操纵手柄；19—床鞍纵向移动手轮

1.1.4　实训内容

（一）熟悉车工基本概念及其加工范围

车工是在车床上利用工件的旋转运动和刀具的移动来改变毛坯形状和尺寸，将其加工成所需零件的一种切削加工方法。其中工件的旋转为主运动，刀具的移动为进给运动（图 1-2）。

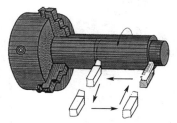

图 1-2　车床工作原理

车削运动车床主要用于加工回转体表面（图 1-3），加工的尺寸公差等级为 IT11～IT6，表面粗糙度 Ra 值为 12.5～0.8 μm。车床种类有很多，其中卧式车床应用最为广泛。

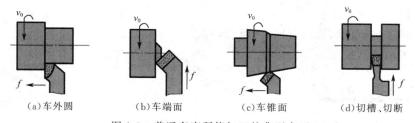

（a）车外圆　　　（b）车端面　　　（c）车锥面　　　（d）切槽、切断

图 1-3　普通车床所能加工的典型表面

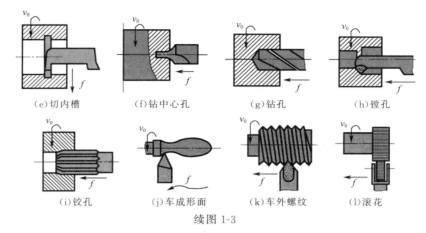

(e)切内槽　　(f)钻中心孔　　(g)钻孔　　(h)镗孔

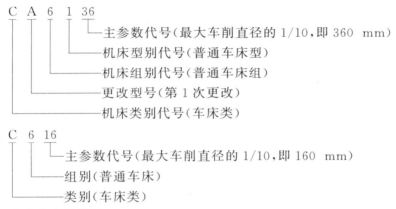

(i)铰孔　　(j)车成形面　　(k)车外螺纹　　(l)滚花

续图 1-3

(二)学习卧式车床型号及结构组成

1.机床的型号

C A 6 1 36
- └─ 主参数代号(最大车削直径的 1/10,即 360 mm)
- └─── 机床型别代号(普通车床型)
- └───── 机床组别代号(普通车床组)
- └─────── 更改型号(第 1 次更改)
- └───────── 机床类别代号(车床类)

C 6 16
- └─ 主参数代号(最大车削直径的 1/10,即 160 mm)
- └─── 组别(普通车床)
- └───── 类别(车床类)

2.卧式车床的结构

①主轴箱

主轴箱又称床头箱,内装主轴和变速机构。变速是通过改变设在床头箱外面的手柄位置,可使主轴获得 12 种不同的转速(45~1 980 r/min)。主轴是空心结构,能通过长棒料,棒料能通过主轴孔的最大直径是 29 mm。主轴的右端有外螺纹,用以连接卡盘、拨盘等附件。主轴右端的内表面是莫氏 5 号的锥孔,可插入锥套和顶尖,当采用顶尖并与尾架中的顶尖同时使用安装轴类工件时,其两顶尖之间的最大距离为 750 mm。床头箱的另一重要作用是将运动传给进给箱,并可改变进给方向。

②进给箱

进给箱又称走刀箱,它是进给运动的变速机构。它固定在床头箱下部的床身前侧面。变换进给箱外面的手柄位置,可将床头箱内主轴传递下来的运动,转为进给箱输出的光杆或丝杆获得不同的转速,以改变进给量的大小或车削不同螺距的螺纹。其纵向进给量为 0.06~0.83 mm/r;横向进给量为 0.04~0.78 mm/r;可车削 17 种公制螺纹(螺距为 0.5~9 mm)和 32 种英制螺纹(每英寸 2~38 牙)。

③溜板箱

溜板箱又称拖板箱,它是进给运动的操纵机构。它使光杠或丝杠的旋转运动,通过齿轮和齿条或丝杠和开合螺母,推动车刀做进给运动。溜板箱上有三层滑板,当接通光杠时,可使床鞍带动中滑板、小滑板及刀架沿床身导轨做纵向移动;中滑板可带动小滑板及刀架沿床鞍上的导轨做横向移动。故刀架可做纵向或横向直线进给运动。当接通丝杠并闭合开合螺母时可车削螺纹。溜板箱内设有互锁机构,使光杠、丝杠两者不能同时使用。

④刀架

刀架是用来装夹车刀,并可做纵向、横向及斜向运动。刀架是多层结构,它由组成结构如图 1-4 所示。

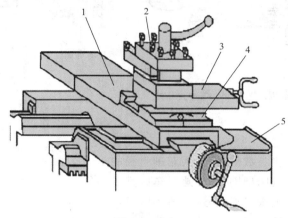

图 1-4　刀架

1—中滑板;2—方刀架;3—小滑板;4—转盘;5—床鞍

a.床鞍　与溜板箱牢固相连,可沿床身导轨做纵向移动。

b.中滑板　装置在床鞍顶面的横向导轨上,可做横向移动。

c.转盘　固定在中滑板上,松开紧固螺母后,可转动转盘,使它和床身导轨呈一个所需要的角度,而后再拧紧螺母,以加工圆锥面等。

d.小滑板　装在转盘上面的燕尾槽内,可做短距离的进给移动。

e.方刀架　固定在小滑板上,可同时装夹四把车刀。松开锁紧手柄,即可转动方刀架,把所需要的车刀更换到工作位置上。

⑤尾架

尾架用于安装后顶尖,以支持较长工件进行加工,或安装钻头、铰刀等刀具进行孔加工。偏移尾架可以车出长工件的锥体。尾架的结构由下列部分组成(图 1-5)。

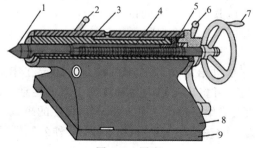

图 1-5　尾座

1—顶尖;2—套筒锁紧手柄;3—顶尖套筒;4—丝杆;5—螺母;6—尾座锁紧手柄;7—手轮;8—尾座体;9—底座

a.套筒　其左端有锥孔,用以安装顶尖或锥柄刀具。套筒在尾架体内的轴向位置可用手轮调节,并可用锁紧手柄固定。将套筒退至极右位置时,即可卸出顶尖或刀具。

b.尾座体　与底座相连,当松开固定螺钉时,拧动螺杆可使尾架体在底板上做微量横向移动,以便使前后顶尖对准中心或偏移一定距离车削长锥面。

c.底座　直接安装于床身导轨上,用以支承尾座体。

⑥光杠、丝杠与操纵杆

光杠、丝杠与操纵杆将进给箱的运动传至溜板箱。

a.光杠用于普通车削加工。

b.丝杠用于车螺纹加工。

c.操纵杆是车床的控制机构,在操纵杆左端和拖板箱右侧各装有一个手柄,操作者可以很方便地操纵手柄以控制车床主轴正转、反转或停车。

⑦床身

床身是车床的基础件,用来连接各主要部件并保证各部件在运动时有正确的相对位置。在床身上有供溜板箱和尾座移动用的导轨。

⑧底座

底座是起到机床各部件支撑和连接地基的作用。

3.卧式车床的传动系统

电动机输出的动力,经变速箱通过带传动传给主轴,更换变速箱和主轴箱外的手柄位置,得到不同的齿轮组啮合,从而得到不同的主轴转速。主轴通过卡盘带动工件做旋转运动。同时,主轴的旋转运动通过换向机构、交换齿轮、进给箱、光杠(或丝杠)传给溜板箱,使溜板箱带动刀架沿床身做直线进给运动。

4.卧式车床的基本操作

(1)CA6136卧式车床的调整及手柄的使用

CA6136卧式车床的调整主要是通过变换各自相应的手柄位置实现的。

(2)卧式车床的基本操作

①停车练习(主轴正、反转及停止操纵手柄18在停止位置)

a.正确变换主轴转速。变动变速箱和主轴箱外面的变速手柄,可得到各种相对应的主轴转速。当手柄拨动不顺利时,可用手稍转动卡盘即可。

b.正确变换进给量。按所选的进给量查看进给箱上的标牌,再按标牌上进给变换手柄位置来变换手柄的位置,即得到所选定的进给量。

c.熟悉掌握纵向和横向手动进给手柄的转动方向。左手握纵向进给手动手轮,右手握横向进给手动手柄。分别顺时针和逆时针旋转手轮,操纵刀架和溜板箱的移动方向。

d.熟悉掌握纵向或横向机动进给的操作。光杠或丝杠接通手柄位于光杠接通位置上,将纵向机动进给手柄按下即可纵向进给,如将横向机动进给手柄向上提起即可横向机动进给。将手柄扳动至中间位置则可停止纵、横机动进给。

e.尾座的操作。尾座靠手动移动,其固定靠紧固螺栓螺母。转动尾座顶尖套筒移动手轮,可使套筒在尾架内移动,转动尾座锁紧手柄,可将套筒固定在尾座内。

②低速开车练习　练习前应先检查各手柄位置是否处于正确的位置,检查无误后进行开车练习。

a.电动机启动—主轴启动—操纵主轴转动—停止主轴转动—关闭电动机。

b.电动机启动—机动进给—操纵主轴转动—手动纵横进给—机动纵横进给—手动退

回—机动横向进给—手动退回—停止主轴转动—关闭电动机。

特别注意：

a.机床未完全停止时,严禁变换主轴转速,否则会发生严重的主轴箱内齿轮打齿现象甚至发生机床事故。启动前要检查各手柄是否处于正确位置。

b.纵向和横向手柄的进退方向不能摇错,尤其是快速进退刀时要千万注意,否则会发生工件报废和安全事故。

c.横向进给手动手柄每转一格时,刀具横向吃刀量为 0.02 mm,其圆柱体直径方向切削量为 0.04 mm。

1.1.5 操作示例分析

1.机床各个手轮的使用

(1)机床在不通电的情况下,尝试摇动手轮来操作机床;

(2)转动纵向进给手轮,溜板箱带动刀架纵向移动;

(3)转动横向进给手轮,溜板箱带动刀架左横向移动。

2.低速开车练习

(1)接通机床电源;

(2)将主轴速度调整至 275 r/min(如果无法转动,转动一下卡盘,继续转动手柄);

(3)将控制进给箱输出速度手柄扳到 0.053 mm/r;

(4)按下启动按钮,机床主轴运动,扳动控制自动进给的手柄,刀架可以进行自动进给运动;

(5)按下主轴停止按钮;

(6)按下急停开关;

(7)将机床断电。

1.1.6 思考题

1.车削加工时,工件和刀具需作哪些运动?车削要素的名称、符号和单位是什么?解释 CA6136 的含义。

2.卧式车床有哪些主要组成部分?各有何功用?

3.卧式车床的结构有哪些特点?主要应用在什么场合?

1.2 车削加工基本操作

1.2.1 实训目的

1.掌握刀具的种类、组成和基本角度。

2.掌握端面、外圆等切削方法。

3.掌握车削加工中的基本操作技能。

4.掌握各类刀具的刃磨。

5.掌握螺纹的车削方法。

6.掌握综合类零件的车削加工。

7.掌握孔类零件的车削加工。

8.掌握综合类零件的车削加工。

9.熟悉车床附件的使用。

10.学习各类零件的工艺制定。

1.2.2　实训要求

1.安全操作。

2.刀具的结构、种类、刃磨、基本角度和功用。

3.普通车床的基本切削操作。

(1)零件的装夹。

(2)刀具的安装。

(3)端面、外圆的车削方法。

(4)滚花的车削方法。

(5)切槽、切断的车削方法。

(6)圆锥的车削方法。

4.螺纹的切削操作。

(1)螺纹相关数据的计算方法。

(2)开合螺母加工法车削螺纹。

(3)正反转加工法车削螺纹。

5.孔类零件的切削操作。

6.轴类零件的工艺制定。

7.盘套类零件的工艺制定。

8.附件使用。

1.2.3　实训设备

实训使用设备 CA6136-750 车床,18 台。

1.2.4　实训内容

1.车刀材料

(1)刀具材料应具备的性能

①高硬度和好的耐磨性

刀具材料的硬度必须高于被加工材料的硬度才能切下金属。一般刀具材料的硬度应在 60 HRC 以上。刀具材料越硬,其耐磨性就越好。

②足够的强度与冲击韧度

强度是指在切削力的作用下,不至于发生刀具破碎与刀杆折断所具备的性能。冲击韧度是指刀具材料在有冲击或间断切削的工作条件下,保证不崩刃的能力。

③高的耐热性

耐热性又称红硬性,它是衡量刀具材料性能的主要指标,它综合反映了刀具材料在高温下仍能保持高硬度、耐磨性、强度、抗氧化、抗黏结和抗扩散的能力。

④良好的工艺性和经济性

(2)常用刀具材料

目前,车刀广泛应用硬质合金刀具材料,在某些情况下也应用高速钢刀具材料。

①高速钢

高速钢是一种高合金钢,俗称白钢、锋钢、风钢等。其强度、冲击韧度、工艺性很好,是制造复杂形状刀具的主要材料。例如:成形车刀、麻花钻头、铣刀、齿轮刀具等。高速钢的耐热性不高,在 640 ℃左右其硬度下降,不能进行高速切削。

②硬质合金

硬质合金是以耐热性高和耐磨性好的碳化物,钴为黏结剂,采用粉末冶金的方法压制成各种形状的刀片,然后用铜钎焊的方法焊在刀头上作为切削刀具的材料。硬质合金的耐磨性和硬度比高速钢高得多,但塑性和冲击韧度不及高速钢。

2.车刀组成及车刀角度

车刀是形状最简单的单刃刀具,其他各种复杂刀具都可以看作是车刀的组合和演变,有关车刀角度的定义,均适用于其他刀具。

(1)车刀的组成

车刀是由刀头(切削部分)和刀体(夹持部分)所组成。车刀的切削部分是由三面、二刃、一尖所组成,即一点二线三面。车刀的组成及刀尖的形成分别如图 1-6、图 1-7 所示。

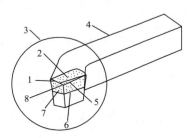

图 1-6　车刀的组成

1—副切削刃;2—前刀面;3—刀头;4—刀体;5—主切削刃;6—主后刀面;7—副后刀面;8—刀尖

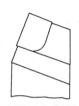  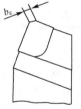

(a)切削刃的实际交点　　(b)圆弧过渡刃　　(c)直线过渡刃

图 1-7　刀尖的形成

（2）车刀角度

车刀的主要角度有前角 γ_0、后角 α_0、主偏角 κ_r、副偏角 κ_r' 和刃倾角 λ_s。

①前角 γ_0

前刀面与基面之间的夹角,在主剖面测量,表示前刀面的倾斜程度。前角可分为正、负、零,前刀面在基面之下则前角为正值,反之为负值,相重合为零。

前角的作用:增大前角,可使刀刃锋利、切削力降低、切削温度低、刀具磨损小、表面加工质量高。但过大的前角会使刃口强度降低,容易造成刃口损坏。

选择原则:用硬质合金车刀加工钢件(塑性材料等),一般选取 $\gamma_0 = 10°\sim20°$;加工灰口铸铁(脆性材料等),一般选取 $\gamma_0 = 5°\sim15°$。精加工时,可取较大的前角,粗加工应取较小的前角。工件材料的强度和硬度较大时,前角取较小值,有时甚至取负值。

②后角 α_0

主后刀面与切削平面之间的夹角,在主剖面测量,表示主后刀面的倾斜程度。

后角的作用:减少主后刀面与工件之间的摩擦,并影响刃口的强度和锋利程度。选择原则:一般后角可取 $\alpha_0 = 6°\sim8°$。

③主偏角 κ_r

主切削刃与进给方向在基面上投影间的夹角。

主偏角的作用:影响切削刃的工作长度、切深抗力、刀尖强度和散热条件。主偏角越小,则切削刃工作长度越长,散热条件越好,但切深抗力越大。

选择原则:车刀常用的主偏角有 45°、60°、75°、90°几种。工件粗大、刚性好时,可取较小值。车细长轴时,为了减少径向力而引起工件弯曲变形,宜选取较大值。

④副偏角 κ_r'

副切削刃与进给方向在基面上投影间的夹角。

副偏角的作用:影响已加工表面的表面粗糙度,减小副偏角可使已加工表面光洁。

选择原则:一般取 $\kappa_r' = 5°\sim15°$,精车可取 $5°\sim10°$,粗车可取 $10°\sim15°$。

⑤刃倾角 λ_s

主切削刃与基面间的夹角,在切削平面测量,刀尖为切削刃最高点时为正值,反之为负值。

刃倾角的作用:主要影响主切削刃的强度和控制切屑流出的方向。以刀杆底面为基准,当刀尖为主切削刃最高点时,λ_s 为正值,切屑流向待加工表面;当主切削刃与刀杆底面平行时,$\lambda_s = 0$,切屑沿着垂直于主切削刃的方向流出;当刀尖为主切削刃最低点时,λ_s 为负值,切屑流向已加工表面。

选择原则:一般 λ_s 在 $0\sim\pm5°$ 选择。粗加工时,常取负值,虽切屑流向已加工表面,但保证了主切削刃的强度高。精加工常取正值,使切屑流向待加工表面,从而不会划伤已加工表面的质量。

3.车刀的刃磨

车刀(指整体车刀与焊接车刀)用钝后重新刃磨是在砂轮机上刃磨的。磨高速钢车刀用氧化铝砂轮(白色),磨硬质合金刀头用碳化硅砂轮(绿色)。

（1）砂轮的特性

砂轮的特性由磨料、粒度、硬度、结合剂和组织 5 个因素决定。

①磨料

常用的磨料有氧化物系、碳化物系和高硬磨料系 3 种。氧化铝砂轮磨粒硬度低（HV 2 000～HV 2 400）、韧性大，适用刃磨高速钢车刀，白色的叫作白刚玉，灰褐色的叫作棕刚玉。碳化硅砂轮的磨粒硬度比氧化铝砂轮的磨粒硬度高（HV 2 800 以上）。性脆而锋利，并且具有良好的导热性和导电性，适用刃磨硬质合金。常用的是黑色和绿色的碳化硅砂轮。而绿色的碳化硅砂轮更适合刃磨硬质合金车刀。

②硬度

砂轮的硬度是反映磨粒在磨削力的作用下，从砂轮表面上脱落的难易程度。砂轮硬，即表面磨粒难以脱落；砂轮软，即表面磨粒容易脱落。刃磨高速钢车刀和硬质合金车刀时应选软或中软的砂轮。

应根据刀具材料正确选用砂轮。刃磨高速钢车刀时，应选用粒度为 46 号到 60 号的软或中软的氧化铝砂轮。刃磨硬质合金车刀时，应选用粒度为 60 号到 80 号的软或中软的碳化硅砂轮，两者不能搞错。

（2）车刀刃磨的步骤

①磨主后刀面，同时磨出主偏角及主后角；

②磨副后刀面，同时磨出副偏角及副后角；

③磨前刀面，同时磨出前角；

④修磨各刀面及刀尖。

（3）刃磨车刀的姿势及方法

①人站立在砂轮机的侧面，以防砂轮碎裂时，碎片飞出伤人；

②两手握刀的距离放开，两肘夹紧腰部，以减小磨刀时的抖动；

③磨刀时，车刀要放在砂轮的水平中心，刀尖略向上翘 3°～8°，车刀接触砂轮后应做左右方向水平移动。当车刀离开砂轮时，车刀需向上抬起，以防磨好的刀刃被砂轮碰伤；

④磨后刀面时，刀杆尾部向左偏过一个主偏角的角度；磨副后刀面时，刀杆尾部向右偏过一个副偏角的角度；

⑤修磨刀尖圆弧时，通常以左手握车刀前端为支点，用右手转动车刀的尾部。

4.车刀的安装

车刀必须正确牢固地安装在刀架上，如图 1-8 所示。

安装车刀应注意下列几点：

（1）刀头不宜伸出太长，否则切削时容易产生振动，影响工件加工精度和表面粗糙度。一般刀头伸出长度不超过刀杆厚度的两倍，能看见刀尖车削即可。

（2）刀尖应与车床主轴中心线等高。车刀装得太高，后角减小，则车刀的主后刀面会与工件产生强烈的摩擦；如果装得太低，前角减少，会使切削不顺利，造成刀尖崩碎。刀尖的高低，可根据尾架顶尖的高低来调整。车刀的安装如图 1-8（a）所示。

（3）车刀底面的垫片要平整，并尽可能用厚垫片，以减少垫片数量。调整好刀尖高低后，至少要用两个螺钉交替将车刀拧紧。

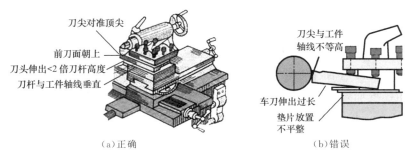

（a）正确　　　　　　　　　　　　（b）错误

图1-8　车刀的安装

5.车削外圆、端面和台阶

（1）安装工件

①用三爪自定心卡盘安装工件

三爪自定心卡盘的结构如图1-9（a）所示，当用卡盘扳手转动小锥齿轮时，大锥齿轮也随之转动，在大锥齿轮背面平面螺纹的作用下，使三个爪同时向心移动或退出，以夹紧或松开工件。它的特点是对中性好，自动定心精度可达0.05～0.15 mm。可以装夹直径较小的工件，如图1-9（b）所示。当装夹直径较大的外圆工件时可用三个反爪进行，如图1-9（c）所示。但三爪自定心卡盘由于夹紧力不大，所以一般只适用于重量较轻的工件，当重量较重的工件进行装夹时，宜用四爪单动卡盘或其他专用夹具。

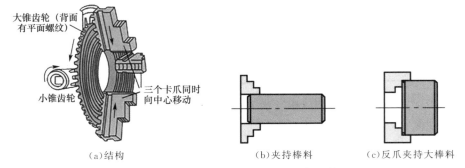

（a）结构　　　　　　　（b）夹持棒料　　　　　　（c）反爪夹持大棒料

图1-9　三爪自定心卡盘结构和工件安装

②用一夹一顶安装工件

对于一般较短的回转体类工件，较适用于用三爪自定心卡盘装夹，但对于较长的回转体类工件，用此方法则刚性较差。所以，对一般较长的工件，尤其是较重要的工件来说，不能直接用三爪自定心卡盘装夹，而要用一端夹住，另一端用后顶尖顶住的装夹方法。

（2）外圆加工

①调整车床

车床的调整包括主轴转速和车刀的进给量。

主轴的转速是根据切削速度的计算选取的。而切削速度的选择则和工件材料、刀具材料以及工件加工精度有关。用高速钢车刀车削时，$V=0.3\sim1$ m/s，用硬质合金刀车削时，$V=1\sim3$ m/s。车硬度高的钢比车硬度低的钢转速低一些。

例如用硬质合金车刀加工直径$D=200$ mm的铸铁带轮，选取的切削速度$V=0.9$ m/s，计

11

算主轴的转速为

$$n = \frac{1\ 000 \times 60 \times v}{\pi D} = \frac{1\ 000 \times 60 \times 0.9}{3.14 \times 200} \approx 99\ \text{转/分} \tag{1-1}$$

进给量是根据工件加工要求确定的。粗车时，一般取 0.2～0.3 毫米/转；精车时，随所需要的表面粗糙度而定。例如表面粗糙度 Ra 为 3.2 μm 时，选用 0.1～0.2 毫米/转；表面粗糙度 Ra 为 1.6 μm 时，选用 0.06～0.12 毫米/转等。进给量的调整可对照车床进给量表扳动手柄位置，具体方法与调整主轴转速相似。

②粗车和精车

粗车的目的是尽快地切去多余的金属层，使工件接近于最后的形状和尺寸。粗车后应留下 0.5～1 mm 的加工余量。

精车是切去余下少量的金属层以获得零件所求的精度和表面粗糙度，因此背吃刀量较小，为 0.1～0.2 mm，切削速度则可用较高或较低速，初学者可用较低速。为了提高工件表面粗糙度，用于精车的车刀的前、后刀面应采用油石加机油磨光，有时刀尖磨成一个小圆弧。

为了保证加工的尺寸精度，应采用试切法车削，试切法的步骤如图 1-10 所示。

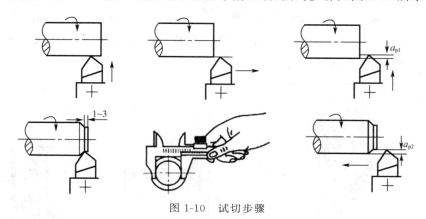

图 1-10　试切步骤

③车外圆时的质量分析

a.尺寸不正确：原因是车削时粗心大意，看错尺寸；刻度盘计算错误或操作失误；测量时不仔细，不准确。

b.表面粗糙度不符合要求：原因是车刀刃磨角度不对；刀具安装不正确或刀具磨损，以及切削用量选择不当；车床各部分间隙过大。

c.外径有锥度：原因是吃刀深度过大，刀具磨损；刀具或拖板松动；用小拖板车削时转盘下基准线未对准"0"线；两顶尖车削时床尾"0"线不在轴心线上；精车时加工余量不足。

（3）端面加工

端面的车削方法：车端面时，刀具的主刀刃要与端面有一定的夹角。工件伸出卡盘外的部分应尽可能短些，车削时用中拖板横向走刀，走刀次数根据加工余量而定，可采用自外向中心走刀，也可采用自圆中心向外走刀的方法。

常用端面车削时的几种情况，如图 1-11 所示。

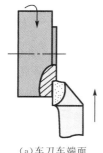 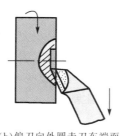 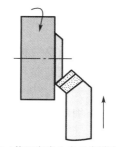

（a）车刀车端面　　　　（b）偏刀向外圆走刀车端面　　　　（c）偏刀向中心走刀车端面

图1-11　车端面的常用车刀

车端面时应注意以下几点：

①车刀的刀尖应对准工件中心，以免车出的端面中心留有凸台。

②偏刀车端面，当背吃刀量较大时，容易扎刀。背吃刀量a_p的选择：粗车时$a_p=$ 0.2～1 mm，精车时$a_p=0.05$～0.2 mm。

③端面的直径从外到中心是变化的，切削速度也在改变，在计算切削速度时必须按端面的最大直径计算。

④车直径较大的端面，若出现凹心或凸肚时，应检查车刀和方刀架，以及大拖板是否锁紧。

车端面的质量分析：

①端面不平，产生凸、凹现象或端面中心留"小头"。原因是车刀刃磨或安装不正确，刀尖没有对准工件中心，吃刀深度过大，车床有间隙拖板移动。

②表面粗糙度差。原因是车刀不锋利，手动走刀摇动不均匀或太快，自动走刀切削用量选择不当。

（4）台阶加工

车削台阶的方法与车削外圆基本相同，但在车削时应兼顾外圆直径和台阶长度两个方向的尺寸要求，还必须保证台阶平面与工件轴线的垂直度要求。

台阶长度尺寸的控制方法：

①台阶长度尺寸要求较低时可直接用大拖板刻度盘控制。

②台阶长度可用钢直尺或样板确定位置，如图1-12（a）、图1-12（b）所示。车削时先用刀尖车出比台阶长度略短的刻痕作为加工界限，台阶的准确长度可用游标卡尺或深度游标卡尺测量。

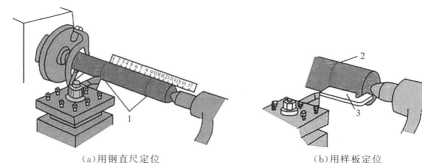

（a）用钢直尺定位　　　　　　　　　　　（b）用样板定位

图1-12　台阶长度尺寸的控制方法

1,2—刻线；3—样板

③台阶长度尺寸要求较高且长度较短时,可用小滑板刻度盘控制其长度。

6.滚花

花纹有直纹和网纹两种,滚花刀也分为直纹滚花刀(图1-13(a))和网纹滚花刀(图1-13(b)、图1-13(c))。滚花是用滚花刀来挤压工件,使其表面产生塑性变形而形成花纹。滚花的径向挤压力很大,因此在加工时,工件的转速要低些。需要充分供给冷却润滑液,以免研坏滚花刀和防止细屑滞塞在滚花刀内而产生乱纹。

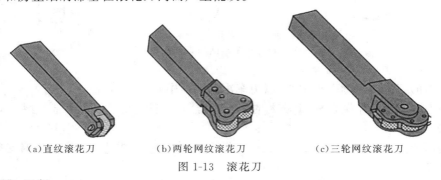

(a)直纹滚花刀　　　　(b)两轮网纹滚花刀　　　　(c)三轮网纹滚花刀

图1-13　滚花刀

7.切槽、切断

(1)切槽

在工件表面上车沟槽的方法叫作切槽,形状有外槽、内槽和端面槽,如图1-14(a)所示。

①切槽刀的选择

常选用高速钢切槽刀切槽,切槽刀的几何形状和角度如图1-14(b)所示。

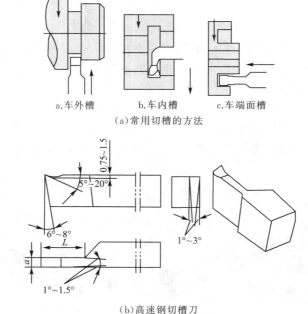

a.车外槽　　　b.车内槽　　　c.车端面槽

(a)常用切槽的方法

(b)高速钢切槽刀

图1-14　切槽方法与切槽刀

②切槽的方法

车削精度不高、宽度较窄的矩形沟槽,可以用刀宽等于槽宽的切槽刀,采用直进法一次车出。精度要求较高的,一般分二次车成。

车削较宽的沟槽,可用多次直进法切削(图 1-15),并在槽的两侧留一定的精车余量,然后根据槽深、槽宽精车至尺寸。

(a)第一次横向送进　　　(b)第二次横向送进　　　(c)末一次横向送进后再以纵向送进精车槽底

图 1-15　切宽槽

(2)切断

切断要用切断刀。切断刀的形状与切槽刀相似,但因刀头窄而长,很容易折断。常用的切断方法有直进法和左右借刀法两种,如图 1-15 所示。直进法常用于切断铸铁等脆性材料;左右借刀法常用于切断钢等塑性材料。

切断时应注意以下几点:

①切断一般在卡盘上进行,如图 1-16 所示。工件的切断处应距卡盘近些,避免在顶尖安装的工件上切断。

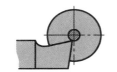 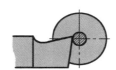

(a)切断刀安装过低,不宜切削　　(b)切断刀安装过高,刀具后面顶住工件,刀头易被压断

图 1-16　在卡盘上切断

②切断刀刀尖必须与工件中心等高,否则切断处将剩有凸台,且刀头也容易损坏(图 1-17)。

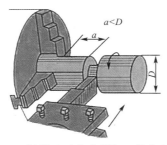

图 1-17　切断刀刀尖必须与工件中心等高

③切断刀伸出刀架的长度不要过长,进给要缓慢均匀。将切断时,必须放慢进给速度,以免刀头折断。

④两顶尖工件切断时,不能直接切到中心,以防车刀折断,工件飞出。

8.圆锥面加工

将工件车削成圆锥表面的方法称为车圆锥面。常用车削锥面的方法有宽刀法、转动小刀架法、靠模法、尾座偏移法等几种。这里介绍转动小刀架法和尾座偏移法。

（1）转动小刀架法

当加工锥面不长的工件时，可用转动小刀架法车削。车削时，将小滑板下面的转盘上的螺母松开，把转盘转至所需要的圆锥半角 $\alpha/2$ 的刻线上，与基准零线对齐，然后固定转盘上的螺母，如果锥角不是整数，可在锥附近估计一个值，试车后逐步找正，如图 1-18 所示。

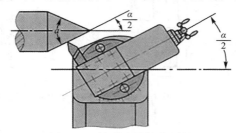

图 1-18　转动小滑板车圆锥

（2）尾座偏移法

当车削锥度小，锥形部分较长的圆锥面时，可用尾座偏移法，此方法可以自动走刀，缺点是不能车削整圆锥和内锥体，以及锥度较大的工件。将尾座上滑板横向偏移一个距离 S，使偏位后两顶尖连线与原两顶尖中心线相交一个 $\alpha/2$ 的角度，尾座的偏向取决于工件大小头在两顶尖间的加工位置。尾座的偏移量与工件的总长有关，如图 1-19 所示，尾座偏移量可用下列公式计算，即

$$S = \frac{D-d}{2L}L_0 \tag{1-2}$$

式中　　S——尾座偏移量，mm；

　　　　L——工件锥体部分长度，mm；

　　　　L_0——工件总长度，mm；

　　　　D、d——锥体大头直径、锥体小头直径，mm。

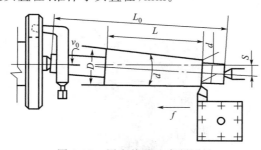

图 1-19　尾座偏移法车削圆锥

床尾的偏移方向由工件的锥体方向决定。当工件的小端靠近床尾处，床尾应向里移动，反之，床尾应向外移动。

加工圆锥体的质量分析：

①锥度不准确。原因是计算上存在误差；小拖板转动角度和床尾偏移量偏移不精确；车刀、拖板、床尾没有固定好，在车削过程中移动。甚至因为工件的表面粗糙度太差，量规或工件上有毛刺或没有擦干净，而造成检验和测量的误差。

②圆锥母线不直。圆锥母线不直是指锥面不是直线,锥面上产生凹凸现象或是中间低、两头高。主要原因是车刀安装没有对准中心。

③表面粗糙度不合要求。原因是切削用量选择不当;车刀磨损或刃磨角度不对;没有进行表面抛光或者抛光余量不够。用小拖板车削锥面时,手动走刀不均匀,机床的间隙大,工件刚性差也会影响工件的表面粗糙度。

9.螺纹加工

将工件表面车削成螺纹的方法称为车螺纹。螺纹按牙型分为三角螺纹、梯形螺纹、方牙螺纹等(图 1-20)。其中普通公制三角螺纹应用最广。

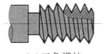

(a)三角螺纹　　　　　　(b)方牙螺纹　　　　　　(c)梯形螺纹

图 1-20　螺纹的种类

(1)普通三角螺纹的基本牙型

普通三角螺纹的基本牙型如图 1-21 所示,各基本尺寸及名称如下:

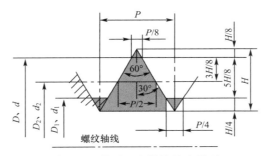

图 1-21　普通三角螺纹基本牙型

D—内螺纹大径(公称直径);d—外螺纹大径(公称直径);D_2—内螺纹中径;d_2—外螺纹中径;

D_1—内螺纹小径;d_1—外螺纹小径;P—螺距;H—原始三角形高度

决定螺纹的基本要素有 3 个:

螺距 P——沿轴线方向上相邻两牙间对应点的距离。

牙型角 α——螺纹轴向剖面内螺纹两侧面的夹角。

螺纹中径 $D_2(d_2)$——平螺纹理论高度 H 的一个假想圆柱体的直径。在中径处的螺纹牙厚和槽宽相等。只有内外螺纹中径都一致时,两者才能很好地配合。

(2)车削外螺纹的方法与步骤

①准备工作

a.安装螺纹车刀时,车刀的刀尖角等于螺纹牙型角 $\alpha=60°$,前角 $\gamma_0=0°$,才能保证工件螺纹的牙型角,否则牙型角将产生误差。只有粗加工或螺纹精度要求不高时,其前角可取 $\gamma_0=5°\sim20°$。安装螺纹车刀时刀尖对准工件中心,并用样板对刀,以保证刀尖角的角平分线与工件的轴线相垂直,车出的牙型角才不会偏斜,如图 1-22 所示。

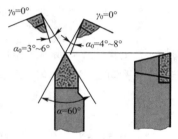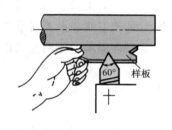

图 1-22　螺纹车刀几何角度与用样板对刀

b.按螺纹规格车螺纹外圆,并按所需长度刻出螺纹长度终止线。先将螺纹外径车至尺寸,然后用刀尖在工件上的螺纹终止处刻一条微可见线,以它作为车螺纹的退刀标记。

c.根据工件的螺距 P,查机床上的标牌,然后调整进给箱上手柄位置及配换挂轮箱齿轮的齿数以获得所需要的工件螺距。

d.确定主轴转速。初学者应将车床主轴转速调到最低速。

②车螺纹的方法和步骤

a.确定车螺纹切削深度的起始位置,将中滑板刻度调至零位,开车,使刀尖轻微接触工件表面,然后迅速将中滑板刻度调至零位,以便于进刀记数。

b.试切第一条螺旋线并检查螺距。将床鞍摇至离工件端面 8～10 牙处,横向进刀 0.05 左右。开车,合上开合螺母,在工件表面车出一条螺旋线,至螺纹终止线处退出车刀,开反车将车刀退至工件右端;停车,用钢尺检查螺距是否正确,如图 1-23(a)所示。

c.用刻度盘调整背吃刀量,开车切削,如图 1-23(d)。螺纹的总背吃刀量 a_p 与螺距的关系按经验公式 $a_p \approx 0.65P$。

d.车刀将至终点时,应做好退刀停车准备,先快速退出车刀,然后开反车退出刀架。如图 1-23(e)所示。

e.再次横向进刀,继续切削至车出正确的牙型,如图 1-23 所示。

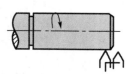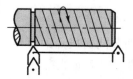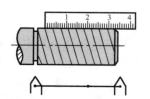

(a)开车,使车刀与工件轻微接触,记下刻度盘读数,向右退出车刀

(b)合上对开螺母,在工件表面车出一条螺旋线,横向退出车刀,停车

(c)开车,使车刀遇到工件右端,停车,用钢尺检查螺距是否正确

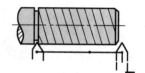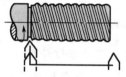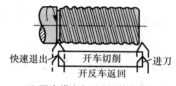

(d)利用刻度盘调整切深,开车切削,车钢料时加大背吃刀量

(e)车刀将至终点时,应做好退刀停车准备。先快速退出车刀,然后停车,开反车退回刀架

(f)再次横向切入,继续切削,其切削过程的路线如图所示

图 1-23　螺纹切削方法与步骤

（3）螺纹车削注意事项

①注意和消除拖板的"空行程"。

②避免"乱扣"。当第一条螺旋线车好以后，第二次进刀后车削，刀尖不在原来的螺旋线（螺旋槽）中，而是偏左或偏右，甚至车在牙顶中间，将螺纹车乱这个现象就叫作"乱扣"，预防乱扣的方法是采用倒顺（正反）车法车削。

③对刀。对刀前先要安装好螺纹车刀，然后按下开合螺母，开正车（注意应该是空走刀）停车，移动中、小拖板使刀尖准确落入原来的螺旋槽中（不能移动大拖板），同时根据所在螺旋槽中的位置重新做中拖板进刀的记号，再将车刀退出，开倒车，将车退至螺纹头部，再进刀。对刀时一定要注意是正车对刀。

④借刀。借刀就是螺纹车削定深度后，将小拖板向前或向后移动一点距离再进行车削，借刀时注意小拖板移动距离不能过大，以免将牙槽车宽造成"乱扣"。

⑤车螺纹前先检查好所有手柄是否处于车螺纹位置，防止盲目开车；

⑥车螺纹时要思想集中，动作迅速，反应灵敏；

⑦用高速钢车刀车螺纹时，车头转速不能太快，以免刀具磨损；

⑧要防止车刀、刀架、拖板与卡盘、床尾相撞；

⑨旋螺母时，车刀退离工件，防止车刀将手划破，不要开车旋紧或者退出螺母。

10.钻孔和镗孔

车床上可以用钻头、镗刀、扩孔钻头、铰刀进行钻孔、镗孔、扩孔和铰孔。下面介绍钻孔和镗孔的方法：

（1）钻孔

利用钻头将工件钻出孔的方法称为钻孔。钻孔的公差等级为IT10以下，表面粗糙度为 Ra 12.5 μm，多用于粗加工孔。如图1-24所示，在车床上钻孔，工件装夹在卡盘上，钻头安装在尾架套筒锥孔内。钻孔前先车平端面并车出一个中心坑或先用中心钻钻中心孔作为引导。钻孔时，摇动尾架手轮使钻头缓慢进给。钻孔进给量不能过大，以免折断钻头。

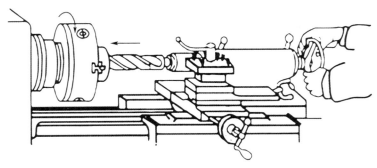

图1-24　车床上钻孔

钻孔的注意事项：

①起钻使进给量要小，待钻头头部全部进入工件后，才能正常钻削。

②钻钢件时，应加冷切液，防止因钻头发热而退火。

③钻小孔或钻较深孔时，由于铁屑不易排出，必须经常退出排屑，否则会因铁屑堵塞而

使钻头"咬死"或折断。

④钻小孔时,车头转速应选择快些,钻头的直径越大,钻速则相应更慢。

⑤当钻头将要钻通工件时,由于钻头横刃首先钻出,因此轴向阻力大减,这时进给速度必须减慢,否则钻头容易被工件卡死,造成锥柄在床尾套筒内打滑而损坏锥柄和锥孔。

(2)镗孔

在车床上对工件的孔进行车削的方法叫作镗孔(或车孔),镗孔可以做粗加工,也可以做精加工。镗孔分为镗通孔和镗不通孔,如图1-25所示。镗通孔基本上与车外圆相同,只是进刀和退刀方向相反。粗镗和精镗内孔时也要进行试切和试测,其方法与车外圆相同。注意镗通孔时,车刀的主偏角为45°~75°,镗不通孔时,车刀的主偏角大于90°。

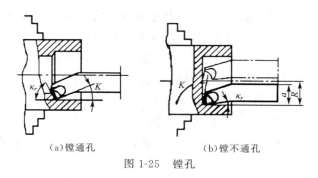

(a)镗通孔　　　　　　(b)镗不通孔

图1-25　镗孔

(3)加工内孔时的质量分析

①尺寸精度达不到要求

a.孔径大于要求尺寸:原因是镗孔刀安装不正确,刀尖不锋利,小拖板下面转盘基准线未对准"0"线,孔偏斜、跳动,测量不及时。

b.孔径小于要求尺寸:原因是刀杆细造成"让刀"现象,塞规磨损或选择不当,绞刀磨损以及车削温度过高。

②几何精度达不到要求

a.内孔成多边形:原因是车床齿轮咬合过紧,接触不良,车床各部分间隙过大;薄壁工件装夹变形也会使内孔呈多边形。

b.内孔有锥度在:原因是主轴中心线与导轨不平行,使用小拖板时基准线不对,切削量过大或刀杆太细造成"让刀"现象。

c.表面粗糙度达不到要求:原因是刀刃不锋利,角度不正确,切削用量选择不当,冷却液不充分。

11.车床附件及其使用方法

(1)用四爪卡盘安装工件

四爪卡盘的外形如图1-26(a)所示。四个爪通过4个螺杆独立移动。特点是能装夹形状比较复杂的非回转体如方形、长方形等,而且夹紧力大。由于其装夹后不能自动定心,所以装夹效率较低,装夹时必须用划线盘或百分表找正,使工件回转中心与车床主轴中心对齐,如图1-26(b)所示为用百分表找正外圆的示意图。

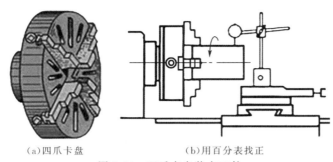

(a)四爪卡盘　　　　　　　　　(b)用百分表找正

图 1-26　四爪卡盘装夹工件

(2)用顶尖安装工件

对同轴度要求较高且需要调头加工的轴类工件来说,常用双顶尖装夹工件,如图 1-27 所示,其前顶尖为普通顶尖,装在主轴孔内,并随主轴一起转动,后顶尖为活顶尖,装在尾架套筒内。工件利用中心孔被顶在前、后顶尖之间,并通过拨盘和卡箍随主轴一起转动。

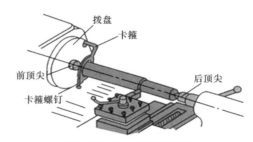

图 1-27　用顶尖安装工件

用顶尖安装工件时应注意以下几点:

①卡箍上的支承螺钉不能支承得太紧,以防工件变形。

②由于靠卡箍传递扭矩,所以车削工件的切削用量要小。

③钻两端中心孔时,要先用车刀把端面车平,再用中心钻钻中心孔。

④安装拨盘和工件时,首先要擦净拨盘的内螺纹和主轴端的外螺纹,把拨盘拧在主轴上,再把轴的一端装在卡箍上,最后在双顶尖中间安装工件。

12.零件车削工艺

(1)轴类零件车削工艺

为了进行科学的管理,在生产过程中,常把合理的工艺过程中的各项内容,编写成文件来指导生产。这类规定产品或零部件制造工艺过程和操作方法等的工艺文件叫作工艺规程。一个零件可以用几种不同的加工方法来制造,但在一定条件下只有某一种方法是较合理的。

如图 1-28 所示,传动轴由外圆、轴肩、螺纹及螺纹退刀槽、砂轮越程槽等组成。中间一档外圆及轴肩一端面对两端轴颈有较高的位置精度要求,且外圆的表面粗糙度 Ra 值为 0.8～0.4 μm,此外,该传动轴与一般重要的轴类零件一样,为了获得良好的综合力学性能,需要进行调质处理。

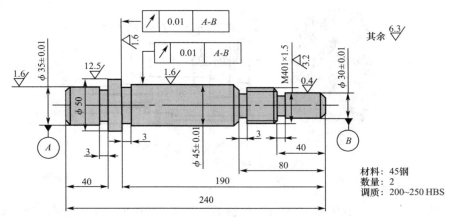

图 1-28 传动轴

根据传动轴的精度要求和力学性能要求,可确定加工顺序为:粗车—调质—半精车—磨削。

由于粗车时加工余量多,切削力较大,且粗车时各加工面的位置精度要求低,故采用一夹一顶的形式安装工件。如车床上主轴孔较小,粗车 φ35 一端时也可只用三爪自定心卡盘装夹粗车后的 φ45 外圆;半精车时,为保证各加工面的位置精度,以及与磨削采用统一的定位基准,减少重复定位误差,使磨削余量均匀,保证磨削加工质量,故采用两顶尖安装工件。

传动轴的加工工艺过程见表 1-1。

表 1-1　　　　　　　　　　　　传动轴的加工工艺过程

序号	工种	加工简图	加工内容	刀具或工具	安装方法
1	下料		下料 φ62×245 mm		
2	车		夹持 φ62 mm 外圆;车端面见平,钻中心孔 φ2.5 mm;用尾座顶尖顶住工件粗车外圆 φ52×202 mm;粗车 φ45 mm、φ40 mm、φ30 mm 各外圆;直径留量 2 mm,长度留量 1 mm	中心钻 右偏刀	三爪自定心卡盘 顶尖
3	车		夹持 φ47 mm 外圆;车另一端面,保证总长 240 mm;钻中心孔 φ2.5 mm;粗车 φ35 mm 外圆,直径留量 2 mm,长度留量 1 mm	中心钻 右偏刀	三爪自定心卡盘
4	热处理		调质 220~250 HBS	钳子	
5	车		修研中心孔	四棱顶尖 中心钻 中心架	三爪卡盘

(续表)

序号	工种	加工简图	加工内容	刀具或工具	安装方法
6	车		用卡箍卡 B 端：精车 $\phi50$ mm 外圆至尺寸；精车 $\phi35$ mm 外圆至尺寸；切槽，保长度为 40 mm；倒角	右偏刀 切槽刀	双顶尖
7	车		用卡箍卡 A 端：精车 $\phi45$ mm 外圆至尺寸；精车 M40 大径为 $\phi40_{-0.2}^{-0.1}$ 外圆至尺寸；精车 $\phi30$ mm 外圆至尺寸；切槽三个，分别保证长度为 190 mm、80 mm 和 40 mm；倒角三个；车螺纹 M40×1.5	右偏刀 切槽刀 螺纹刀	双顶尖
8	磨		外圆磨床，磨 $\phi30$ mm、$\phi45$ mm 外圆	砂轮	双顶尖

（2）盘套类零件车削工艺

盘套类零件主要由孔、外圆与端面所组成。除尺寸精度、表面粗糙度有要求外,其外圆对孔有径向圆跳动的要求,端面对孔有端面圆跳动的要求。保证径向圆跳动和端面圆跳动是制定盘套类零件的工艺要重点考虑的问题。在工艺上一般分为粗车和精车。精车时,尽可能把有位置精度要求的外圆、孔、端面在一次安装中全部加工完。若有位置精度要求的表面不可能在一次安装中完成时,通常先把孔做出,然后以孔定位上心轴加工外圆或端面(有条件也可在平面磨床上磨削端面)。其安装方法和特点参看用心轴安装工件部分。如图 1-29 所示为盘套类齿轮坯的零件图,其加工顺序见表 1-2。

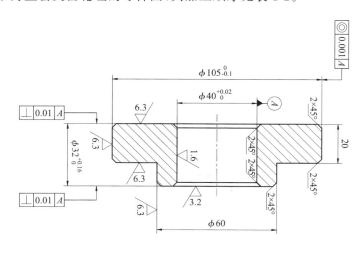

图 1-29　盘套类齿轮坯零件图

表 1-2 盘套类齿轮坯加工顺序

加工顺序	加工简图	加工内容	安装方法
1		下料 $\phi 110 \times 36$ mm	
2		卡 $\phi 110$ mm 外圆,长为 20 mm;车端面见平;车外圆 $\phi 63 \times 10$ mm	三爪
3		卡 $\phi 63$ mm 外圆;粗车端面见平,车外圆至 $\phi 107$ mm;钻孔 $\phi 36$ mm;粗精镗孔 $\phi 40$ mm 至尺寸;精车端面、保证总长 33 mm;精车外圆 $\phi 105$ mm 至尺寸;倒内角 $1 \times 45°$、外角 $2 \times 45°$	三爪
4		卡 $\phi 105$ mm 外圆、缠铜皮、找正;精车时台肩面保证长度为 12 mm;车小端面、总长为 32.3 mm;精车外圆 $\phi 60$ mm 至尺寸;倒内角 $1 \times 45°$、外角 $1 \times 45°$、$2 \times 45°$	三爪
5		精车小端面;保证总长为 32 mm	顶尖 卡箍 锥度心轴

1.2.5 操作示例分析

1.45°车刀切削端面(图 1-30)

(1)启动机床,选择合适的主轴运转速度和进给量;

(2)对刀。将刀具慢慢靠近工件,当有少量切屑掉下时,横向退刀,使刀具远离工件;

(3)转动纵向进给手轮,纵向进刀 1 mm;

(4)横向进刀,向工件的中心移动;

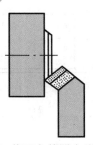

图 1-30 偏刀向外圆走刀车端面

(5)当刀具到达工件的中心时,纵向退刀;

(6)横向退刀;

(7)重复以上操作步骤 b～e,直至完成图纸要求的尺寸及精度。

2.用尖刀(或 90°车刀)车削外圆(图 1-31)

(1)选择合适的主轴转速和进给量,启动机床;

(2)对刀。将刀具慢慢靠近工件,当有少量切屑掉下时,纵向退刀,使刀具远离工件;

(3)横向进给合理尺寸;

(4)慢慢摇动大托板,当刀具接近工件时,转动小托板手轮,采用小托板进给使刀具慢慢靠近工件;

(5)打开纵向自动走刀手柄;

(6)接近所需长度之后,停止自动走刀,采用手摇小托板的方式进给加工,直至达到所需尺寸;

(7)横向退刀,快速退回起刀位置;

(8)重复上述操作,直至直径加工达到所需尺寸;

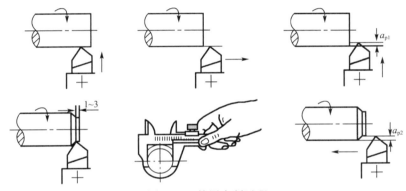

图 1-31 外圆车削过程

(9)按下停止按钮,机床断电。

3.滚花操作示例分析

(1)正确装夹工件与滚花刀;

(2)选择主轴转速,约 45 r/min;

(3)在主轴低速运转的状态下对刀,将滚花刀靠近工件,并且横向进给直至出现清晰的网纹;

(4)打开自动走刀;

(5)当加工完需要的长度时,横向退刀;

(6)纵向退刀,将刀具远离工件;

(7)按下停车按钮,机床断电;

(8)做好机床清理工作。

4.用切断刀切断工件

(1)测量切断刀的宽度;

(2)选择合适的主轴转速,并正确安装工件;

(3)开车对刀,将工件移动至纵向将要车断的部位,此时刀具远离工件;

(4)横向缓慢进刀,手摇中托板手轮,直至将工件切断;

(5)纵向退刀,然后横向退刀;

(6)按下停车按钮,机床断电;

(7)做好机床的清理工作。

5.转动小托板法车圆锥

(1)正确安装工件,并选择合适的切削用量;

(2)正确装夹车刀,可采用尖刀;

(3)按照图纸要求,切削外锥时,将小托板逆时针转动 $\alpha/2$;切削内锥时,则顺时针转动 $\alpha/2$;

(4)通过转动小托板手轮,切削出一段圆锥;

(5)采用正确的方法检验圆锥是否符合图样要求,并根据实际情况微量调整小托板转动的角度;

(6)重复上述操作,直至切削出正确的圆锥;

(7)按下停车按钮,机床断电;

(8)做好机床清理工作。

6.车削 M24×1.5 螺纹操作步骤示例(图1-32)

(1)装夹工件;

(2)用对刀样板正确安装车刀;

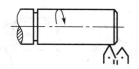 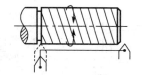

(a)开车,使车刀与工件轻微接触, 记下刻度盘读数,向右退出车刀　　(b)合上对开螺母,在工件表面车出 一条螺旋线,横向退出车刀,停车

图1-32　车削螺纹

(3)选择合适转速,调整螺距,启动机床;

(4)接通电源,启动机床;

(5)对刀。摇动手轮,使工件与刀具接触;

(6)纵向退刀,横向进给合适尺寸,合上开合螺母,自动走刀,完成第一次进给车削;

(7)横向退刀,主轴反转,使刀具退回起刀位置,提起开合螺母;

(8)第二次横向进刀,合上开合螺母,自动走刀,完成第二次进给车削;

(9)重复上述操作,直至完成螺纹加工;

(10)按下停止按钮,机床断电;

(11)卸下工件后,进行机床清洁工作。

7.孔加工操作示例分析,加工图如图1-29所示,操作步骤如下

(1)装夹工件,安装内孔车刀,安装麻花钻;

(2)选择合理主轴转速,用麻花钻先钻底孔;

(3)机床停止,选择合适主轴转速和进给量,启动机床;

(4)采用内孔车刀进行扩孔操作;

(5)对刀。将刀具靠近工件,当看到有少量切屑落下时,纵向退回车刀;

(6)横向摇动手轮,有一定的吃刀深度之后,纵向打开自动走刀;

(7)达到尺寸后,停止自动走刀,横向退回车刀,再纵向将车刀退回,远离工件;

(8)再次横向进刀,重复上述操作,直至将孔车削至要求尺寸;

(9)按下停止按钮,机床断电;

(10)卸下工件后,进行机床清洁工作。

1.2.6　思考题

1.外圆车刀五个主要标注角度是如何定义的? 各有何作用?

2.安装车刀时有哪些要求?

3.试切目的是什么? 结合实际操作方法说明试切步骤。

4.车外圆面常用哪些车刀? 车削长轴外圆面为什么常用90°偏刀?

5.加工圆锥的方法有哪些? 各有哪些特点? 各适于何种生产类型?

6.槽刀和切断刀的几何形状有何特点?

7.刀具刃磨时应注意哪些事项?

8.车螺纹时如何保证螺距准确性?

9.车螺纹时产生乱扣的原因是什么? 如何防止乱扣?

10.车螺纹时要控制哪些直径? 影响螺纹配合松紧的主要尺寸是什么?

11.车螺纹时如何保证牙型的精度?

12.加工孔类零件时应注意哪些事项?

13.何种工件适合双顶尖安装? 工件上的中心孔有何作用? 如何加工中心孔?

14.顶尖安装时能否车削工件的端面? 能否切断工件?

15.为什么车削时一般要先车端面? 为什么钻孔前也要先车端面?

16.三爪自定心卡盘和四爪单动卡盘的结构用途有何异同?

普通铣床实训

本章思政目标：学习普通铣床的基本操作、训练，加强职业认知，增强学生的家国情怀、文化素养，筑牢中华民族共同体意识。

2.1 铣床基本操作

2.1.1 实训目的

1.了解普通铣床的安全操作规程。

2.掌握普通铣床的基本操作及步骤。

3.了解对操作者的有关要求。

4.掌握铣削加工中的基本操作技能。

5.培养良好的职业道德。

2.1.2 实训要求

1.开机前，必须细心检查各部位、各手柄处在合理位置；

2.操作者穿着三紧工服，佩戴安全眼镜（必要时佩戴面罩），不得戴手套操作铣床，长发者应戴帽子；

3.切削时禁止用手触摸刀刃和工件；

4.变换主轴转速、测量和检查工件时，必须停车进行，切削时不得调整工件；

5.清除切屑要用毛刷，不得用手擦拭或用嘴吹；

6.学生要遵从本车间安全操作规程及各项规章制度，服从指导教师的管理。

2.1.3 实训设备

X6132C 型万能升降台铣床 4 台，XW5032 型立式升降台铣床 4 台。

普通卧式铣床外形如图 2-1 所示，

图 2-1　卧式铣床外形图

2.1.4　实训内容

（一）铣工安全技术操作规程

（1）操作者必须熟悉本机床的结构、性能、传动及润滑系统等基本知识和操作方法，严禁超负荷使用机床。

（2）开机前必须紧束服装、套袖，戴好工作帽，检查各手柄位置是否适当；工作时严禁戴手套、围巾；使用高速铣削时应戴眼镜，工作台面应加防护装置，以防铁屑伤人。

（3）开机时，工作台不得放置工具或其他无关物件，操作者应注意不要使刀具与工作台撞击。

（4）使用自动走刀时，应注意不要使工作台走到两极端，以免把丝杠撞坏，并拉开相应的操纵手轮。

（5）铣刀必须夹紧，刀片的套箍一定要清洗干净，以免在夹紧时将刀杆别弯。在取下刀杆或换刀时，必须先松开锁紧螺母。

（6）更换刀杆时，应在刀杆的锥面上涂油，并停机，操纵变速机构至最低速度档，然后将刀杆在横梁支架上定位，再锁紧螺母。

（7）变速时必须先停机，停机前先退刀。

（8）工作台与升降台移动前，必须将固定螺丝松开，不需要移动时应将固定螺丝拧紧。

（9）装卸大件、大平口钳及分度头等较重物件，需多人搬运时，动作要协调，应注意安全，以免发生事故。

（10）使用快速行程时，应将手柄位置对准并注意台面运动情况。

（11）装卸工作、测量对刀、紧固心轴螺母及清扫机床时，必须停车进行。

（12）工件必须夹紧，垫铁必须垫平，以免松动发生事故。

（13）在工作中应详细检查，合理使用安全装置（如限位挡铁）、限位开关是否灵活可靠否则要给予调整,以免发生事故。

(14)不准使用钝的刀具和过大的吃刀深度、进刀速度进行加工。

(15)开机时不得用手试摸加工面和刀具,在清除铁屑时,应用刷子,不得用嘴吹或用棉纱擦。

(16)操作者在工作过程中不准离开工作岗位,如需要离开时,无论时间长短都需停车,以免发生事故。

(17)操作结束后,应认真做好设备保养及周围卫生工作。

(二)熟悉铣工基本概念及其加工范围

铣削是在铣床上利用铣刀对零件进行切削加工的过程。铣床是用铣刀对工件进行铣削加工的机床。效率较刨床高,在机械制造和修理部门得到广泛应用。

铣削加工主要用于加工平面、台阶、斜面、垂直面、各种沟槽、成形表面、切断、齿轮和螺旋槽等。

(1)铣床的工作特点

主运动:刀具做旋转运动。

进给运动:工件做直线移动。

(2)铣削的加工特点

由于铣刀是多刃旋转刀具,铣削时多个刀齿同时参加切削,每个刀齿又可间歇地参加切削和轮流地进行冷却,因此,铣削可采用较高的切削速度(某些陶瓷铣刀可达到每分钟几万转),以获得较高的生产率。但铣削过程不平稳,有一定的冲击和震动。

加工工件公差等级一般为 IT9～IT8;表面粗糙度 Ra 值一般为 6.3～1.6 μm。

(三)学习铣床型号及结构组成

1.普通铣床的型号

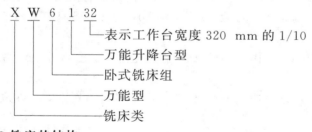

2.铣床的结构

根据刀具位置和工作台的结构不同,铣床类机床一般可分为刀具旋转轴线水平的(卧式铣床)和刀具旋转轴线垂直的(立式铣床)两种形式。

(1)卧式铣床结构

卧式铣床用 X6×××来表示,其中 X 为机床分类号,表示铣床类机床;6 表示为组系代号,表示卧式。之后的 1 表示为万能型,其他表示铣床的有关参数和改进号。

(2)卧式普通铣床各部分的名称和用途

普通卧式铣床操作位置,如图 2-2 所示。

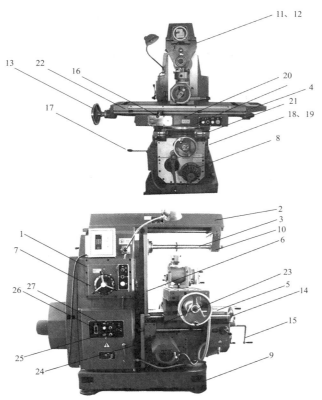

图 2-2　普通卧式铣床操作位置

1—床身；2—横梁；3—主轴；4—纵向工作台；5—横向工作台；6—升降台；7—主轴变速机构；8—进给变速机构；

9—底座；10—挂架；11—横梁紧固螺钉；12—横梁移动方头；13—纵向手动进给手柄；14—横向手动进给手柄；

15—垂直手动进给手柄；16—纵向自动进给手柄；17—横向和垂直自动进给手柄；18—横向紧固手柄；

19—垂直紧固手柄；20—纵向紧固螺钉；21—回转盘紧固螺钉；22—纵向自动进给停止挡铁；

23—横向自动进给停止挡铁；24—垂直自动进给停止挡铁；25—主轴换向开关；26—电源开关；27—冷却泵开关

床身——用来固定和支承、连接铣床上各部件。顶部有水平导轨，前臂有燕尾型的垂直导轨，电动机、主轴及主轴变速机构、润滑系统等安装在它的内部；

横梁——它的上面安装吊架，用来支撑刀杆外伸的一端，以加强刀杆的刚性。横梁可沿床身的水平导轨移动，以调节其伸出的长度；

主轴——空心轴，前端有 7∶24 的精密锥孔，其用途是安装铣刀刀杆并带动铣刀旋转；

纵向工作台——位于转台的导轨上，带动台面上的工件做纵向进给；

横向工作台——位于升降台上面的水平导轨上，带动纵向工作台一起做横向进给；

转台——将纵向工作台在水平面内扳转一定的角度（±45°）；

升降台——可以使整个工作台沿床身的垂直导轨上、下移动，以调整工作台面到铣刀的距离，并做垂直进给；

底座——支承部件。

（四）铣床的操作

1.工作台纵、横、垂直方向的手动进给操作（图 2-3）

工作台纵向手动进给手柄 13，工作台横向手动进给手柄 14，工作台垂直方向手动进给手柄 15。将上述手柄分别接通其手动进给离合器,摇动各手柄,带动工作台做各进给方向的手动进给运动。顺时针方向摇动各手柄,工作台前进(或上升);逆时针方向摇动各手柄,工作台后退(或下降)。摇动各手柄,工作台做手动进给运动时,进给速度应均匀适当。

纵向、横向刻度盘,圆周刻线 120 格,每摇一转,工作台移动 6 mm,每摇一格,工作台移动 0.05 mm;垂直方向刻度盘,圆周刻线 40 格,每摇一转,工作台上升(或下降)2 mm,每摇一格上升(或下降)0.05 mm(图 2-3)。摇动各手柄,通过刻度盘控制工作台在各进给方向的移动距离。

摇动各进给方向手柄,使工作台在某一方向按要求的距离移动时,若手柄摇过头,则不能直接退回到要求的刻线处,应将手柄退回一转后,再重新摇到要求的数值。

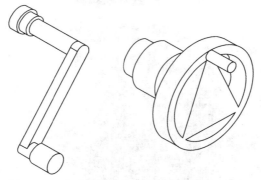

图 2-3　工作台纵、横、垂直方向的手动进给手柄

2.主轴变速操作

变换主轴转速时,按动"点动"开关,在主轴即将停止转动时,转动变速手柄至要求转速,若一次转动不能转至要求转速,则重复此步骤。变速终止,用手按"起动"按钮,主轴就获得要求的转速(图 2-4)。转速盘上有 30～1 500 r/min 的 18 种转速。

变速操作时,连续变换的次数不宜超过三次,如果必要时隔五分钟后再进行变速,以免因起动电流过大,导致电动机超负荷,使电动机线路烧坏。

3.进给变速操作

变速操作时,顺时针转动手柄,带动转速盘旋转(转速盘上有 215～1 180 mm/min 的 18 种进给速度),当所需要的转速数对准指针后,再将变速手柄逆时针转动(图 2-5),按动"起动"按钮使主轴旋转,再扳动自动进给操纵手柄,工作台就按要求的进给速度做自动进给运动。

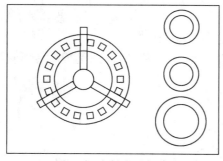

图 2-4　主轴变速操作

图 2-5　进给变速操作

4.工作台纵向、横向、垂直方向的机动进给操作

工作台纵向、横向、垂直方向的机动进给操纵手柄均为复式手柄。纵向机动进给操纵手柄有三个位置,即"向右进给""向左进给""停止",扳动手柄,手柄的指向就是工作台的机动进给方向(图 2-6)。

横向和垂直方向的机动进给由同一对手柄操纵,该手柄有五个位置,即"向里进给""向外进给""向上进给""向下进给""停止",扳动手柄,手柄的指向就是工作台的进给方向(图 2-7)。

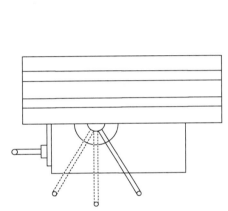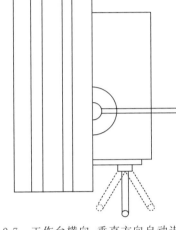

图 2-6　工作台纵向自动进给操作　　　图 2-7　工作台横向、垂直方向自动进给操作

以上各手柄,接通其中一个时,就相应地接通了电动机的电器开关,使电动机"正转"或"反转",工作台就处于某一方向的机动进给运动。因此,操作时只能接通一个,不能同时接通两个。

5.纵向、横向、垂直方向的紧固手柄

铣削加工时,为了减少振动,保证加工精度,避免因铣削力使工作台在某一个进给方向产生位置移动,对不使用的进给机构应紧固。这时可分别旋紧纵向紧固螺钉 20,横向紧固手柄 18,垂直紧固手柄 19(图 2-2),工作完毕后,必须将其松开。

6.横梁紧固螺母和横梁移动六方头

旋紧横梁紧固螺钉 11,可将横梁紧固在床身水平导轨面上,松开横梁紧固螺钉 11,用扳手转动六方头 12,可使横梁沿床身水平导轨面前后移动。

7.纵向、横向、垂直方向自动进给停止挡铁

图 2-2 中 22 是纵向自动进给停止挡铁;23 是横向自动进给停止挡铁;24 是垂直自动进给停止挡铁,它们各有两块,主要作用是停止机床的自动进给运动。三个方向的自动进给停止挡铁,一般情况下安装在限位柱范围以内,并且不准随意拆掉,防止出现机床事故。

8.回结盘紧固螺钉

图 2-2 中 21 是回转盘紧固螺钉(有四个)。铣削加工中需要调转工作台角度时,应先松开螺钉,将工作台扳转到要求的角度,然后再将螺钉紧固。铣削工作完毕后,将螺钉松开,使工作台恢复原位(即回转盘的零线对准基线),再将螺钉紧固。

9.铣床的操作顺序

操作铣床时,先手摇各进给手柄,做手动进给检查。无问题后再将电源转换开关扳至"通",将主轴换向开关扳至要求的转向,再调整主轴转速和工作台每分钟进给量,然后按"起动"按钮,使主轴旋转,扳动工作台自动进给操纵手柄,使工作台做自动进给运动。工作台进给完毕后,将自动进给操纵手柄扳至原位,按主轴"停止"按钮,使主轴和进给运动停止。

工作台做快速进给运动时,先扳动工作台自动进给操纵手柄,再按下"快速"按钮,工作台就做这个进给方向的快速进给运动,快速进给结束后,手指松开,停止按"快速"按钮,使自动进给操纵手柄恢复原位。使用快速进给时,应注意机床的安全操作。

(五)卧式铣床的传动系统

电动机输出的动力,经变速箱通过带传动传给主轴,更换变速箱和主轴箱外的手柄位置,得到不同的齿轮组啮合,从而得到不同的主轴转速。主轴通过刀杆带动刀具做旋转运动。同时,主轴的旋转运动通过换向机构、交换齿轮、光杠(或丝杠)传给工作台,使工作台带动工件做直线进给运动。

(六)卧式铣床的基本练习

1.静态练习(按钮开关处于断开状态)

(1)正确变换主轴转速。变动主轴变速系统上的变速手柄7,可得到各种相对应的主轴转速。当手柄拨动不顺利时,可按动变速机构旁边的点动按钮,使主轴稍做转动即可。

(2)正确变换进给量。根据加工工件材料,转速等参数的不同,正确选择进给量,转动手轮调整进给量。

(3)熟悉掌握纵向和横向手动进给手柄的转动方向。握住纵向进给手动手轮或横向进给手动手轮,分别逆时针和顺时针旋转手轮,操纵工件的移动方向。

(4)熟悉掌握纵向或横向机动进给的操作。左右扳动纵向自动进给手柄16即可进行纵向进给,左右扳动横向和垂直自动进给手柄17即可横向自动进给,上下扳动即可纵向自动进给。

2.低速练习(练习前应先检查各手柄位置是否处于正确的位置,无误后进行开车练习)

(1)主轴启动—电动机启动—操纵主轴转动—停止主轴转动—关闭电动机。

(2)机动进给—电动机启动—操纵主轴转动—手动纵、横进给—机动纵、横进给—手动退回—机动横向进给—手动退回—停止主轴转动—关闭电动机。

低速练习时需特别注意以下几点:

①机床未完全停止严禁变换主轴转速,否则会发生严重的主轴箱内齿轮打齿现象,甚至发生机床事故。开机前要检查各手柄是否处于正确位置。

②纵向和横向手柄进退方向不能摇错,尤其是快速进退刀时要千万注意,否则会发生工件报废和安全事故。

2.1.5　操作示例分析

示例:铣床转速及进给速度的调整
(1)打开钥匙开关。
(2)开启电源。

（3）将主轴转速手柄转至 275 r/min（如果无法转动，按动点动按钮，在主轴即将停止转动时，继续转动手柄）。

（4）将进给手轮沿逆时针方向转至 27 mm/min。

（5）将进给手轮沿顺时针方向转动至锁死。

（6）关闭电源。

（7）关闭钥匙开关。

2.1.6　思考题

1.铣削加工时，工件和刀具需做哪些运动？铣削要素的名称、符号和单位分别是什么？解释 X6132 和 X5032 的含义。

2.卧式铣床有哪些主要组成部分？各有何功用？

3.卧式铣床的结构有哪些特点？主要应用在什么场合？

2.2　铣削加工基本操作

2.2.1　实训目的

1.了解刀具的种类、组成和材料。

2.掌握平面、六边形等切削方法。

3.掌握铣削加工中的基本操作技能。

2.2.2　实训要求

1.开车前，必须细心检查各部位、各手柄处在合理位置；

2.操作者穿着三紧工服，佩戴安全眼镜（必要时佩戴面罩），不得戴手套操作铣床，女同学应戴帽子；

3.切削时禁止用手触摸刀刃和工件；

4.变换主轴转速、测量和检查工件时必须停车进行，切削时不得调整工件；

5.清除切屑要用毛刷，不得用手擦拭或用嘴吹；

6.学生要遵从本车间安全操作规程及各项规章制度，服从指导老师的管理。

2.2.3　实训设备

X6132C 型和 XW5032 型铣床各 4 台

2.2.4　实训内容

（一）铣刀

1.刀具材料

（1）刀具材料应具备的性能

①高硬度和好的耐磨性。刀具材料的硬度必须高于被加工材料的硬度才能切下金属。一般刀具材料的硬度应在 60 HRC 以上。刀具材料越硬,其耐磨性就越好。

②足够的强度与冲击韧度。强度是指在切削力的作用下,不至于发生刀刃崩碎与刀杆折断所具备的性能。冲击韧度是指刀具材料在有冲击或间断切削的工作条件下,保证不崩刃的能力。

③高的耐热性。耐热性又称红硬性,是衡量刀具材料性能的主要指标,它综合反映了刀具材料在高温下仍能保持高硬度、高耐磨性、高强度、抗氧化、抗黏结和抗扩散的能力。

④良好的工艺性和经济性。

（2）常用刀具材料

目前,铣刀广泛应用硬质合金刀具材料,在某些情况下也应用高速钢刀具材料。

①高速钢。高速钢是一种高合金钢,俗称白钢、锋钢、风钢等。其强度、冲击韧度、工艺性很好,是制造复杂形状刀具的主要材料。如:成形车刀、麻花钻头、铣刀、齿轮刀具等。高速钢的耐热性不高,在 640 ℃ 左右其硬度下降,不能进行高速切削。

②硬质合金。以耐热高和耐磨性好的碳化钴为黏结剂,采用粉末冶金的方法压制成各种形状的刀片,然后用铜钎焊的方法焊在刀头上作为切削刀具的材料。硬质合金的耐磨性和硬度比高速钢高得多,但塑性和冲击韧度不及高速钢。

2.铣刀种类

铣刀按用途分为四类:

（1）铣平面用铣刀,包括圆柱铣刀和端铣刀。

（2）铣槽用铣刀,包括三面刃铣刀、立铣刀、键槽铣刀、盘形槽铣刀、锯片铣刀等。

（3）铣特形沟槽用铣刀,包括 T 形槽铣刀、燕尾槽铣刀、半圆键槽铣刀、角度铣刀等。

（4）铣特形面铣刀,包括凸、凹半圆铣刀、特形铣刀、齿轮铣刀等。

3.常见铣刀介绍

（1）面铣刀（图 2-8）

①用于立式铣床上加工平面;

②面铣刀的每个刀齿与车刀相似,刀齿采用硬质合金制成;

③铣刀主切削刃分布在铣刀一端;

④工作时轴线垂直于被加工平面。

图 2-8　面铣刀

（2）圆柱铣刀（图 2-9）

圆柱铣刀一般都是用高速钢制成整体的，其螺旋形切削刃分布在圆柱表面上，没有副切削刃，螺旋形的刀齿切削时是逐渐切入和脱离工件的，所以切削过程较平稳。主要用于卧式铣床上加工宽度小于铣刀长度的狭长平面。

图 2-9　圆柱铣刀

（3）键槽铣刀（图 2-10）

①铣键槽的专用刀具，仅有两个刃瓣；

②其圆周切削刃和端面切削刃都可做主切削刃；

③使用时先轴向进给切入工件，后沿键槽方向铣出键槽；

④重磨时仅磨端面切削刃。

（4）锯片铣刀（图 2-11）

锯片铣刀主要用于切断或切深窄槽。在实际加工中，很多一字螺钉都是用锯片铣刀进行加工的。

图 2-10　键槽铣刀　　　　　　　　　图 2-11　锯片铣刀

（5）角度铣刀

角度铣刀分为单面角度铣刀（图 2-12）和双面角度铣刀，用于铣削沟槽和斜面。

（6）成形铣刀

成形铣刀（图 2-13）用于加工成形表面，刀齿廓形要根据被加工零件表面廓形设计。

图 2-12　单面角度铣刀　　　　　　　图 2-13　成形铣刀

4.铣刀的安装

铣刀的安装如图 2-14 所示,安装铣刀时应注意以下几点:

(1)铣刀装在刀杆上应尽量靠近主轴的前端,以减少刀杆的变形。

(2)安装铣刀时应认真按照规范的方法与步骤进行,注意在安装支架后再紧固刀螺母。

(3)对直径为 10~50 mm 的锥柄立铣刀,若铣刀柄部的锥度与主轴锥孔的锥度相同,则可直接装入机床主轴孔内,否则需套上过渡套筒安装。

(4)防止铣刀刀齿划破手指,拿铣刀时最好垫上棉丝或其他软物。

(5)安装铣刀前应将主轴锥孔及铣刀杆各处都擦干净,防止有脏物影响安装准确性。

(6)铣刀安装好后,在切削前要再检查一下安装情况,如铣刀刀齿是否装反,各部螺母是否紧固。

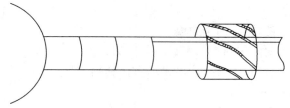

图 2-14　铣刀的安装

(二)切削用量的选择

铣削用量应根据工件材料、工件加工表面的余量大小、工件加工表面的表面粗糙度要求、铣刀、机床以及夹具等条件确定。合理的铣削用量能提高生产效率,提高加工表面的质量,提高刀具的耐用度。

(1)粗铣和精铣

工件加工表面被切除的余量较大,一次进给中不能全部切除,或者工件加工表面的质量要求较高时,可分粗铣和精铣两步完成。粗铣是为了去除工件加工表面的余量,为精铣做好准备工作,精铣是为了提高加工表面的质量。

(2)粗铣时的切削用量

粗铣时,应选择较大的切削深度、较低的主轴转速、较高的进给量。确定切削深度时,一般零件的加工表面,加工余量在 2~5 mm 时,可一次切除。选择进给量时,应考虑刀齿的强度,机床、夹具的刚性等因素。加工钢件时,每齿进给量可取 0.05~0.15 mm;加工铸铁件时,每齿进给量可取在 0.07~0.2 mm。选择主轴转速时,应考虑铣刀的材料、工件的材料及切除的余量大小,所选择的主轴转速不能超出高速钢铣刀所允许的切削速度范围,即 20~30 m/min,切削钢件时,主轴转速取高些;切削铸铁件时,或切削的材料强度、硬度较高时,主轴转速取低些。

例如:使用直径为 80 mm,齿数为 8 的圆柱铣刀,粗铣一般钢材时,取进给量 $f = 90~75$ mm/min,主轴转速 $n = 95~118$ r/min。使用上述铣刀铣削铸铁件时,取进给量 $f = 60~75$ mm/min,主轴转速 $n = 75~95$ r/min。

(3)精铣时的切削用量

精铣时,应选择较小的切削深度、较高的主轴转速、较低的进给量。精铣时的铣削深度可取在 0.5~1.0 mm。精铣时进给量的大小,应考虑能否达到加工表面的表面粗糙度要求,这时应以每转进给量为单位来选择,每转进给量可取在 0.3～1 mm。选择主轴转速时,应比粗铣时提高 30％左右。

　　例如:使用直径为 80 mm、齿数为 10 的圆柱铣刀,精铣一般钢件时,切削深度取 0.5 mm,主轴转速取 150 r/min,进给量取 75 mm/min。

　　(三)简单工件的装夹和找正

　　铣床备有装夹工件的附件。常见的有平口钳(机用虎钳)、分度头等标准化的机床附件,还有各种类型的压板、螺钉等常用夹具。这些附件和夹具能迅速、准确地将工件定位、夹紧并与刀具之间保持准确、可靠的加工位置。大型工件可用压板螺钉直接安装在铣床工作台上,中小型零件则应用铣床附件装夹更为方便。

1.用平口虎钳装夹工件

　　平口虎钳又称机用虎钳,钳体可绕底盘回转一定角度,如图 2-15 所示。

　　为了便于校正固定钳口的位置,在其底座上装两个定位键。若将定位键嵌入铣床工作台 T 形槽内,固定钳口与工作台纵向进给方向平行。若将钳体再转 90°,则固定钳口又与纵向进给方向垂直。如底盘刻度不在零位和 90°位置,应将固定钳口校正并紧固,然后再装夹工件。

图 2-15　平口虎钳

用平口钳装夹工件及其注意事项:

(1)装夹工件时必须将工件基准面贴紧固定钳口,并按线校正。

(2)工件被加工面必须高出钳口,否则要用平行垫铁垫起工件并与垫铁贴实校正。

(3)夹持毛坯时,在毛坯和钳口之间垫上铜皮,以免损坏钳口。

(4)工件应夹紧牢靠。不致在切削力作用下移动。

2.用压板螺钉装夹工件

　　尺寸较大、形状特殊的工件,不使用平口钳装夹时。可用压板、螺钉和垫铁把工件装夹在工作台上,如图 2-16 所示。

图 2-16　压板

夹紧时不宜一次将螺母紧死,而应按施力对称的原则,分几次将工件夹紧,以免工件受力不均而变形。为使工件不致在切削力的作用下移动,需在工件前端设置挡铁、压板、螺钉、垫铁,其用法如图 2-17 所示。

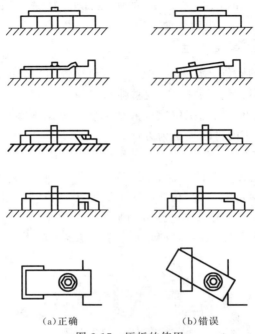

（a）正确　　　　　　（b）错误

图 2-17　压板的使用

（四）分度头（FW125）

分度头是安装在铣床上用于将工件分成任意等份的的机床附件,利用分度刻度环和游标,定位销和分度盘以及交换齿轮,将装卡在顶尖间或卡盘上的工件分成任意角度,可将圆周分成任意等份,辅助机床利用各种不同形状的刀具进行各种沟槽、正齿轮、螺旋正齿轮、阿基米德螺线凸轮等的加工工作。常见的分度头如 FW125 型万能分度头,如图 2-18 所示。

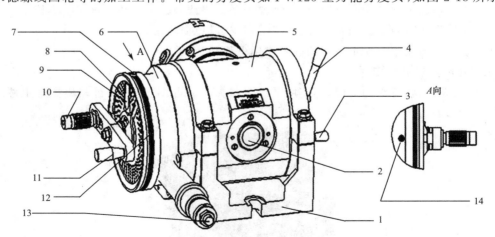

图 2-18　FW125 型万能分度头

1—支座；2—主轴；3—脱落蜗杆手柄；4—主轴锁紧手柄；5—本体；6—端盖；7—刻度环锁紧螺钉；8—分度盘；
9—分度拨叉；10—定位销；11—分度手柄；12—游标环；13—挂轮输入轴；14—分度盘轴套锁紧螺钉

在铣削加工过程中,常会遇到铣六方、齿轮、花键和刻线等工作。这时,工件每铣过一面或一个槽之后,需要转过一个角度,再铣削第二面或第二个槽,这种工作叫作分度。分度头是分度用的附件,其中万能分度头最为常见。根据加工的需要,万能分度头可以在水平、垂直和倾斜位置工作。

万能分度头的底座上装有回转体,其主轴可随加转体在垂直平面内板转。主轴的前端常装有三爪自定心卡盘或顶尖。分度时,摇动分度手柄,通过蜗杆蜗轮带动分度头主轴旋转进行分度。

1.传动系统

传动系统为:手柄—1:1螺旋齿轮—蜗杆—蜗轮—主轴。

分度头蜗杆与蜗轮传动比 $i=$ 蜗杆的头数/蜗轮的齿数$=1/40$,也就是说:当手柄通过一对螺旋齿轮(传动比为1:1)带动蜗杆转动一周时,蜗轮只能带动主轴转过 $1/40$ 周。若已知工件在整个圆周上的分度数目为 z,则每分一个等分就要求分度头主轴转 $1/z$ 圈。这时,分度手柄所需转动的圈数 n 即可由下列比例关系推得,即 $1:40=1/z:n$

即

$$n=40/z$$

式中　n——手柄转数;

　　　z——工件等分数;

　　　40——分度头定数;

即手柄每摇动一圈,主轴所转角度为 $9°$。

2.分度方法

使用分度头进行分度的方法有很多,即直接分度法、简单分度法、角度分度法和差动分度法等。这里仅介绍最常用的简单分度法和角度分度法。

(1)简单分度法

公式 $n=40/z$ 所表示的方法即为简单分度法。例如铣六边形,每次换边时手柄转动圈数 $n=40/z=40/6$,也就是说,每一面加工后,手柄需要转动 6 圈再摇过 2/3 圈,这 2/3 圈一般通过分度盘控制,国产分度头一般分为两块分度盘。分度盘的正、反两面各钻有许多圈盲孔,各圈孔数均不相等,而同一孔圈上的孔距是相等的。

第一块分度盘正面各圈孔数依次为 24,25,28,30,34,37;反面各圈孔数依次为 38,39,41,42,43。

第二块分度盘正面各圈孔数依次为 46,49,51,53,54;反面各圈孔数依次为 57,58,59,62,66。

简单分度法需要将分度盘固定。再将分度手柄上的定位销调整到孔数为 3 的倍数的孔圈上,即在孔数为 66 的孔圈上。此时手柄转过 6 周后,再沿孔数为 66 的孔圈转过 44 个孔距$\left(n=6\frac{2}{3}=6\frac{44}{66}\right)$。

为了确保手柄转过的孔距数可靠,可调整分度盘上的相邻扇股(又称扇形夹)间的夹角,使之正好等于 22 个孔距,这样依次进行分度时就可以准确无误。

（2）角度分度法

铣削的工件有时需要转过一定的角度,这时就要采用角度分度法。由简单分度法的公式可知,手柄转 1 圈,主轴带动工件转过 1/40 圈,即转过 9°。若工件需要转过的角度为 e,则手柄的转数(圈)为

$$n = e/9$$

这就是角度法的计算公式。如果用角度分度法加工六边形,也就是说用六边形两边的角度来计算,则 $n = 60/9$,具体的操作方法与简单分度法相同。

（五）铣平面

铣平面是铣工常见的工作内容之一,加工平面时,可以在立式铣床上安装端铣刀铣削(图 2-19),还可在卧式铣床上用圆柱铣刀铣削,铣刀宽度应大于加工面宽度(图 2-20);也可在卧式铣床上安装端铣刀,用端铣刀铣削。

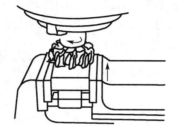
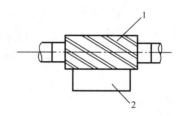

图 2-19　在立式铣床上用端铣刀铣削　　图 2-20　在卧式铣床上用圆柱铣刀铣削

1—圆柱铣刀;2—工件

（1）铣刀的选择和安装

①铣刀的选择

用圆柱铣刀铣平面时,所选择的铣刀宽度应大于工件加工表面的宽度,这样可以在一次进给中铣出整个加工表面(图 2-20)。粗加工平面时,切去的金属余量较大,工件加工表面的质量要求较低,可选用粗齿铣刀;精加工时,切去的金属余量较小,工件加工表面的质量要求较高,可选用细齿铣刀。

②铣刀的安装

为了提高铣刀切削工作时的刚性,铣刀应尽量靠近床身安装,挂架应尽量靠近铣刀安装。由于铣刀的前刀面形成切削,铣刀应向着前刀面的方向旋转切削工件,否则会因刀具不能正常切削而崩刀齿。

铣刀切削一般的钢材或铸铁件,当切除的工件余量或切削的表面宽度不大时,铣刀的旋转方应向与刀轴紧刀螺母的旋紧方向相反,即从挂架一端观察,无论使用左旋铣刀或右旋铣刀,都使铣刀按逆时针方向旋转切削工件。

铣刀切削工件,当切除的工件余量较大,切削的表面较宽,或切削的工件材料硬度较高时,应在铣刀和刀轴间安装定位键,防止铣刀在切削过程中产生松动现象。

为了克服轴向力的影响,从挂架一端观察,使用右旋铣刀时,应使铣刀按顺时针方向旋转切削工件(图 2-21(a));使用左旋铣刀时,应使铣刀按逆时针方向旋转切削工件(图 2-21(b)),使轴向力指向铣床主轴,增加铣削工作的平稳性。

（2）顺铣和逆铣

铣刀的旋转方向与工件进给方向相同时的铣削叫作顺铣(图 2-21(a));铣刀的旋转方向

与工件进给方向相反时的铣削叫作逆铣(图 2-21(b))。顺铣时,工作台丝杠和螺母之间的传动间隙,会使工作台窜动,啃伤工件,损坏刀具,所以一般情况下都采用逆铣。使用 X62W 机床工作时,由于工作台丝杠和螺母之间有间隙补偿机构,精加工时可以采用顺铣。没有丝杠、螺母间隙补偿机构的机床,不准采用顺铣。

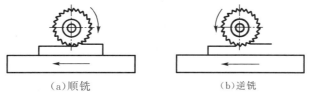

(a)顺铣　　　　　　　　(b)逆铣

图 2-21　顺铣和逆铣

(六)直角连接面

顾名思义直角连接面就是各个平面通过彼此垂直或平行的关系联系到一起的零件实体。如正方体、长方体、直角台阶等。下面我们就将与直角连接面相关连的垂直面、水平面等一一介绍。

1.垂直面的铣削

当两连接平面的夹角为 90°时,这两平面的关系称为垂直面。如图 2-22 所示为在铣床上正确铣削加工出与基准平面相垂直的工件上平面。

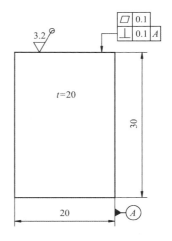

铣削工件上的垂直面,关键在于装夹时保证铣削出的平面与基准面垂直。加工垂直面时的装夹方式有很多种,比如:在平口钳上装夹,利用压板夹紧工件,利用角铁装夹等。在加工生产中我们会更多地使用到平口钳装夹工件,所以在教学中也主要使用平口钳进行演示。

(1)工件的工艺分析以及毛坯的选择

①工艺分析

根据图纸所示工件的精度和表面粗糙度要求,选用粗铣和精铣两道工序来完成。

②毛坯的选择

图 2-22　垂直面的铣削

由图纸所示精度尺寸可知,毛坯料的高度尺寸需要大于所示尺寸 30 mm。在此任务中,我们在任务一已加工过的工件基础上进行垂直面的铣削。

(2)编制加工工艺

垂直面的加工工艺见表 2-1。

表 2-1　　　　　　　　　　　　垂直面的加工工艺

工序	加工内容	机床	刀具	夹具	量具
1	选择已加工的水平面作为基准,贴紧固定钳口,夹紧工件,保证基准位置不变	XW5032	—	非回转式平口虎钳,规格 200	—

（续表）

工序	加工内容	机床	刀具	夹具	量具
2	粗铣毛坯与基准面相垂直方向的待加工毛坯面,留精加工余量 0.5 mm	XW5032	ϕ60 mm 端面铣刀	非回转式平口虎钳,规格 200	游标卡尺
3	精铣该面,卸下工件,周边去毛刺	XW5032	ϕ60 mm 端面铣刀	非回转式平口虎钳,规格 200	游标卡尺

（3）垂直平面铣削工艺

采用卧式铣床和圆柱铣刀,利用机床导轨间的相互垂直度来加工垂直平面。

a.夹具校正

采用机用虎钳装夹工件,用百分表对校正机用虎钳的固定钳口夹持平面的垂直度和平行度是否满足定位公差要求。

b.工件装夹

以机用台虎钳的固定钳口和钳身为装夹定位基准,选择工件上两个合适的垂直平面作为装夹基准。为防止机用虎钳夹紧工件时出现错位,将工件与机用虎钳的活动钳口间放入一根圆钢来避免错位。

c.对刀

选择好合适的转速和进给速度,用圆柱铣刀的侧面分别对 A、B 两个待加工的垂直平面进行对刀。

d.加工

粗铣、精铣待加工零件的两个平面,如图 2-23 所示。

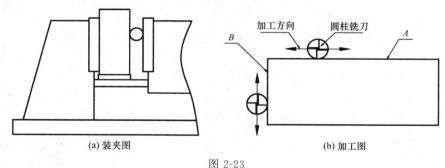

(a) 装夹图　　　　　　　　　　　(b) 加工图

图 2-23

（4）垂直面铣削加工步骤

①启动机床,主轴转动;

②手动上升工作台,上升高度以对刀时所记刻度位置为基准,再向上摇动 2.5 mm,手动纵向移动工作台,当工件距离回转刀具一定距离时停止;

③调整横向运动手轮,使横向工作台运动至工件位置并处于不对称的逆铣状态;

④选择合理的进给速度;

⑤操纵纵向自动进给手柄,完成 2 面粗铣的加工;

⑥操纵相应手柄,使升降方向、纵向均远离工件一定距离至安全位置;

⑦停止主轴转动;

⑧卸下工件,去除毛刺;

⑨以同样的方法进行一遍精铣即可。

（5）垂直面铣削的检验

①用刀口尺检验各个面的平面度。

②用宽座直角尺及塞尺检测各相邻面之间的垂直度，如图 2-24 所示。

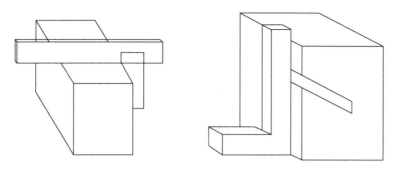

图 2-24　宽座直角尺及塞尺检测

③用游标卡尺检验工件的尺寸符合要求。

④平面度误差（原因同练习一水平平面的铣削）。

⑤垂直度误差。

（6）垂直面铣削的质量分析

①固定钳口与工作台面不垂直；

②基准面与固定钳口之间有杂物，使得定位基准失效；

③夹紧力过大，使固定钳口与工作台面不垂直。

④切削用量选择不合理；

⑤铣刀几何参数选择不合理；

⑥切削时因刀具或工件的原因而产生振动；

⑦刀具磨损过大，或产生积屑瘤等。

2. 平行面的铣削

平行面是指与基准面平行的平面。在铣床上，按照图 2-25 所示要求，正确铣削加工出与基准面相平行的上平面，并保证几何公差符合图样要求。

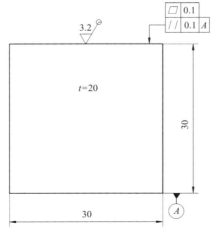

图 2-25　平行面的铣削

铣削平行面时,为保证所加工的平面与设计基准面保证相互平行的关系,工件在装夹时必须保证设计基准面与工作台台面具有一定的位置关系。通常有以下的关系:当工件基准面与工作台台面平行时,在立式铣床上用端铣法或在卧式铣床上用周铣法可铣出平行面;当工件基准面与工作台台面垂直,并与进给方向平行时,可在立式铣床上用周铣法或在卧式铣床上用端铣法铣出平行面。

根据图样要求分析该工件,确定加工选用的机床和刀具。

(1)该工件工艺的分析以及毛坯的选择

①工艺分析

根据图纸所示工件的精度和表面粗糙度的要求,选用粗铣和精铣两道工序来完成。

②毛坯的选择

由图纸所示精度尺寸可知,毛坯料的高度尺寸需要大于所示尺寸30 mm。在此任务中,我们在任务二已加工过的工件基础上进行平行平面的铣削。

(2)编制加工工艺

平行面的加工工艺见表2-2。

表2-2   平行面的加工工艺

工序	加工内容	机床	刀具	夹具	量具
1	选择已加工的第一个平面作为基准,贴紧固定钳口	XW5032	—	非回转式平口虎钳,规格200	—
2	选择已加工的第二个平面,即基准A面作为基准,与平口钳平行导轨上的平行垫铁贴紧,然后夹紧工件,保证基准位置不变	XW5032	—	非回转式平口虎钳,规格200	—
3	粗铣与基准A面平行的毛坯面,留精加工余量0.5 mm	XW5032	$\phi60$ mm端面铣刀	非回转式平口虎钳,规格200	游标卡尺
4	精铣该平行面,卸下工件,周边去毛刺	XW5032	$\phi60$ mm端面铣刀	非回转式平口虎钳,规格200	游标卡尺

(3)平行面的铣削工艺及加工步骤

①工件的装夹。在此我们在立式升降台铣床上用平口钳装夹工件,使得待加工表面铣削后与基准面平行。选择已加工的第一个平面作为基准,贴紧固定钳口;选择已加工的第二个平面,即基准A面作为基准,与平口钳平行导轨上的平行垫铁贴紧,然后夹紧工件,保证基准位置不变。

②对刀。选择合理的主轴转速,开动机床,操控各工作台手柄,使工件上表面与端铣刀硬质合金刀头相接触,记下此时的升降台刻度,然后降下升降台。操作相应手柄,使工作台纵向移出工件。停止主轴转动。

③启动机床,主轴转动;

④手动上升工作台,上升高度以对刀时所记刻度位置为基准,再向上摇动2.5 mm,手动纵向移动工作台,当工件距离回转刀具一定距离时停止;

⑤调整横向运动手轮,使横向工作台运动至工件位置并处于不对称的逆铣状态;

⑥选择合理的进给速度;

⑦操纵纵向自动进给手柄,完成 3 面粗铣的加工;

⑧操纵相应手柄,使升降方向、纵向均远离工件一定距离至安全位置;

⑨停止主轴转动;

⑩卸下工件,去除毛刺;

⑪以同样的方法进行一遍精铣即可。

(4)平行面铣削的检验

①用刀口尺检验各个面的平面度。

②平行度的检验可以用相应规格的外径千分尺进行检测。通常平行面与基准面之间的尺寸误差小于图样上的平行度公差要求即视为合格。

③用游标卡尺检验工件的尺寸符合要求。

④平面度误差(原因同练习一水平平面的铣削)。

⑤平行度误差。

(5)平行面铣削的质量分析

①工件下基准面与平口钳导轨不平行;

②平行垫铁不符合要求;

③平口钳平行导轨面与工作台台面不平行。

④切削用量选择不合理;

⑤铣刀几何参数选择不合理;

⑥切削时因刀具或工件的原因,而产生振动;

⑦刀具磨损过大,或产生积屑瘤等原因。

3.凸台的铣削

在铣床上,正确铣削加工出如图 2-26 所示的阶台工件。

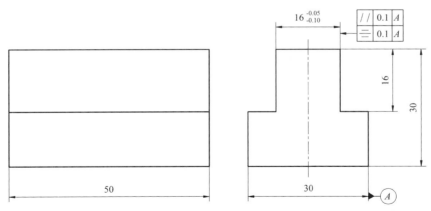

图 2-26　阶台的铣削

铣削台阶时,要保证其具有较好的平面度和较小的表面粗糙度,同时还应满足较高的尺寸精度要求和几何公差要求。

根据图样要求分析该工件,确定加工选用的机床和刀具。

(1)该工件工艺的分析以及毛坯的选择

①工艺分析

根据图纸所示工件的精度和表面粗糙度的要求,选用粗铣和精铣两道工序来完成。

②毛坯的选择

由图纸所示精度尺寸可知,毛坯料可选择 45 钢,经加工至尺寸为 80 mm×30 mm×26 mm 的矩形工件。

(2)斜面的铣削工艺及加工步骤

①装夹工件

根据工件的形状采用平口钳装夹该工件。装夹工件时,应将工件上平面伸出距钳口 14 mm 的高度,以保证铣刀在加工台阶时与平口钳不发生干涉。工件的下平面与平口钳导轨之间垫上平行垫铁。

②对刀

将三面刃铣刀安装在卧式铣床上相应的长刀杆的中间位置并锁紧。在对刀时,先对一侧台阶。

a.侧面横向对刀。在工件的侧面贴上相对较薄的一条纸,摇动铣床横向手柄,使三面刃铣刀的侧面恰好擦到工件的侧面,这样做的目的是使对刀的位置及尺寸相对准确,然后记下横向手轮刻度盘上的尺寸。

b.在工件的上平面对刀。用同样的方法在工件的上表面对刀,记下升降台手柄处的刻度盘数值后纵向退出工件。

③粗铣、精铣刚对刀一侧的台阶

铣削时调整水平、垂直方向工作台,对工件进行粗铣和精铣,保证这一侧台阶符合图样要求。

④粗铣、精铣另一侧台阶

在准备铣削另一侧台阶之前,应先将工作台相对于刀具沿横向移动一定的距离,该距离为工件凸台的宽度 A 与刀具宽度 L 的尺寸之和。

(3)阶台面铣削的质量分析

①尺寸不正确

一般是由对刀不准确、精加工前测量失误或工作台调整数值错误造成的。

②平行度误差

一般是由铣刀在工作时产生了"让刀"现象,即工作时铣刀向不受力的一侧产生了偏让引起的。

③对称度误差

可能是由工件侧面与工作台纵向不平行、工作台调整数据计算错误等引起的。

2.2.5 操作示例分析

示例:使用卧式铣床铣阶台面。

(1)打开钥匙开关;

(2)开启电源;

(3)将待切削材料装夹在平口钳上;

(4)Z 方向对刀,横向退刀,Z 方向进刀;

(5)横向对刀,横向刻度盘调零,纵向退刀;

（6）横向进刀 L，纵向退刀；

（7）分度头转 20 圈，即 180°，纵向启动、切削；

（8）纵向退刀，停车，测量。依据测量结果，即余量，调整横向手柄，直至所需尺寸；

（9）分度头转 60°，即 60/9 圈，直至六面全部加工完毕；

（10）卸件，去毛刺，测量，检验；

（11）关闭钥匙开关，关闭电源。

2.2.6 思考题

1.简述顺铣和逆铣的区别，并说明它们分别在什么场合可以使用。

2.试述铣削平面的方法和步骤。

3.在装夹和测量时，为什么要使铣刀停止旋转？

4.在机床变速时，为什么要停机变速？

第3章

数控车床实训

本章思政目标:学习数控车床的基本操作、训练,加强职业认知,增强学生的家国情怀、文化素养,筑牢中华民族共同体意识。

3.1 实训目的

1.了解数控车床的工作原理、加工范围及其应用。

2.掌握数控车床的编程方法。

3.熟悉数控加工的安全操作规程,掌握数控车床的操作方法,并能完成典型零件的加工。

3.2 实训要求

1.操作者必须穿好工作服,长发者需戴工作帽并将发髻挽入帽内,严禁戴围巾、手套等进行操作,以免被机床卷入发生事故。

2.工作时,头不得与工件靠得太近,以防铁屑飞入眼睛,加工时应关上防护罩。

3.操作机床时,应独立操作,不可两人或多人同时操作一台机床。

4.工件和车刀必须装夹牢靠,不准用手按住转动着的卡盘来进行刹车。

5.一旦发生事故,应立即按下急停开关并关闭机床,采取相应措施防止事故扩大,保护现场并报告实训指导教师。

3.3 实训设备

3.3.1 设备型号

实训设备为 BRT4065i 数控卧式车床,如图 3-1 所示。

图 3-1　BRT4065i 数控卧式车床

BRT:Brio Turner 的简写;

40:机床主参数,最大加工直径的 1/10;

65:机床主参数,最大加工长度的 1/10;

i:全防护。

3.3.2 设备特点

该系列机床具有高转速、高精度和高刚性的特点,适用于各种轴类、盘类零件的半精加工和精加工,可以车削各种螺纹、圆弧、圆锥及回转体的内、外曲面,可以进行镗孔和铰孔,能够满足黑色金属、有色金属的高速切削需求,特别适合用于汽车、摩托车、轴承、电子、航天、军工等机械加工行业对回转体类零件进行高效、大批量、高精度的加工。

该系列机床为机电一体化结构,整体布局紧凑合理,便于机床的保养和维修。在设计过程中,对床身等主要铸件进行了有限元分析,合理布置了筋板,同时对主轴、尾台等部件的刚度进行了合理匹配,大大提高了整机的刚性,确保了加工过程中的稳定性,外圆加工可达到 IT6 级。关键的外购件都采取定制采购,以确保外购件具有良好的品质,从而保证了机床的性能和可靠性。该机床重新设计了防护,采用更合理的防护结构,能够更好地符合人机工程学的原理,宜人性好,便于操作。

该机床采用模块化设计,根据不同配置,可以扩展为两大系列。机床的机械结构、防护形式、系统配置的优化设计和精心制造,为广大用户提供了更好的选择。

3.4 实训内容

3.4.1 数控车床的概念

数控是数字控制技术的简称,是用数字化代码实现自动控制技术的总称。数控车床是采用数字化代码程序控制、能完成自动化加工的通用车床,主要加工轴类、盘类及复杂曲面回转类零件,是国内数量最多,应用最广泛的机床。

3.4.2 数控车床的分类

1.数控车床分类形式

数控车床的分类方法与普通车床的分类方法相同,按车床的配置方法分为卧式数控车床和立式数控车床。

(1)卧式数控车床

车床主轴水平配置,主轴上装有卡盘,用于装夹工件。在水平导轨上配置有四方位刀架,用来装夹刀具。还有一个尾座,它的锥孔中可以装钻头用来钻孔,或装顶尖用来定位和支撑较长的轴类零件。

(2)立式数控车床

立式数控车床的主轴是垂直配置的,其上装有一个较大的卡盘,用于装夹工件。车床的横梁和立柱上配置有垂直刀架和侧刀架。

2.按加工零件的基本类型可分为:

(1)卡盘式数控车床

车床没有尾座,适合车削盘类,短轴类零件。其夹紧方式多为电动或液动控制。

(2)顶尖式数控车床

配有普通尾座或数控尾座,适合车削较长的零件及直径不太大的盘类零件。

3.按伺服系统可分为:

(1)开环伺服系统;

(2)半闭环伺服系统;

(3)闭环伺服系统。

3.4.3 数控车床的加工特点及应用

1.数控车床的加工特点

(1)加工对象的适应性强;

(2)加工精度高,加工质量稳定;

(3)可减轻劳动强度,改善劳动条件;

(4)具有较高的生产效率和较低的加工成本,经济效益良好;

(5)有利于现代化生产与管理。

2.数控车床的应用

(1)多品种、小批量生产的零件;

(2)形状结构比较复杂的零件;

(3)需要频繁改型的零件;

(4)价值昂贵、不允许报废的关键零件;

(5)设计制造周期短的急需零件;

(6)批量较大、精度要求较高的零件。

3.4.4 BRT4065i 数控车床的加工原理、组成及结构特点

1.加工原理

车床是将编制好的加工程序输入数控系统,由数控系统通过控制车床 X、Z 坐标轴的伺服电动机去控制车床进给运动部件的运作顺序、移动量和进给速度,再配以主轴的转速和转向,便能加工出各种不同形状的轴类和盘类回转体零件的机床。

2.组成

数控车床组成有高刚性的整体平式床身,高转速、高刚性、高精度的床头箱(主轴箱),进给系统,四工位刀架,手动尾座,双开门全防护,手动卡盘 K11200,中心架,润滑系统(L-G32 导轨油),液压系统(ISO VG22-68 液压油),冷却及排屑系统。

3.结构特点

(1)由于数控车床刀架的两个方向运动分别由两台伺服电动机驱动,所以它的传动链短;

(2)多功能数控车床是采用直流或交流主轴控制单元来驱动主轴,按控制指令做无级变速,主轴之间不必用多级齿轮副来进行变速;

(3)轻拖动,刀架移动一般采用滚珠丝杠;

(4)为了轻便,大部分采用油雾自动润滑;

(5)润滑导轨要求耐磨性好;

(6)加工冷却充分,防护较严密;

(7)配有自动排屑装置。

4.机床的使用环境:

(1)环境为温度在 5～40 ℃;

(2)湿度,最高温度为 40 ℃时,相对湿度不超过 50%,温度越低则允许湿度相对越高,如温度为 20 ℃时,允许湿度为 90%;

(3)海拔高度:1 000 m 以下;

(4)大气污染:无灰尘、酸气、腐蚀气体和盐分;

(5)辐射:避免阳光直射和热辐射;

(6)安装位置远离振动源和易燃、易爆物品。

(7)机床噪声:空气转噪声的声压级≤83 dB(分贝)。

(8)加工零件:最大车削直径为 400 mm,最大工件长度为 650 mm。

机床照明:照明强度大于 500 lx(勒克斯)CE 认证的 LED 工作灯。

3.4.5 数控车床的组成

数控车床的组成如图 3-2 所示。

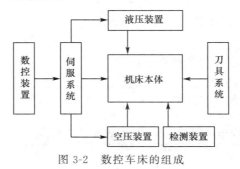

图 3-2　数控车床的组成

3.4.6 数控车床的操作面板

1.PPU(面板操作单元)的组成

PPU(面板操作单元)的组成如图 3-3 所示。图示中功能键的解释说明见表 3-1。

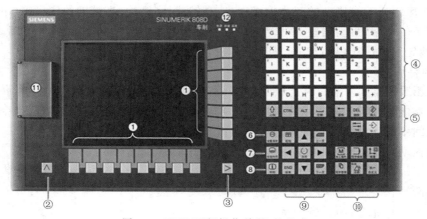

图 3-3　PPU(面板操作单元)的组成

表 3-1　　　　　　　　　　　　　　　　PPU 功能键

序号	按键或开关	说明
①		垂直和水平软键,调用特定菜单功能
②	∧	返回键,返回上一级菜单
③	>	菜单扩展键,未分配功能给该按键,预留使用

（续表）

序号	按键或开关	说明
④	 K … Z 0 … 9	字母键和数字键,使用这些按键来输入字符或 NC 指令。按住"上档"键,同时按下字母键或数字键可以输入该键上部的字符
⑤	⇧ 上档	上档键
	CTRL	控制键
	ALT	换档键
	⎵ 空格	空格键
	← 退格	退格键,删除光标左侧的字符
	DEL 删除	删除键,删除选中的文件或字符
	插入	插入键
	TAB	制表键,光标缩进几个字符,在输入字段和选中程序名之间切换
	输入	输入键,确认输入的值,打开目录或程序
⑥	报警清除	报警清除键,清除用该符号标记的报警和提示信息
⑦	在线向导	在线向导键,打开向导基本画面
⑧	i 插入	帮助键,调用选中的窗口、报警、提示信息、机床数据、设定数据或者最终用户向导的上下文关联帮助

（续表）

序号	按键或开关	说明
⑨	光标上/下/左/右键（方向键）	光标上/下/左/右键
	起始	起始键，未分配功能给该键，预留使用
	END 结束	结束键，移动光标至一行的末尾
	上一页	上一页键，在菜单屏幕上向上翻页
	下一页	下一页键，在菜单屏幕上向下翻页
	选择	选择键，在输入区之间切换，在 NC 启动时打开"调试菜单"对话框
⑩	M 加工操作	打开"加工操作"操作区
	程序编辑	打开"程序编辑"操作区
	偏置	打开"偏置"操作区
	程序管理	打开"程序管理器"操作区
	系统 诊断	按下该按键打开"诊断"操作区，按住"上档"键，同时按下该键打开"系统"操作区
	用户 自定义	确保用户能够进行扩展应用，例如 EasyX Language 功能
⑪	USB 接口	连接至 USB 设备。 举例： ·连接至外部 USB 存储器，在 USB 存储器和 CNC 之间传输数据； ·连接至外部 USB 键盘，作为外部 NC 键盘使用

（续表）

序号	按键或开关	说明
⑫	LED 状态 电源　就绪　温度 □　　□　　□	LED"电源"。 绿色灯亮:CNC 处于上电状态
		LED"就绪"。 绿色灯亮:CNC 已就绪可以进行操作
		LED"温度"。 未亮灯:CNC 温度在特定范围内; 橙色灯亮:CNC 温度超出范围

2.MCP(机床控制面板)的组成

MCP(机床控制面板)的组成,如图 3-4 所示。图示中功能键的解释说明,见表 3-2。

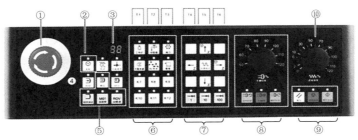

图 3-4　MCP(机床控制面板)的组成

表 3-2　　　　　　　　　　　　　　　　　　　MCP 功能键

序号	按键或开关	说明
①	⬤	急停按钮,立即停止所有机床运行
②	手轮	手轮键(带 LED 状态指示灯),用外部手轮控制轴运行
③	8.8	刀具数量显示,显示当前刀具数量
④	手动	操作模式"手动"
	回参考点	操作模式"回参考点"
	自动	操作模式"自动"
	MDA	操作模式"MDA",手动输入程序,自动运行

（续表）

序号	按键或开关	说明
⑤	程序测试	"程序测试"键,禁用设定值到轴和主轴的输出。CNC仅模拟轴运行来验证程序的正确性。
	MO1 选择停	"选择停"键,在每个编程了M01功能的程序段处停止程序
	ROV GO修调	"GO修调"键,调整轴进给倍率
	单段	"单段"键,激活单程序段执行模式
⑥	工作灯	"工作灯控制"键,在任何操作模式下按该键可以开关灯光。LED亮:灯光开;LED灭:灯光关
	冷却液	"冷却液控制"键,在任何操作模式下按该键可以开关冷却液供应。LED亮:冷却液供应开;LED灭:冷却液供应关
	换刀	"换刀"键(仅在JOG模式有效),按下该键开始按顺序换刀。LED亮:机床开始按顺序换刀;LED灭:机床停止按顺序换刀
	K7 K12 ...	"用户定义"键
⑦	X	"X轴"键,向负方向运行X轴
	X	"X轴"键,向正方向运行X轴
	Z	"Z轴"键,向负方向运行Z轴
	Z	"Z轴"键,向正方向运行Z轴
	快速移动	"快速运行覆盖"键,按下该键同时按下相应的轴按键可以使该轴快速运行

（续表）

序号	按键或开关	说明
⑦		无效按键。未分配功能给该按键。
	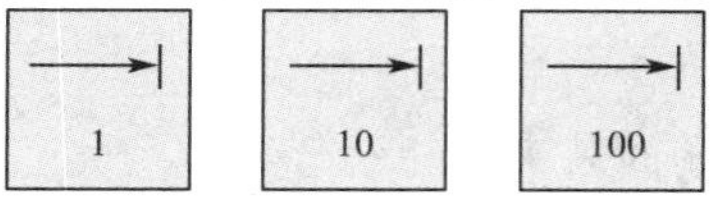 1　10　100	"增量进给"键（带 LED 状态指示灯），设置需要的轴运行增量
⑧	 逆时针转	主轴开始逆时针转动
	 主轴停	停止主轴
	 顺时针转	主轴开始顺时针转动
		主轴倍率开关，使主轴按照特定速度倍率转动
⑨	 进给保持	"进给保持"键，停止执行 NC 程序
	 循环启动	"循环启动"键，开始执行 NC 程序
	 复位	"复位"键，复位 NC 程序。清除符合清除条件的报警
⑩	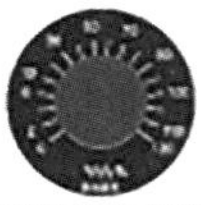	进给倍率开关，以特定进给倍率运行选中的轴

3.4.7　零件的加工步骤

1.拟定数控加工工艺制订及进给路线

制订工艺的合理与否，对程序编制、数控车床的加工效率和零件的加工精度都有重要的影响。其主要内容有：零件图的工艺分析、工序和装夹方式的确定、加工顺序的确定和刀具的进给路线以及切削用量。

2.零件图的工艺分析

（1）结构分析，根据数控车削的特点，认真审视零件结构的合理性；

（2）几何要素分析，图样上给定的尺寸要完整，且不能自相矛盾，所确定的加工零件轮廓是唯一的。

(3)精度及技术要求分析,内容包括:一是分析精度及各项技术要求是否齐全、是否合理;二是分析本工序的数控车削加工精度能否达到图样要求,若达不到,需采取其他措施(如磨削)弥补时,则应该给后续工序留有一定加工余量;三是找到图样上有位置精度要求的表面,这些表面应在一次装夹下完成;四是对表面质量要求较高的表面,应确定用恒线速度切削(G96)。

3.工序和装夹方式的确定

根据结构形状的不同,通常选择外圆、端面、内孔或端面装夹。

划分工序原则如下:

(1)按零件加工表面划分工序;

(2)按粗、精加工划分工序;

(3)按所用的刀具种类划分工序。

4.加工顺序的确定

(1)先粗后精的原则;

(2)先近后远的原则;

(3)内、外交叉的原则,应先进行内、外表面粗加工,后进行内、外表面精加工。

5.进给路线的确定

主要在于确定粗加工及空运行的进给路线,精加工切削过程的进给路线基本上都是沿其零件轮廓顺序进行的。进给路线是指刀具从对刀点开始运动起,直至返回该点并结束加工程序所经过的路径,包括切削加工的路径及刀具切入、切出等非切削空行程路线。

(1)最短的空行程路线。起刀点确定,应注意换刀点方便和安全换刀,合理安排"回零"路线;

(2)最短的切削进给路线;

(3)大余量毛坯的阶梯切削进给路线;

(4)完整轮廓的连续切削进给路线;

(5)特殊的进给路线。

6.默认进给量的选择

该数控车床默认使用 G95 指令时单位为 mm/r。粗车在 0.2~0.4 mm/r,精车在 0.15~0.008 mm/r。

3.4.8 坐标系

1.数控车床坐标系建立原则

根据卧式数控车床的结构,机床运动部件有主轴的旋转运动和刀架沿水平导轨的纵向和横向移动。所以数控车床的坐标系是由一个回转坐标和两个直线坐标组成的。

(1)Z 轴

车床的主轴是传递切削功率的,所以将主轴的轴线命名为 Z 坐标轴。

(2)X 轴

将刀架平行于工件装夹面的水平横向移动轴线命名为 X 坐标轴。

它们的方向是以沿着工件径向并远离工件方向为正方向。

2.数控车床坐标系中的各原点

数控车床各坐标原点的位置,如图 3-5 所示。

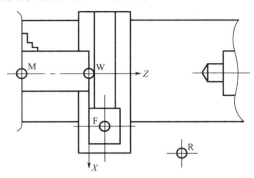

图 3-5　数控车床各坐标原点位置

（1）机床原点 M

机床原点也称为机床零点,也就是机床坐标系的原点。它的位置是由机床制造厂确定的,通常设置在主轴的轴心线与装配卡盘的法兰端面的交点。

（2）机床参考点 R

机床参考点又称为机床固定原点或机械原点。机床参考点设在 X 轴和 Z 轴距机床坐标系原点最大的位置处。

（3）刀架基准点 F

数控机床上无论是四方位刀架还是转轮刀架,其上都有基准点 F,它是安装在刀架上的刀具刀尖相对 F 点补偿值的测量基准,也是机床控制系统计算刀尖在程序加工所在位置坐标尺寸的基准点。

（4）工件编程原点 W

在数控车床上对零件进行程序加工时,首先要在被加工的工件上建立工件坐标系,该坐标系的原点就是工件编程原点,也称为编程零点。零件的加工程序中各刀位点的坐标值计算和正负符号都是以工件零点来决定的。

3.4.9　程序的编写

1.程序结构

NC 程序是由一系列的程序段组成。每个程序块代表一个加工步骤。以字的形式将指令写入程序块。执行顺序中的最后一个程序段包含程序结束的一个特殊字,例如 M2。NC 程序的部分程序块如图 3-6 所示。

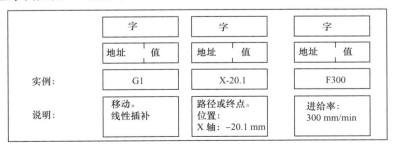

图 3-6　NC 程序的部分程序块

(1)字结构和地址

一个字是一个程序段元素,主要构成一个控制命令。字由以下两个部分组成:

地址符:通常为一个字母

数值:数字串,对于某些地址而言,该数字串前面可带有正负号,该数字串亦可带有小数点,正号(+)可以省略。

(2)程序段结构

程序段应包含执行加工步骤需要的所有数据。

通常一个块由多个字组成,始终带有程序段结束字符"LF"(换行)。写入时,按下换行键或"INPUT"键,将自动生成该字符。程序段结构示例如图 3-7 所示。

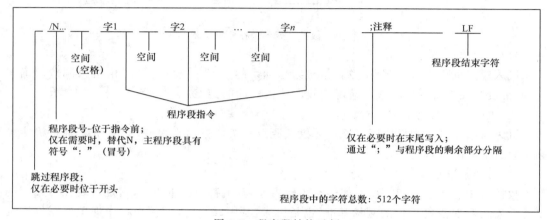

图 3-7 程序段结构示例

字序,如果一个程序段中有多个指令,建议使用以下顺序:

N...G...X...Z...F...S...T...D...M...H...

2.常用的编程指令代码

(1)M 辅助指令

M00 程序停止,在包含 M00 的程序段结束时停止加工,按下"NC START"可继续;

M02,M30 程序结束,可以在处理顺序的最后一个程序段中找到;

M17 结束子程序,可以在处理顺序的最后一个程序段中找到;

M03 主轴顺时针旋转;

M04 主轴逆时针旋转;

M05 主轴停止;

M06 换刀;

F 进给率 mm/r,mm/min;

S 主轴转速;

T 刀号通过编程 T 字可以进行换刀;

D 刀沿号,可以向某个特定刀具分配不同刀具补偿程序段。

(2)G 准备功能指令

①绝对坐标和相对坐标指令 G90 和 G91。

G90 绝对值编程,每个编程坐标轴上的编程值是相对于程序原点而言的。G90 为缺省值。

　　G91　相对值编程,每个编程坐标轴上的编程值是相对于前一位置而言的,该值等于沿轴移动的距离。

　　如图 3-8 所示,已知刀具中心轨迹为"A→B→C",起点为 A,即

　　G90 时:G90 G00 X35.Y50;

　　　　　　　　　　X90;

　　G91 时:G91 G00 X25,Y40;

　　　　　　　　　　X55,Y0;

　　②G00 快速定位指令

　　用 G00 指令快速定位,如图 3-9 所示。用绝对值方式或增量值方式,使刀具以较快进给速度向工件坐标系的某一点移动。执行绝对值指令时,用终点的坐标值来编程;执行增量值指令时,用刀具的移动距离来编程。

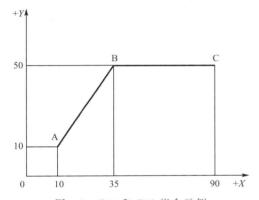

图 3-8　G90 和 G91 指令示例

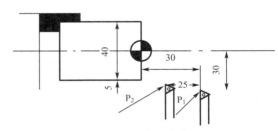

图 3-9　快速定位

图 3-9 中 P1→P2 的程序为:

　　G00　　X50.0　　Z5.0（绝对值指令）

　　G94　根据时间来定义进给率,进给率单位为:mm/min。

　　G95　根据主轴旋转来定义进给率,进给率单位为:mm/rev。

　　③G01 直线插补

　　G01 直线插补指令用于直线或斜线运动,可使数控车床沿 X 轴、Z 轴方向执行单轴运动,也可以沿 X、Z 平面内任意斜率的直线运动,用 F 指令给定沿直线移动的速度。

　　直线插补指令 G01 可用于圆柱切削、圆锥切削(倒角也做圆锥切削)。

　　如图 3-10 所示,刀尖起点坐标为(50.0,0),编制的程序为:

　　G01　　X50.0　　Z−60.0　F0.2;

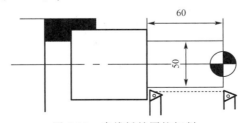

图 3-10　直线插补圆柱切削

如图 3-11 所示,刀尖起点坐标为(40.0,0),编制的程序为:

G01　X60.0　Z－60.0　F0.2;

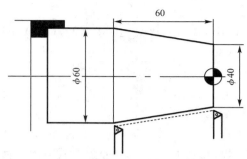

图 3-11　直线插补圆锥切削

④圆弧插补指令 G02、G03

G02 为顺时针圆弧插补指令,G03 为逆时针圆弧插补指令。

判断方法:用右手定则确定 Y 轴,从 Y 轴的正方向朝 Y 轴的负方向看去,判断 XZ 平面内所加工圆弧曲线的方向,顺时针圆弧插补用 G02 指令,逆时针圆弧插补用 G03 指令。

常用定义圆弧的两种格式:

G02/G03　X_Z_I_K_;

G02/G03　X_Z_CR＝_。

弧度≤180°时,CR 中填入正数;

弧度＞180°时,CR 中填入负数。

执行圆弧插补指令需要注意的事项如下:

a.I、K(圆弧中心)也可以用半径指定;

b.当 I、K 值均为零时,该代码可以省略;

c.圆弧在多个象限时,该指令可连续执行;

d.在圆弧插补程序段内不能有刀具机能(T)指令;

e.使用圆弧半径 R 值时,指定其小于 180°;

f.I、K 和 CR 同时被指定时,CR 可以优先指定,I、K 被忽视。

【例 3-1】如图 3-12 所示,用 G02 指令加工圆弧。

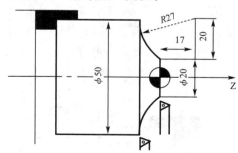

图 3-12　G02 指令加工圆弧

(I,K)指令:

G02　X50.0　Z－10.0　I20.0　K17.0　F0.1;

(R)指令:

G02　X50.0　Z-10.0　CR=27.0　F0.1。

⑤刀尖半径补偿指令(G40、G41、G42)

a.刀尖半径和假想刀尖的概念

刀尖半径

车刀刀尖部分为一圆弧构成假想圆的半径值。一般车刀均有刀尖半径,用于车外径或端面时,刀尖圆弧的大小并不起作用,但用于车倒角、锥面或圆弧时,则会影响精度。因此,在编制数控车削程序时,必须给予考虑。

假想刀尖

所谓假想刀尖如图 3-13(b)所示,P 点为该刀具的假想刀尖,相当于图 3-13(a)尖头刀的刀尖点。实际上假想刀尖并不存在。

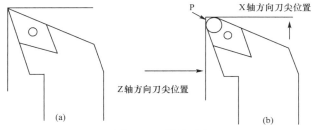

图 3-13　假想刀尖

b.刀尖半径补偿模式的设定(G40、G41、G42 指令)

G40(解除刀尖半径补偿)。解除刀尖半径补偿,应写在程序开始的第一个程序段及取消刀具半径补偿的程序段。

G41(左偏刀刀尖半径补偿)。面朝与编程路径一致的方向,刀具在工件的左侧,则用该指令补偿。

G42(右偏刀刀尖半径补偿)。面朝与编程路径一致的方向,刀具在工件的右侧,则用该指令补偿。

c.参数的输入

假想刀尖的位置,如图 3-14 所示。

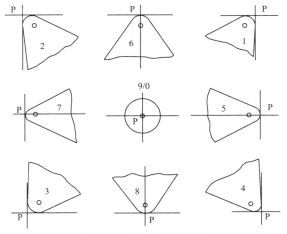

图 3-14　假想刀尖的位置

3.编制程序

阶梯轴的各尺寸参数,如图 3-15 所示。编制图 3-15 所示阶梯轴的加工程序,见表 3-3。

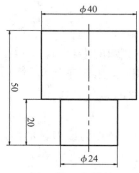

图 3-15 阶梯轴

主程序(.MPF),子程序(.SPF)最多使用 24 个英文字母或 12 个中文字符,仅使用小数点来隔开文件扩展名。

表 3-3   编制阶梯轴的加工程序

指令	说明
jietizhou.MPF	
N10 T01 D01	换 1 号刀,1 号刀沿补偿
N20 S800 M03	主轴转速 800 r/min,主轴正转
N30 G90 G42 G00 X28 Z5	绝对尺寸编程,零点偏置,刀具右补偿,1 号刀快速移动到(28,5)
N40 G01 Z0 F0.2	直线插补到(28,0),进给率 0.2 mm/r
N50 G01 X30 Z-1	直线插补到(30,−1)
N60 G01 Z-15	直线插补到(30,−15)
N70 G01 X36	直线插补到(36,−15)
N80 G01 Z-35	直线插补到(36,−35)
N90 G00 X50 Z100	快速移动到(50,100)
N100 T02 D01	换 2 号刀,1 号刀沿补偿
N110 G00 Z-30	快速移动到(50,−30)
N120 GOO X38	快速移动到(38,−30)
N130 G01 X-1 F0.1	直线插补到(−1,30)
N140 G00 X100 Z100	快速移动到(100,100)
N150 M30	程序结束

3.4.10 数控车床的开机操作过程

机床通电启动后,先进行机械回零操作,然后试运转 5min,确认机械、刀具、夹具、工件、数控参数等正确无误后,方能开始正常工作。

1.启动机床

第一步:打开主机开关,主机开关常位于机床左端,将开关旋钮由"OFF"旋转至"ON"。

第二步:松开机床上的急停开关。

2.机床回参考点

第一步:机床启动后,系统默认回参考点的操作模式,如图 3-16 所示。如果进给轴未回参考点,则位于轴数值与进给轴名称之间的圆圈不会显示回参考点的图标,如图 3-17 所示。

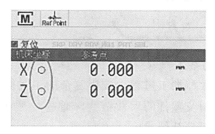

图 3-16　默认回参考点　　　　图 3-17　未显示回参考点图标

第二步:通过对应的轴移动键来对轴执行回参考点操作,移动方向与移动键均由机床制造商来确定,如图 3-18 所示。对所有的进给轴都执行完回参考点操作后,在轴名称旁可看到回参考点的图标,如图 3-19 所示。

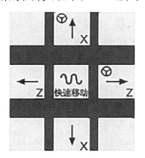

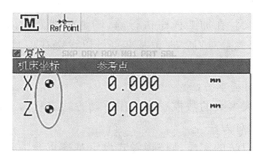

图 3-18　轴移动键　　　　图 3-19　显示回参考点图标

第三步:在返回手动操作模式后,使用前文介绍的轴移动键进行正常的手动移动机床的操作,如图 3-20 所示。此时可以在手动模式下操作机床,在进行正常机床(手动)操作时,系统屏幕中并不会显示回参考点的图标,如图 3-21 所示。

图 3-20　手动移动机床键　　　　图 3-21　未显示回参考点图标

3.4.11　车刀安装要求

短——车刀伸出的长度要短,与普通车床一样,刀杆伸出长度不宜超出刀杆厚度的

1.5 倍；

平——刀杆底面平整以确保夹装牢固,如果有需要车刀垫片的,其安装也要平整;

中——车刀刀尖安装要对准工件中心,刀尖相对主轴中心的偏差为±0.2(如果是细小工件,应绝对中心,特形面和锥面更应注意);

直——车刀刀杆安装要垂直于工件轴线;

紧——车刀要压紧。

3.4.12 对刀

1.对刀的基本概念

对刀是数控加工过程中较为复杂的工艺准备工作之一,对刀的好与差将直接影响到加工程序的编制及零件的尺寸精度。通过对刀或刀具预调,还可同时测定各号刀的刀位偏差,有利于设定刀具补偿量。

(1)刀位点

刀位点是指在加工程序编制中,用以表示刀具特征的点,也是对刀和加工的基准点。

(2)对刀

对刀是数控加工中的重要操作,结合机床操作说明掌握有关对刀的方法和技巧,具有十分重大的意义。在加工程序执行前,调整每把刀的刀位点,使其尽量重合于某一理想基准点,这个过程就是对刀。理想基准点可以设定在刀具上,如基准刀的刀尖上;也可以设定在刀具外,如光学对刀镜内的十字刻线交点上。

2.对刀的基本方法

目前绝大多数的数控车床采用手动方式进行对刀,其基本方法有以下几种:

(1)定位对刀法

定位对刀法的实质是按接触式设定基准重合原理而进行的一种粗定位对刀方法,其定位基准由预设的对刀基准点来体现。对刀时,只要将各号刀的刀位点调整至与对刀基准点重合即可。该方法简便易行,因而得到较广泛的应用,但其对刀精度受到操作者技术熟练程度的影响,一般情况下其精度都不高,还需在加工或试切中进行修正。

(2)光学对刀法

光学对刀法是一种按非接触式设定基准重合原理而进行的对刀方法,其定位基准通常由光学显微镜(或投影放大镜)上的十字基准刻线交点来体现。这种对刀方法比定位对刀法的精度高,并且不会损坏刀尖,是一种可推广采用的方法。

(3)试切对刀法

在以上各种手动对刀方法中,均因可能受到手动和目测等多种误差的影响以至其对刀精度十分有限,往往需要通过试切对刀,以得到更加准确和可靠的结果。

3.试切对刀的方法步骤(西门子 808D 系统)

(1)创建刀具

程序执行之前必须先创建刀具,并对刀具进行测量操作。

步骤1:确认此时系统已处于手动模式下,按下PPU上的"偏置"键,按下PPU上的"刀具列表"软键,如图 3-22 所示。

图 3-22　步骤 1

步骤 2:系统可创建的刀具号范围为 1~32 000,机床上最多可带 64 个刀具/刀沿。

按 PPU 上的"新建刀具"软键,选择需要的刀具类型,在刀具号中输入数值 1,在刀沿位置中输入数值 3,如图 3-23 所示。

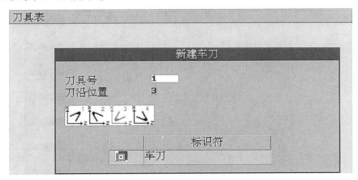

图 3-23　步骤 2(1)

按 PPU 上的"确认"软键,根据不同的需要选择输入半径或刀尖宽度,如图 3-24 所示。

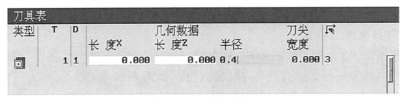

图 3-24　步骤 2(2)

(2)创建刀沿

创建刀沿之前必须先建立并选择刀具。

步骤 3:使用 D 代码表征刀沿,初始状态下系统默认激活 1 号刀沿,按下 PPU 上的"偏置"键,按下 PPU 上的"刀具列表"软键,使用"方向"键选中需要增加刀沿的刀具,按下 PPU 上的"刀沿"软键,按 PPU 上的"新刀沿"软键,如图 3-25 所示。

69

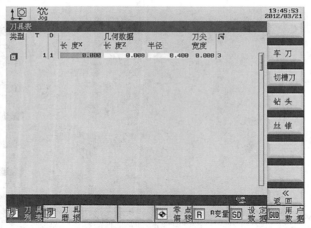

图 3-25　步骤 3

步骤 4：在所选刀具下增加一个新刀沿，可根据需要填入不同的长度及半径数值。横框显示当前激活的刀具及刀沿，竖框显示刀具下建立了几个刀沿以及每个刀沿中的相关存储数值，如图 3-26 所示。

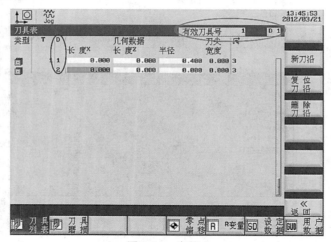

图 3-26　步骤 4

（3）装载刀具至激活位置

步骤 5：按下 PPU 上的"加工操作"键，按下 MCP 上的"手动"键，按下 PPU 上的"T.S.M"软键，将 T 中的刀具号数值设为 1，按"输入"键，如图 3-27 所示。

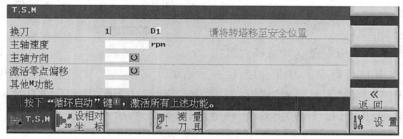

图 3-27　步骤 5

步骤 6:按 MCP 上的"循环启动"键,按下 PPU 上的"返回"键返回,如图 3-28 所示。

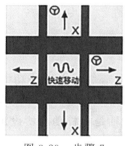

图 3-28

(4)测量刀具

步骤 7:测量长度 X,按下 PPU 上的"加工操作"键,按下 MCP 上的"手动"键,按下 PPU 上的"测量刀具"软键,按下 PPU 上的"测量 X"软键,使用 MCP 上的"轴移动"键将进给轴移动至需要的调整位置,如图 3-29 所示(附注:下文中对于工件坐标系下需设定的 X/Z 零点分别描述为"X0/Y0")。

步骤 8:使用 MCP 上的"手轮"键,选择合适的增量倍率将刀具移动至工件的"X0"位置,如图 3-30 所示。

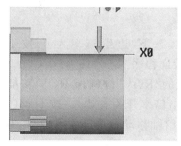

图 3-29 步骤 7   图 3-30 步骤 8

步骤 9:在 φ 中输入数值 50,按下黄色的"输入"键,按下 PPU 上"设置长度 X"软键,如图 3-31 所示。

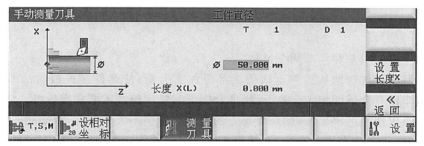

图 3-31 步骤 9

步骤 10:测量长度 Z,按下 PPU 上"测量 Z"软键,使用 MCP 上的"轴移动"键将进给轴移动至需要的调整位置,如图 3-32 所示。

步骤 11:使用 MCP 上的"手轮"键,选择合适的增量倍率将刀具移动至工件的"Z0"处,如图 3-33 所示。

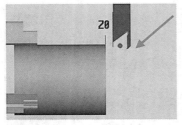 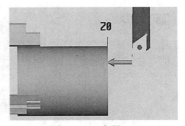

图 3-32　步骤 10　　　　　　　　图 3-33　步骤 11

步骤 12：在 Z0 中输入数值 0（这个值表示刀尖与零点间的距离），如图 3-34 所示。

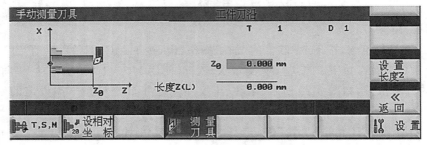

图 3-34　步骤 12

按下 PPU 上的"设置长度 Z"软键，按下 PPU 上的"返回"键返回。

（5）对刀验证

在主轴停止状态下，进给倍率为 0，按下 PPU 上的"加工操作"键，按下 MCP 上的"MDA"键，输入验证程序"G500；T1 D1 G00 X0 Z5"；

按下 MCP 上的"ROV"键确保 ROV 功能激活（指示灯点亮即该功能激活，ROV 功能在 G00 功能下进给倍率开关有效）。按下 MCP 上的"循环启动"键，缓慢调节进给倍率使其逐渐增大，避免进给轴移动过快而发生意外，观察进给轴是否移动至所设定位置。

3.5　操作示例分析

零件加工分为粗车和精车两个过程。

粗车的目的是尽快地从工件上切去大部分加工余量，使工件接近最后的形状和尺寸。粗车要给精车留有合适的加工余量，而精度和表面粗糙度等技术要求都较低。实践证明，加大切削深度不仅使生产率提高，而且对车刀的耐用度影响不大。因此，粗车时要优先选用较大的切削深度，其次适当加大进给量，最后选用中等偏低的切削速度。粗车一般给精车留的加工余量为 0.5～2 mm。

精车的目的是要保证零件的尺寸精度和表面粗糙度等技术要求，精加工的尺寸精度可达 IT9～IT7，表面粗糙度数值 Ra 达 1.6～0.8 μm。精车的尺寸精度主要是依靠准确地度量、准确地进刻度并以试切来保证的。

精车时,保证表面粗糙度要求的主要措施是:合理选择切削用量,当选用较高的切削速度、较小的切削深度以及较小的进给量时,都有利于减少残留面积,从而提高表面质量。

1.实例一

(1)零件分析

该零件为阶梯轴,零件图如图 3-35 所示。

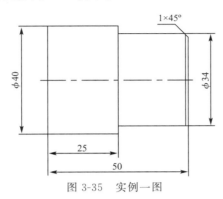

图 3-35 实例一图

工具:卡盘扳手、刀架扳手、车刀、量具;

材料:尼龙棒 $\phi45 \times 150$ mm。

(2)工艺分析

①棒料伸出三爪自定心卡盘 100 mm,装夹工件;

②车削端面,外圆对刀;

③用外圆车刀一次性车出倒角、$\phi34$ 和 $\phi40$ 外圆;

④用量具量外圆,用钢板尺或者游标卡尺量各台长短;

⑤用切断刀在 50 mm 处切断,注意切断刀的刀刃宽度;

⑥完成加工,按下急停,关闭机床,清扫机床。

(3)工件坐标系设定

选取工件的右端面中心点为工件坐标系的编程原点。

(4)编制零件程序

T001.MPF;

T1 D1;

S800 M03;

G90 G00 X55Z0;

G01 X32F0.2;

G01 X34Z-1;

G01 Z-25;

G01 X40;

G01 Z-50;

G00 X55;

X100 Z100;

M30;

2.实例二

(1)零件分析

零件图如图 3-36 所示。

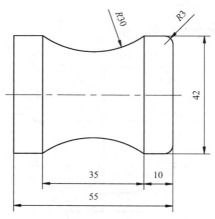

图 3-36 实例二图

工具:卡盘扳手、刀架扳手、车刀、量具;

材料:塑料棒 $\phi 45 \times 100$ mm。

(2)工艺分析

①手动车装夹位;

②利用车削轮廓循环程序完成粗加工、精加工;

③用外圆车刀一次性车出倒角、$\phi 30$ 和 $\phi 35$ 外圆,并且车削圆弧;

④用大尺量外圆,用钢板尺或者游标卡尺量各台长短;

⑤完成加工,按下急停,关闭机床,清扫机床。

粗车,如图 3-37 所示;精车,如图 3-38 所示,

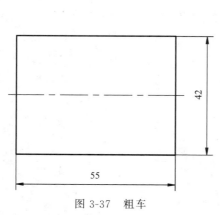

图 3-37 粗车

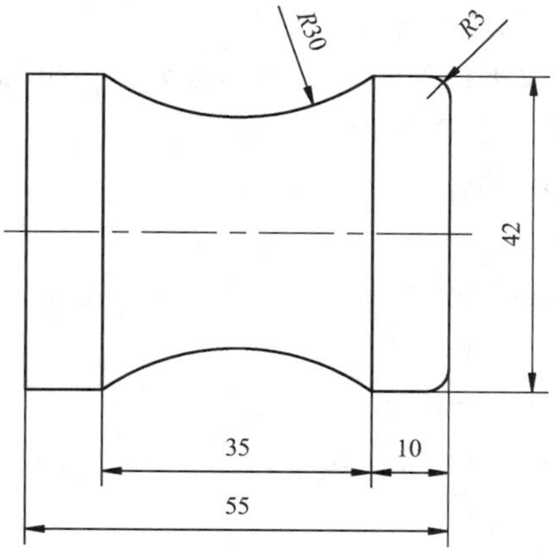

图 3-38 精车

(3)工件坐标系设定

选取工件的右端面中心点为工件坐标系的编程原点

(4)编制零件程序

T002.MPF;

T1 D1；

S800 M03；

G00 X55Z0；

CYCLE95("L2",1,0.1,0.2,0.1,0.2,0.1,0.1,0.1,9,1)；

G00 X55；

G00 X100 Z100；

M30；

L2.SPF；

G01 X34 Z0 F0.2；

G03 X40 Z-3CR＝3；

G01 X40 Z-10；

G02 X40 Z-40 CR＝30；

G01Z-50；

3.实例三

(1)零件分析

该零件为小葫芦,零件图如图 3-39 所示。

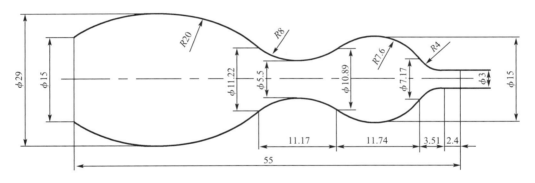

图 3-39　实例三图

工具:卡盘扳手、刀架扳手、车刀、量具；

材料:塑料棒 $\phi45\times100$ mm。

(2)工艺分析

①手动车装夹位；

②车削外端面,外圆对刀；

③先用外圆车刀车削实例二中零件,车削外圆到 $\phi25\times60$ mm；

④再用尖刀一次性车出倒角, $\phi8$ 圆台和 R10、R5/R20 圆弧；

⑤用量具量外圆,用钢板尺或者游标卡尺量各圆台长短；

⑥用切断刀在 55 mm 处切断,注意切断刀的刀刃宽度,编程加入刀刃距离；

⑦完成加工,按下急停,关闭机床,清扫机床。

(3)工件坐标系设定

选取工件的右端面中心点为工件坐标系的编程原点。

(4)编制零件程序

3.6 思考题

1.什么是数控车床？
2.简述数控车床的特点？
3.简述 BRT4065i 数控车床的开机步骤。
4.简述 BRT4065i 数控车床的对刀步骤。

第4章

加工中心实训

本章思政目标:学习数控加工中心的基本操作、训练,加强职业认知,增强学生的家国情怀、文化素养,筑牢中华民族共同体意识。

4.1 实训目的

1.了解安全操作的主要内容。
2.了解加工中心的工作方式及其在工业生产中的地位。
3.熟悉加工中心的加工工艺和编程方法,并能进行典型零件的编程和加工。

4.2 实训要求

1.操作者必须穿好工作服,长发者需戴工作帽并将发髻挽入帽内,严禁戴围巾、手套等进行操作,以免被机床卷入发生事故。

2.工作时,头不得与工件靠得太近,应戴上护目镜,加工时应关上防护罩。

3.操作机床时,应独立操作,不可两人或多人同时操作一台机床。

4.程序输入后,应认真核对,保证无误,其中包括对代码、指令、地址、数值、正负号及语法的检查。

5.机床运行过程中操作者需密切注意系统状况,不得擅自离开控制台。

6.学生手动编写程序或自动编写程序完成时,必须经过指导教师的允许才可以开动机床。

7.一旦发生事故,应立即按下急停开关并关闭机床,采取相应措施防止事故扩大,保护现场并报告指导教师。

8.不得在实习现场嬉戏、打闹以及进行任何与实习无关的活动。

4.3 实训设备

4.3.1 设备的型号

实训设备为 BM650T 加工中心,如图 4-1 所示。

图 4-1　BM650T 加工中心

4.3.2 设备特点

　　BM650T 加工中心采用立式框架布局,立柱固定在床身上,主轴箱沿立柱上下移动(Z 向)、滑座沿床身横向移动(Y 向)、工作台沿滑座横向移动(X 向)的结构。

　　床身、工作台、滑座、立柱和主轴箱等大件均采用高强度铸铁材料,造型为树脂砂工艺,两次时效处理消除应力,这些大件均采用 Pro/E 和 Ansys 优化设计,提高大件和整机的刚度和稳定性,有效抑制了切削力引起的机床变形和振动。

　　X、Y、Z 轴导轨副采用滚动直线导轨,动(静)摩擦力小,灵敏度高,高速振动小,低速无爬行,定位精度高,伺服驱动性能优,机床的精度和稳定性高。

　　X、Y、Z 轴伺服电动机经弹性联轴节与高精度滚珠丝杠直联,减少中间环节,实现无间隙传动,进给灵活,定位准确,传动精度高。

　　Z 轴伺服电动机带有自动抱闸功能,在断电的情况下,能够自动抱闸将电动机轴抱紧,使之不能转动,起到安全保护的作用。

　　主轴组采用中国台湾专业厂家生产,具有高精度、高刚性的特点,轴承采用 p4 级主轴专用轴承,整套主轴在恒温条件下组装完成后,通过动平衡校正及跑合测试提高了整套主轴的使用寿命及可靠性。

　　主轴在其转速范围内可实现无级调速,主轴采用电动机内置编码器控制。可实现主轴定向和刚性攻螺纹功能。

4.4　实训内容

4.4.1　加工中心的概念

　　加工中心(Machining Center)简称 MC,它是由机械设备与数控系统组成的,适用于加工复杂形状工件的高效率自动化机床。

　　加工中心最初是从数控铣床发展而来的。与数控铣床相同的是,加工中心同样由计算机数控系统、伺服系统、机械本体和气动系统等各部分组成。但加工中心又不完全等同于数控铣床,加工中心与数控铣床的最大区别在于加工中心具有自动交换刀具的功能,通过在刀库上安装不同用途的刀具,可在一次装夹过程中通过自动换刀装置改变主轴上的加工刀具,实现铣、钻、镗、铰和攻螺纹等多种加工功能。

4.4.2　加工中心的组成

　　加工中心的基本组成包括机械部分和以数控装置为核心的控制部分,其中机械部分包括机床本体(床身、立柱、底座)、主轴系统、进给系统(工作台、刀架)及辅助系统(冷却、润滑系统)。机械部分不仅要完成数控装置所控制的各种运动,还要承受包括切削力在内的各种力。数控系统是加工中心区别于普通铣床的核心部件,使用加工中心加工工件时,由操作者将编写并调试好的零件加工程序输入数控系统,经由数控系统将加工信息以电脉冲形式传输给伺服系统进行功率放大,然后驱动机床各运动部件协调动作,完成切削加工任务。加工中心的总体结构如图 4-2 所示。

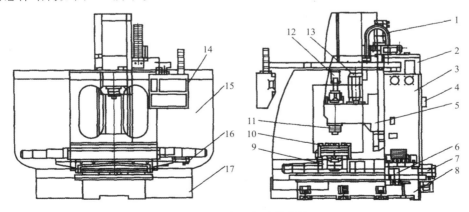

图 4-2　加工中心的总体结构

1—Z 轴伺服电动机;2—立柱;3—电气箱;4—总电源开关;5—主轴头;6—切削液泵;7—Y 轴伺服电动机;
8—底座;9—鞍座;10—工作台;11—主轴;12—松刀汽缸;13—主轴电动机;14—控制箱;
15—全护罩钣金;16—X 轴伺服电动机;17—冷却箱

加工中心由数控系统、机床本体、主轴、进给系统、刀库、换刀机构、操作面板、托盘自动交换系统(多工作台)和辅助系统等部分组成。刀库形式可分为回转式刀库或链式刀库等;换刀形式可分为机械手换刀和斗笠式刀库换刀。

1.主轴部分

(1)主轴

主轴通过齿形带由主轴电动机直接驱动。主轴单元最高许用转速为 6 000 r/min,主轴单元为四瓣爪式拉紧。主轴前、后轴承均采用高精度组合向心推力球轴承,轴承采用油脂润滑,依靠非接触式迷宫套密封。

(2)刀具自动夹紧机构

主轴内部有刀具自动夹紧机构,它由拉杆及头部的拉爪和碟形弹簧等组成。夹紧时,碟形弹簧使拉杆处于上端;松刀时,缸的活塞杆下移并将推拉杆下移,使头部的拉爪将刀柄放开。行程开关用于发出夹紧和松动时的位置状态信号。

2.进给轴

一般立式加工中心共有 X、Y、Z 三个方向的进给轴。工作台沿十字滑台导轨的运动方向为 X 向,其驱动轴定义为 X 轴;十字滑台沿床身导轨的运动方向为 Y 向,其驱动轴定义为 Y 轴;主轴箱沿立柱导轨的运动方向为 Z 向,其驱动轴定义为 Z 轴。X、Y、Z 三个进给轴的丝杠结构形式相同,均采用预拉伸的结构形式,形成高刚度的进给轴。进给电动机的驱动扭矩通过联轴节传递给丝杠,然后由螺母带动工作台、十字滑台、主轴箱沿 X、Y、Z 三个方向分别移动。

3.工作台

工作台可沿 X 轴及 Y 轴两个方向移动。

4.润滑系统

X、Y、Z 轴滑动导轨及滚珠丝杠的润滑方式为油润滑,由集中式润滑泵连续地把 32 号机械油打至每个润滑点。

5.气动系统

在机床立柱侧面装有气动装置。一般机床气动装置的设计工作压力为 5 kPa,因此气源的压力至少应恒定在 6 kPa。

6.冷却系统

冷却装置采用外装式油泵安置在油箱上,由接头将油泵出口管线引出,经过管线、阀门至主轴箱上喷油嘴。

4.4.3 加工中心的分类

1.卧式加工中心

卧式加工中心是指主轴轴线为水平状态设置的加工中心。卧式加工中心一般具有3~5 个运动坐标轴,常见的有三个直线运动坐标轴(X、Y、Z 轴)加一个回转坐标轴(工作台上的轴),它能够使工件在一次装夹下完成除安装面和顶面以外的其余四个面的加工,如图 4-3 所示。卧式加工中心较立式加工中心的应用范围广,适用于复杂的箱体、泵体和阀体等零件的加工。但卧式加工中心占地面积大,重量大,结构复杂,价格较高。

图 4-3　卧式加工中心

2.立式加工中心

立式加工中心是指主轴轴线为竖直状态设置的加工中心。立式加工中心一般具有三个直线运动坐标轴,工作台一般不具有分度和旋转功能,但可在工作台上安装一个水平的数控回转轴以扩展加工范围。立式加工中心多用于加工简单箱体、箱盖、板类零件和平面凸轮,如图 4-4 所示。立式加工中心具有结构简单,占地面积小,价格低等优点。

图 4-4　立式加工中心

3.龙门加工中心

龙门加工中心与龙门铣床类似,如图 4-5 所示。它适用于大型或形状复杂工件的加工。

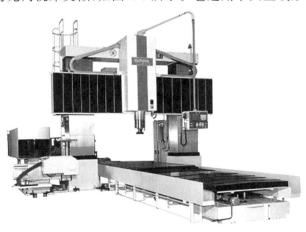

图 4-5　龙门加工中心

4.万能加工中心

万能加工中心也称五轴加工中心。工件装夹后，能完成除安装面以外的所有面的加工，它具有立式和卧式加工中心的功能。常见的万能加工中心有两种形式：一种是主轴可以旋转90°，既可像立式加工中心一样，也可像卧式加工中心一样；另一种是主轴不改变方向，而工作台带着工件旋转90°，完成对工件五个面的加工。在万能加工中心上加工工件避免了由于二次装夹带来的安装误差，所以效率和精度高，但结构复杂，造价也较高。

4.4.4 加工中心的刀库及换刀装置

加工中心的刀库形式有很多，结构也各不相同。加工中心最常用的刀库有盘式刀库（图4-6）和链式刀库（图4-7）。盘式刀库的结构紧凑、简单，在钻削中心上应用较多，但存放刀具数目较少。链式刀库在环形链条上装有许多刀座，刀座孔中装夹各种刀具，由链轮驱动。链式刀库适用于要求刀库容量较大且多为轴向取刀的场合。当链条较长时，可以增加支承轮的数目，使链条迭次回绕，提高了空间的利用率。

图 4-6　盘式刀库

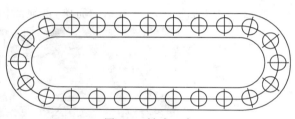

图 4-7　链式刀库

4.4.5 加工中心的工艺特点

加工中心作为一种高效多功能的自动化机床，在现代化生产中扮演着重要的角色。在加工中心上零件的制造工艺以及传统工艺与普通数控机床的加工工艺有很大不同，加工中心自动化程度的不断提高和工具系统的发展使其工艺范围不断扩展。现代加工中心更大程度地使工件一次装夹后，实现多表面、多特征和多工位的连续、高效、高精度加工。其工序高度集中，但一台加工中心只有在合适的条件下才能发挥出最佳效益。加工中心可以归纳出如下工艺特点：

1.适合于加工周期性重复投产的零件

有些产品的市场需求具有周期性和季节性，如果采用专门生产线则得不偿失，用普通设备加工效率又太低，质量不稳定，数量也难以保证。而采用加工中心首件试切完成后，程序和相关生产信息可以保留下来，下次产品再生产时只要很少的准备时间就可以开始生产。

2.适合加工高效、高精度工件

有些零件需求甚少，但属于关键部件，要求精度高且工期短。用传统工艺加工时需用多台机床协调工作，周期长，效率低，在较长的工序流程中，受人为影响易出废品，从而造成重大经济损失。而采用加工中心进行加工，生产完全由程序自动控制，避免了较长的工艺流程，减少了硬件投资和人为干扰，具有生产效益高及质量稳定的优点。

3.适合具有合适批量的工件

加工中心生产的柔性不仅体现在对特殊要求的快速反应上,而且可以快速实现批量生产,拥有并提高市场竞争能力。加工中心适合于中、小批量生产,特别是小批量生产,在应用加工中心时,尽量使批量大于经济批量,以实现良好的经济效益。随着加工中心及辅具的不断发展,经济批量越来越小。对一些复杂零件而言,5~10件就可生产,甚至单件生产时也可考虑用加工中心。

4.适合于加工形状复杂的零件

四轴联动、五轴联动加工中心的应用以及 CAD/CAM 技术的成熟发展,使加工零件的复杂程度大幅提高。DNC 的使用使同一程序的加工内容足以满足各种加工要求,使复杂零件的自动加工变得非常容易。

5.其他特点

加工中心还适合于加工多工位和工序集中的工件、难测量工件。另外,装夹困难或完全由找正定位来保证加工精度的工件不适合在加工中心上生产。

4.4.6 机床操作面板介绍

加工中心的操作面板是编程操作的重要输入部分,它包括两个部分,分别是数控单元(简称 PPU)和机床控制面板(简称 MCP)。

808D 数控单元,用于向 CNC 输入数据以及导航至系统的操作区域,如图 4-8 所示。

808D 机床控制面板,用于选择机床的模式:手动-MDA-自动,如图 4-9 所示。

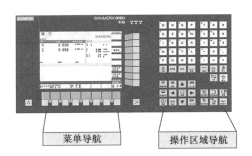
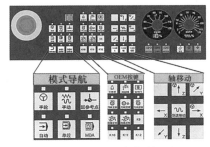

图 4-8　808D 数控单元　　　　　图 4-9　808D 机床控制面板

机床操作面板上各按钮的说明,见表 4-1。

表 4-1　　　　　　　　　　　机床操作面板上各按钮的说明

按钮	名称	功能简介
紧急停止（图标）	紧急停止	按下紧急停止(简称急停)按钮,使机床移动立即停止,所有的输出如主轴的转动等都会关闭
手轮（图标）	手轮	在单步或手轮方式下,用于选择移动距离
手动（图标）	手动方式	手动方式,连续移动

（续表）

按钮	名称	功能简介
回参考点	回零方式	机床回零;机床必须首先执行回零操作,然后才可以运行
自动	自动方式	进入自动加工模式
单段	单段	当此按钮被按下时,运行程序时每次执行一条数控指令
MOA	手动数据输入（MDA）	单程序段执行模式
顺时针转	主轴顺时针正转	按下此按钮,主轴开始正转
主轴停	主轴停止	按下此按钮,主轴停止转动
逆时针转	主轴逆时针反转	按下此按钮,主轴开始反转
快速移动	快速按钮	在手动方式下,按下此按钮后,再按下移动按钮则可以快速移动机床
移动按钮	移动按钮	三个轴方向键,手动方式下配合使用
复位	复位	按下此键,复位 CNC 系统,包括取消报警、主轴故障复位、中途退出自动操作循环和输入、输出过程等
进给保持	进给保持	程序运行暂停,在程序运行过程中,按下此按钮运行暂停。按循环启动键恢复运行
循环启动	循环启动	程序运行开始
主轴倍率修调	主轴倍率修调	调节主轴倍率,调节范围为 $50\%\sim120\%$

按钮	名称	功能简介
	进给倍率修调	调节数控程序自动运行时的进给速度倍率,调节范围为 0~120%
报警清除	报警清除键	清除用该符号标记的报警和提示信息
i 帮助	信息键	提供有关帮助的信息
↑ 上档	上档键	对键上的两种功能进行转换。用了上档键,当按下字符键时,该键上行的字符(除了光标键)就被输出
空格	空格键	输入空格
← 退格	退格键(删除键)	自右向左删除字符
DEL 删除	删除键	自左向右删除字符
输入	回车/输入键	接受一个编辑值;打开、关闭一个文件目录;打开文件
上一页　下一页	翻页键	上、下翻页
M 加工操作	加工操作区域键	按此键,进入机床操作区域
程序编辑	程序编辑操作区域键	按此键,进入程序编辑操作区域
程序管理	程序管理操作区域键	按此键,进入程序管理操作区域
系统 诊断	报警/系统操作区域键	故障诊断、系统报警
选择	选择转换键	一般用于单选、多选框

4.4.7 零件的加工步骤

数控编程的主要内容包括：分析零件图样，确定加工工艺过程；确定走刀轨迹，计算刀位数据；编写零件加工程序；校对程序及首件试切加工等。

1.分析零件图样和工艺处理

分析零件图样和工艺处理的内容包括：对零件图样进行分析以明确加工的内容及要求，选择加工方案，确定加工顺序及走刀路线，选择合适的数控机床，设计夹具，选择刀具，确定合理的切削用量等。工艺处理涉及的问题很多，编程人员需要注意以下几点：

（1）工艺方案及工艺路线

工艺方案及工艺路线的设计应考虑数控机床使用的合理性及经济性，充分发挥数控机床的功能；尽量缩短加工路线，减少空行程时间和换刀次数，以提高生产率；尽量使数值计算方便，程序段少，以减少编程工作量；合理选取起刀点、切入点和切入方式，保证切入过程平稳，没有冲击；在连续铣削平面内、外轮廓时，应安排好刀具的切入、切出路线。尽量沿轮廓曲线的延长线切入、切出，以免交接处出现刀痕。

（2）零件安装与夹具选择

零件安装时应尽量选择通用、组合夹具，一次安装中将零件的所有加工面都加工出来，零件的定位基准与设计基准重合，以减小定位误差；应特别注意要迅速完成工件的定位和夹紧过程，以减少辅助时间，必要时可以考虑采用专用夹具。

（3）编程原点和编程坐标系

编程坐标系是指在数控编程时，在工件上确定的基准坐标系，其原点也是数控加工的对刀点。要求所选择的编程原点及编程坐标系应使程序编制简单；编程原点应尽量选择在零件的工艺基准或设计基准上，并在加工过程中便于检查的位置；引起的加工误差要小。

（4）刀具和切削用量

应根据工件材料的性能、机床的加工能力、加工工序的类型、切削用量以及其他与加工有关的因素来选择刀具。对刀具总的要求是安装调整方便，刚度好，精度高和使用寿命长等。切削用量包括主轴转速、进给速度和切削深度等。主轴转速由机床允许的切削速度及工件直径选取。进给速度则按零件加工精度、表面粗糙度的要求选取，粗加工时选取较大值，精加工时选取较小值。最大进给速度受机床刚度及进给系统性能的限制。切削深度由机床、刀具和工件的刚度来决定，在刚度允许的条件下，粗加工时选取较大的切削深度，以减少走刀次数，提高生产率；精加工时选取较小的切削深度，以获得好的表面质量。

2.数学处理

在完成工艺处理的工作以后，需根据零件的几何形状、尺寸、走刀路线及设定的坐标系，计算粗、精加工的运动轨迹，得到刀位数据。一般的数控系统均具有直线插补与圆弧插补功能。对于由圆弧与直线组成的较简单的零件轮廓的加工，需要计算出零件轮廓线上各几何元素的起点、终点、圆弧的圆心坐标、两几何元素的交点或切点的坐标值；当零件图样所标尺寸的坐标系与所编程序的坐标系不一致时，需要进行相应的换算；对于形状比较复杂的非圆曲线（渐开线、双曲线等）的加工，需要用小线段或圆弧段逼近，按精度要求计算出其节点坐标值;自由曲线、曲面及组合曲面的数学处理更为复杂,需利用计算机进行辅助设计。

3.编写零件加工程序

在加工顺序、工艺参数以及刀位数据确定后,就可按数控系统的指令代码和程序段格式逐段编写零件加工程序。编程人员只有对数控机床的性能、指令功能、代码书写格式等非常熟悉,才能编写出正确的零件加工程序。对于形状复杂(空间自由曲线、曲面等)、工序很长、计算烦琐的零件,可采用计算机辅助数控编程。

4.输入数控系统

程序编写好之后,可通过键盘直接将程序输入数控系统。

5.程序检验和首件试加工

将程序输入数控机床后,还需经过试运行和试加工两步检验,才能进行正式加工。通过试运行,可以检验程序语法是否有错,加工轨迹是否正确;通过试加工,可以检验其加工工艺及有关切削参数指定得是否合理,加工精度能否满足零件图样要求,加工工效如何等,以便进一步改进。带有刀具轨迹动态模拟显示功能的数控机床可进行数控模拟加工,检查刀具轨迹是否正确,如果程序存在语法或计算错误,运行中会自动显示编程出错而报警。根据报警内容,编程人员可对相应出错程序段进行检查、修改。

4.4.8　坐标系

加工中心坐标系统包括机床坐标系和工作坐标系,不同的加工中心,其坐标系统略有不同。机床坐标系各坐标轴的关系符合右手笛卡儿坐标系准则。

1.机床坐标系

机床坐标系是用来确定工件坐标系的基本坐标;是机床本身所固有的坐标系;是机床生产厂家设计时自定的,其位置由机械挡块决定,不能随意改变。该坐标系的位置必须在开机后,通过手动返回参考点的操作建立。机床在手动返回参考点时,返回参考点的操作是按各轴分别进行的,各轴沿正向返回极限位置。当某一坐标轴返回参考点后,该轴的参考点指示灯亮,同时该轴的坐标值也被清零。

机床坐标系原点也称机械原点、参考点或零点。通常所说的回零、回参考点就是直线坐标或旋转坐标回到机床坐标系原点。机床坐标系原点是三维面的交点,不像各坐标系回零一样可以直接感觉和测量,只有通过坐标轴的零点做相应的切面,这些切面的交点即为机床坐标系的原点。

2.工作坐标系

工作坐标系亦称加工坐标系,是编程人员在编写程序和加工时使用的坐标系。其位置以机床坐标系为参考点,一般在一台机床中可以设定 6 个工作坐标系。工作坐标系的原点称为工件原点或程序零点,可设在工件上便于编程的某一固定点上。编程时的刀具轨迹坐标点是按工件轮廓在工作坐标系中的坐标确定。在加工时,工件随夹具安装在工作台上,这时测量工件原点(程序零点)与机床原点的距离,称为工作原点偏置。将该值预存在数控系统的存储器中,加工时工作原点偏置便能自动地加到工作坐标系中,使数控系统可按机床坐标系确定加工时的绝对坐标值。

选择工件原点(程序零点)应注意以下几点：

(1)工件零点应选在零件的尺寸基准上,这样便于坐标值的计算,并减少错误。

(2)工件零点尽量选在精度较高的工件表面,以提高被加工零件的加工精度。

(3)对于对称零件,工件零点应设在对称中心上。

(4)对于一般零件,工件零点应设在工件轮廓某一角上。

(5)Z 轴方向上零点一般设在工件表面。

(6)对于卧式加工中心,最好把工件零点设在回转中心上,即设置在工作台回转中心与 Z 轴连线的适当位置上。

(7)编程时,应将刀具起点和程序原点设在同一处,这样可以简化程序,便于计算。

4.4.9 程序的编辑

加工中心是按事先编制好的加工程序自动地对工件进行加工的高效率自动化机床。这就要求编程人员在编程之前应充分了解所用设备(包括加工中心的规格、性能、数控系统所具备的功能及程序的格式、编程的指令等相关信息)。在编程时首先要分析图纸(包括规定的技术要求,零件的几何形状、尺寸及工艺要求)并确定加工路线及加工方法,再进行数据处理并获得刀具数据。然后按加工中心数控系统规定的代码和程序格式,将工件的尺寸、刀具运动中心轨迹、位移量、切削参数以及辅助功能(包括换刀、主轴正/反转、冷却液开/关等)编制成加工程序,输入数控系统,由数控系统控制加工中心自动地进行加工。

每种数控系统根据系统本身的特点及编程的需要,都有一定的程序格式。对于不同的机床,其程序格式也不相同,因此,编程人员必须严格按照机床说明书的规定格式进行编程。

(1)程序结构

一个完整的程序由程序号、程序内容和程序结束三部分组成。

①程序号

在程序的开头要有程序号,以便进行程序检索,程序号就是给零件加工程序一个编号,并说明该零件加工程序的开始位置。

②程序内容

程序内容部分是整个程序的核心。它由许多程序段组成,每个程序段由一个或多个指令构成,表示数控机床要完成的全部动作。

③程序结束

程序结束是以程序结束指令 M02、M30 或 M99(子程序结束)作为程序结束的符号,用来结束零件加工。

(2)程序段格式

零件的加工程序是由许多程序段组成的,每个程序段由程序段号、若干个数据字和程序段结束字符组成,每个数据字是控制系统的具体指令,由地址符、特殊文字和数字集合而成,代表机床的一个位置或一个动作。

程序段格式是指一个程序段中字、字符和数据的书写规则。目前国内外广泛采用字-地址可变程序段格式。所谓字-地址可变程序段格式,就是在一个程序段内数据字的数目以及字的长度(位数)都是可以变化的格式。不需要的字以及与上一程序段相同的续效字可以不写。该格式的优点是程序简短、直观以及容易检验、修改。

例如"N20 G01 X25.0 Z-36.0 F100 S1000 TO2 M03;"程序段内各字的说明如下:

①程序段序号

程序段序号是用以识别程序段的编号。用地址码 N 和后面的若干位数字来表示。例如,N20 表示该语句的语句号为 20。

②准备功能 G 指令

准备功能 G 指令是使数控机床做某种动作的指令,用地址 G 和两位数字组成,常用的 G 代码有快速点定位指令 G00、直线插补指令 G01、顺圆弧指令 G02、逆圆弧指令 G03。

③坐标字

由坐标地址符及绝对值(或增量)的数值组成,且按一定的顺序进行排列。坐标字的"+"可省略。各坐标轴的地址符按下列顺序排列:X、Y、Z、U、V、W、P、Q、R、A、B、C、D、E。

④进给功能 F 指令

进给功能 F 指令是由进给地址符 F 及数字组成,数字表示所选定的进给速度,单位为 mm/min。

⑤主轴转速功能字 S 指令

主轴转速功能字 S 指令是用来指定主轴的转速,由地址码 S 和其后的若干位数字组成,单位为 r/min。

⑥刀具功能字 T 指令

刀具功能字 T 指令是用来指定刀具的号码,由地址符 T 和数字组成。

⑦辅助功能字 M 指令

辅助功能字 M 指令是表示一些机床辅助动作及状态的指令。由地址码 M 和后面的两位数字表示,常用指令为主轴正转指令 M03、主轴反转指令 M04、程序结束指令 M30。

⑧程序段结束

程序段结束写在每个程序段之后,表示程序结束。

(3)常用的编程指令代码

①绝对值(ABS)、增量值(INC)方式指令 G90/G91

在 G90 方式下,刀具运动的终点坐标一律用该点在工作坐标系下相对于坐标原点的坐标值表示;在 G91 方式下,刀具运动的终点坐标是执行本程序段时刀具终点相对于起点的增量值。

②快速点定位指令 G00

用 G00 指令快速点定位,命令刀具以点位控制方式,从刀具所在点以最快的速度移动到目标点。

三轴联动时的程序格式:

G00 X_Y_Z_

解释:X_Y_Z_为目标点的坐标值。

当采用绝对值编程时,X、Y、Z 为目标点在工件坐标系的坐标值;当用增量值编程时,

X、Y、Z为目标点相对于起点的增量坐标值。G00中的快进速度由机床制造厂对各轴分别设定,各轴依内定的速度分别独自快速移动,定位时的刀具运动轨迹由各轴快速移动速度共同决定,不能保证各轴同时到达终点,因而各轴联动合成轨迹不一定是直线。G00中的快进速度不能用程序指令改变,但可以用控制面板上的进给修调旋钮改变。G00定位方式中,刀具在起点开始加速直到预定的速度,到达终点前减速并精确定位停止。G00只用于快速定位,不能用于切削加工。

③直线插补指令 G01

直线插补指令 G01 是指刀具以直线插补的方式按照该程序段中指定的速度做进给运动,用于加工直线轨迹。

三轴联动的程序格式:

G01 X_Y Z_F_

解释:X_Y 和 Z_为目标点坐标值,F_为进给速度,各轴实际进给速度是 F 在该轴上的投影分量。

④圆弧插补指令 G02/G03

圆弧插补指令 G02/G03 是可以自动加工圆弧曲线的指令。G02 为顺时针圆弧插补,G03 为逆时针圆弧插补。

程序格式:

G02/G03 X_Y Z_CR=

解释:"CR="表示圆弧的半径的数值,此种方法适用于小于180°的圆弧,整圆不能直接用这种方法表示,如果需要整圆的编程则需要用两次这种指令来编制。

(4)加工中心的编程方法

数控编程一般分为手工编程和自动编程。

①手工编程

手工编程是从零件图样分析、工艺处理、数值计算、编写程序单、程序输入至程序校验等各步骤均由人工完成的编程。对于加工形状简单的零件,计算比较简单,程序不多,采用手工编程较容易完成,而且经济、及时。因此,在点定位加工及由直线与圆弧组成的轮廓加工中,手工编程仍广泛应用。但对于形状复杂的零件,特别是具有非圆曲线、列表曲线及曲面的零件,用手工编程就有一定的困难,出错的概率增大,有的甚至无法编出程序,必须采用自动编程的方法编制程序。

②自动编程

自动编程是利用计算机专用软件编制数控加工程序的过程。它包括数控语言编程和图形交互式编程。数控语言编程时,编程人员只需根据图样的要求,使用数控语言编写出零件加工源程序,送入计算机,由计算机自动地进行编译、数值计算、后置处理,然后加工程序再通过直接通信的方式送入数控机床,指挥机床工作。数控语言编程为解决多坐标数控机床加工曲面、曲线提供了有效方法。但这种编程方法直观性差,编程过程比较复杂,不易掌握,并且不便于进行阶段性检查。随着计算机技术的发展,计算机图形处理功能已有了极大的增强,"图形交互式自动编程"也应运而生。图形交互式自动编程是利用计算机辅助设计软件的图形编程功能,将零件的几何图形绘制到计算机上,形成零件的图形文件,然后再直接调用计算机内相应的数控编程模块,进行刀具轨迹处理,由计算机自动对零件加工轨迹的每一个节点进行运算和数学处理,从而生成刀位文件,再经相应的后置处理,自动生成数控加工程序,并同时在计算机上动态地显示其刀具的加工轨迹图形。图形交互式自动编程极大地提高了数控编程效率,使从设计到编程的信息流连续,可实现 CAD/CAM 集成,为实现计算机辅助设计(CAD)和计算机辅助制造(CAM)一体化起到了必要的桥梁作用,因此也被称为 CAD/CAM 自动编程。

(5)对刀的基本方法

目前绝大多数的加工中心采用手动方式进行对刀,其基本方法有以下几种:

①定位对刀法

定位对刀法的实质是按接触式设定基准重合原理进行的一种粗定位对刀方法,其定位基准由预设的对刀基准点定义。对刀时,只要将各号刀的刀位点调整至与对刀基准点重合即可。该方法简便易行,因而得到较广泛的应用,但其对刀精度受到操作者技术熟练程度的影响,一般情况下其精度都不高,还需在加工或试切中进行修正。

②光学对刀法

光学对刀法是一种按非接触式设定基准重合原理而进行的对刀方法,其定位基准通常由光学显微镜(或投影放大镜)上的十字基准刻线交点来体现。这种对刀方法比定位对刀法的对刀精度高,并且不会损坏刀尖,是一种可推广采用的方法。

③试切对刀法

在以上各种手动对刀方法中,均可能受到手动和目测等多种误差的影响以至其对刀精度十分有限,往往需要通过试切对刀,以得到更加准确和可靠的结果。

4.5 操作示例分析

1.实例一

根据图 4-10 所示典型零件图样要求铣削工件,材料为尼龙,毛坯尺寸为 50 mm×50 mm,试编写其加工程序。

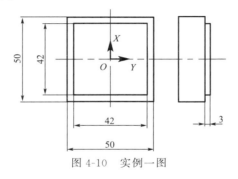

图 4-10　实例一图

加工程序：

00001

N10 G90 G54 G01 X-30 Y-30 Z50 S600 M03 F100；

N20 G01 G41 X-21 Y-21；

N30 G01 Z-3；

N40 Y21；

N50 X21；

N60 Y-21；

N70 X-21；

N80 G00 Z100；

N90 G01 G40 X-30 Y-30；

N100 M30；

2.实例二

根据图 4-11 所示典型零件图样要求铣削工件,材料为尼龙,毛坯尺寸为 50 mm×50 mm,试编写其加工程序。

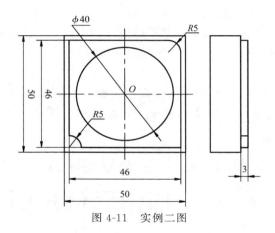

图 4-11　实例二图

加工程序：

O0002

N10 G90 G54 G01 X-30 Y-30 Z50 S600 M03 F100；

N20 G01 G41 X-21 Y-23；

N30 G01 Z-3；

N40 X-23 Y-21；

N50 Y18；

N60 G02 X-18 Y23 CR＝5；

N70 G01 X23；

N80 Y-18；

N90 G03 X18 Y-23 CR＝5；

N110 X-21；

N120 Z100；

N130 G40 X-30 Y-30；

N140 M30；

3.实例三

根据图 4-12 所示典型零件图样要求铣削工件,材料为尼龙,毛坯尺寸为 50 mm×50 mm,试编写其加工程序。

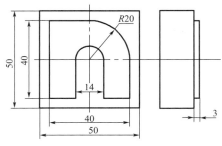

图 4-12　实例三图

加工程序:

O0003

N10 G90 G54 G01 X-30 Y-30 Z50 S600 M03 F100；

N20 G01 G41 X-20 Y-20；

N30 Y20；

N40 X0；

N50 G02 X20 Y0 CR＝20；

N60 G01 Y-20；

N70 X7；

N80 Y0；

N90 G03 X-7 Y0 CR＝7；

N100 G01 Y-20；

N110 X-20；

N120 Z100；

N130 G40 X-30 Y-30；

N140 M30；

4.6　思考题

1.加工中心主要的组成部分是什么?

2.加工中心和数控铣床的区别是什么?

3.简述机床坐标系和工件坐标系。

4.什么是刀具补偿,刀具补偿的作用是什么?

5.简述加工中心的主要安全操作规程。

6.简述加工中心的主要开机步骤。

7.简述加工中心机床该如何对刀。

第5章

钣金实训

本章思政目标:学习钣金的基本操作、训练,加强职业认知,增强学生的家国情怀、文化素养,筑牢中华民族共同体意识。

5.1 实训目的

通过为期两周的实训,使学生对钣金以及钣金加工工艺具有一定的认识,对钣金初级加工具有一定的操作技能。让学生把自己内心的想法通过钣金的方式表达出来,从大环境上认识和了解钣金加工。学生通过对一个钣金题目的制作,把理论知识和实践操作有机地结合到一起。由于钣金操作需要分组完成,在操作过程中不但培养了学生的分工协作能力,同时还培养了学生的团队协作精神。

5.2 实训要求

1.着装要求:不准穿背心、短裤、拖鞋和戴围巾进入生产实训场地。上课前要穿好长袖工作服,女学生戴好工作帽,将辫子盘在工作帽内。

2.现场纪律要求。

3.用电和防火要求。

4.设备及工具使用操作要求。

5.提倡节约使用材料要求。

6.卫生要求。

5.3　实训设备

5.3.1　焊机

本节以 YR-350SA2HVE 固定式交流电阻焊机为例进行说明,如图 5-1 所示。

图 5-1　YR-350SA2HVE 固定式交流电阻焊机

1.技术数据

焊机型号:YR-350S。

额定容量:35 kV·A。

额定输入电压:380 V。

最大焊接输入:59 kV·A。

允许负载持续率:17.6%。

最大短路电流:13 000 A。

2.电阻焊的焊接原理

电阻焊是利用电流通过加热及其接触处所产生的电阻热,将焊件局部加热到塑性或熔化状态,然后在压力作用下形成焊接接头的焊接方法。

电阻焊在焊接过程中产生的热量,可用焦耳—楞次定律计算,即

$$Q = I^2 Rt$$

式中　Q——电阻焊时所产生的电阻热,J;

　　　I——焊接电流,A;

R——工作总电阻，包括工件本身的电阻和工件间的接触电阻，Ω；

t——通电时间，s。

由于工件的总电阻很小，为了使工件在极短时间（0.01 秒到几秒）内迅速加热，必须采用很大的焊接电流（几千到几万安）。焊接原理如图 5-2 所示。

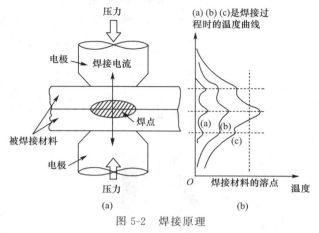

图 5-2　焊接原理

3.电阻焊的特点

电阻焊的优点：生产率高，焊接变形小，劳动条件好，不需要另外焊接材料，操作简便和易实现机械化等。

电阻焊的缺点：其设备较一般熔焊复杂，耗电量大，适用的接头形式与可焊工件厚度（或断面尺寸）受到限制。

5.3.2　剪板机

剪板机（Plate Shears；Guillotine Shear）是用一把刀片相对于另一刀片做往复直线运动剪切板材的机器，如图 5-3 所示为金方圆 $6\times2\,500$ 型剪板机。其原理是借于运动的上刀片和固定的下刀片，采用合理的刀片间隙，对各种厚度的金属板材施加剪切力，使板材按所需要的尺寸断裂分离。剪切原理如图 5-4 所示。剪板机属于锻压机械中的一种，主要应用于金属加工行业。

图 5-3　金方圆 $6\times2\,500$ 型剪板机

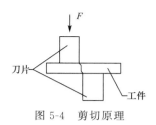

图 5-4　剪切原理

1.工作过程

工作过程为后挡料控制剪切工件的长度,当踩下脚踏开关后,工件立即被压料脚压紧,导向板带着刀片准备下行剪切,如图 5-5 所示。

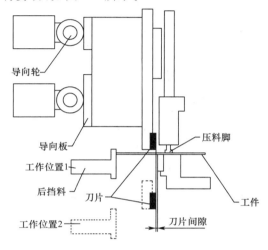

图 5-5　工作过程

工作位置 1:钢板被压料脚压紧准备剪切。

工作位置 2:剪板机下行,钢板被剪切。

剪切过程结束后,导向板带着刀片回到起始位置,准备下一次剪切。

2.主要性能特点

(1)前送料数控剪板机与普通剪板机相配套,相比后挡料定位更加精确,可完全替代人工,主要应用于各种尺寸的板材剪切、下料,效率高,下料精确,可实现自动编程、自动定位、自动裁切、自动送料和自动回位等功能。

(2)保护功能:

①超限保护,当行程走到极限位置后会自动停止运动,避免撞车;

②自诊断保护功能,当软件、系统或电气出现故障时会自动报警,提醒检查和排除;

③气压保护功能,当气压过低时会报警并停止工作,避免损坏气动元件;

④电压保护功能,当电压波动过大时会自动报警并停止工作,避免损坏伺服系统、电气元件及软件程序。

(3)选用气动式自动夹钳,夹持力大,送料平稳,操作方便。

5.3.3　联合冲剪机

联合冲剪机是一种综合金属剪切、冲孔、剪板和折弯等多种功能为一体的机床设备,具有操作简便、能耗少、维护成本低等优点,是现代化制造业(冶金、桥梁、通信、电力和军工等行业)金属加工的首选设备。联合冲剪机(图 5-6)分为液压联合冲剪机和机械联合冲剪机两种。

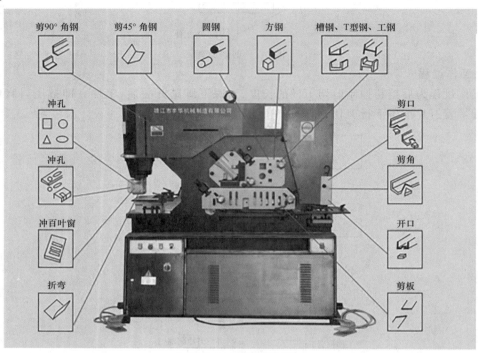

图 5-6　联合冲剪机

联合冲剪机使用的刀具如图 5-7 所示。

图 5-7　联合冲剪机使用的刀具

5.3.4　油压机

油压机是一种通过专用液压油作为工作介质,通过液压泵作为动力源,靠泵的作用力使液压油通过液压管路进入油缸/活塞,从而完成一定机械动作来作为生产力的一种机械,如图 5-8 所示为 100 t 四柱油压机。油缸/活塞里有几组互相配合的密封件,不同位置的密封是不同的,但都起到密封的作用,使液压油不能泄漏。通过单向阀使液压油在油箱循环使油缸/活塞循环做功,其工作原理如图 5-9 所示。

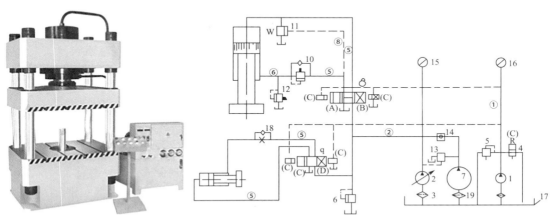

图 5-8　100 t 四柱油压机　　　　　图 5-9　油压机的工作原理

通过油压机可制作多种产品,包括电动机外壳(图 5-10),钢罐壳体(图 5-11)及支架(图 5-12)等。

图 5-10　电动机外壳　　　　　图 5-11　钢罐壳体

图 5-12　支架

5.3.5 可倾冲床(图 5-13)

可倾冲床是一种冲压式压力机。在国民生产中,冲压工艺相较传统机械加工来说有节约材料能源、效率高等优点。冲压生产主要是针对板材的。通过模具能完成落料、冲孔、成型、拉深、修整、精冲、整形、铆接及挤压件等操作,广泛应用于各个领域。如我们使用的开关插座、杯子、碗柜、碟子和电脑机箱等,甚至导弹飞机中也有非常多的配件都可以用冲床通过模具生产出来。

图 5-13　可倾冲床

1.可倾冲床的工作原理

可倾冲床的工作原理是将圆周运动转换为直线运动,由电动机驱动飞轮,经离合器带动齿轮、曲轴(或偏心齿轮)、连杆等运转,来实现滑块的直线运动。冲床的结构原理如图 5-14所示。

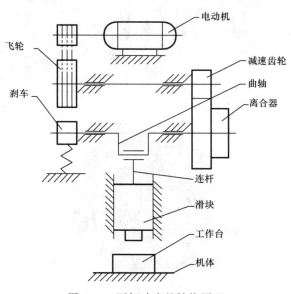

图 5-14　可倾冲床的结构原理

2.加工制品

可倾冲床的加工制品如图 5-15 所示。

图 5-15 可倾冲床的加工制品

5.3.6 卷板机(图 5-16)

卷板机(Rolling Machine)是对板材进行连续点弯曲的塑形机床,具有卷制 O 形、U 形、多段 R 形等不同形状板材的功能。三辊卷板机有机械式和液压式,机械式三辊卷板机分为对称式和非对称式。卷板机可将金属板材卷成圆形、弧形和一定范围内的锥形工件。

其工作原理:对称式卷板机的上辊在两下辊中央对称位置通过液压缸内的液压油作用于活塞做垂直升降运动,通过主减速机的末级齿轮带动两下辊齿轮啮合做旋转运动,为卷制板材提供扭矩。规格平整的塑性金属板通过卷板机的三根工作辊(两根下辊、一根上辊),借助上辊的下压及下辊的旋转运动,使金属板经过多次连续弯曲(内层压缩变形,中层不变,外层拉伸变形),产生永久性的塑性变形,卷制成所需要的圆筒、锥筒或它们的一部分。液压式三辊卷板机的缺点是板材端部需借助其他设备进行预弯。卷板机适用于卷板厚度在 50 mm 以上的大型卷板机,两下辊的下部增加了一排固定托辊,可缩短两下辊之间的跨距,从而提高卷制工件的精度及机器整体性能。

图 5-16 卷板机

5.3.7 折弯机

折弯机(Bending Machine)适用于金属材料和拉伸性能比较好的材料。板料在折弯机上模或下模的压力下,首先经过弹性变形,然后进入塑性变形,在塑性弯曲的开始阶段,板料是自由弯曲的。随着上模或下模对板料的施压,板料与下模 V 形槽内表面逐渐靠紧,同时曲率半径和弯曲力臂也逐渐变小,继续加压直到行程终止,使上、下模与板材三点靠紧全接触,此时完成一个 V 形弯曲,就是俗称的折弯。金方圆 60×1 500 型折弯机如图 5-17 所示。

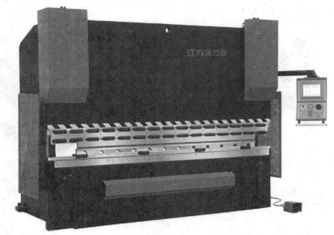

图 5-17　金方圆 60×1 500 型折弯机

1.成型基本原理

(1)调整后挡块位置,确定工件折弯尺寸。

(2)将钢板放入上、下模之间,如图 5-18(a)所示。

(3)上模将工件压至图纸需要角度,如图 5-18(b)所示。

(4)上模抬起,准备下一次工作。

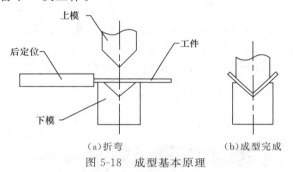

图 5-18　成型基本原理

2.折弯制品

折弯制品如图 5-19 所示。

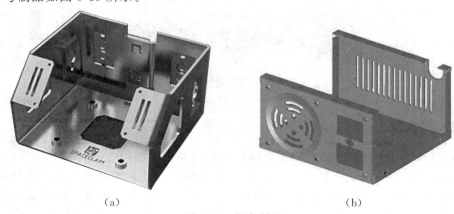

（a）　　　　　　　　　　　　　　　（b）

图 5-19　折弯制品

5.4　实训内容

1.钣金的定义

钣金是针对金属薄板(厚度通常在 6 mm 以下)的一种综合冷加工工艺,包括剪、冲、切、复合、折、焊接、铆接、拼接和成型等。其显著的特征就是同一零件的厚度一致。

2.钣金加工特点

钣金加工特点如下:

(1)材料利用率高。

(2)生产率高。

(3)重量轻。

(4)能够获得其他加工方法难以加工或无法加工的形状复杂的零件。

据统计,钣金零件占全部金属制品总数的 90% 以上,钣金零件具有自身薄、易成形等特点,可以成形为各种形状的零部件。随着焊接、组装、拉铆等工艺的应用,给予了产品实现多结构的可能性。

3.钣金成形与钣金展开的区别

钣金成形与钣金展开的区别如下:

(1)钣金成形:将钢板的平整区域弯曲成某一角度、圆弧状、拉伸和扭转等成形的过程。

(2)钣金展开:将成形的钣金件展开成平面薄板的过程。

4.钣金成形的常用方法及设备

钣金成形的常用方法分为两大类:

(1)分离:主要包括剪裁、冲裁(落料、冲孔)和切口等。

(2)变形:主要包括弯曲(折角和滚动)、拉延、扭转和成形(起伏、翻边)等。其特点是板料受外力后,应力超过屈服极限,但低于强度极限,经过塑性变形后呈一定形状。

钣金成形的常用设备有:固定式电阻焊机、剪板机、联合冲剪机、油压机、立式可倾压力机、折弯机和卷板机等。

5.钣金常用工具的使用及注意事项

钣金常用工具的使用及注意事项如下:

(1)台虎钳:夹持功能,不能用力砸钳口。

(2)手虎钳:夹持和剪切功能,不能用来砸东西。

(3)直角尺:测量功能,不能砸及垫着东西。

(4)铁皮剪:剪铁皮的剪刀,不能剪铁丝。

(5)角度尺:用来测量和检验角度的量具。

(6)锤子:砸东西,防止锤头甩出。

(7)锉刀:用来修形和修毛刺,不能敲击及用台虎钳夹持锉刀。

(8)划针:用来在金属上划线,不能撞击划针的尖部。

(9)圆规:用来在金属上划线,不能撞击划针的尖部。

(10)样冲:用来在钢板上打标机和打孔。

5.5 操作示例分析

1.展开

展开就是将设计好的钢板制作成零件轮廓按照投影原理划在钢板上的过程。

(1)展开基准平面,如图 5-20 所示为簸箕展开形状。在簸箕的主、俯视图中选择俯视图为展开的基准平面。

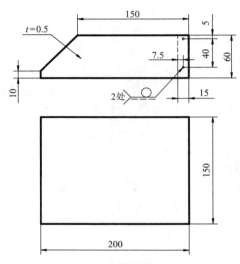

图 5-20　簸箕展开形状

(2)投影,根据三视图投影原理,将簸箕的各个平面分别投影到俯视图平面中,如图 5-21 所示。

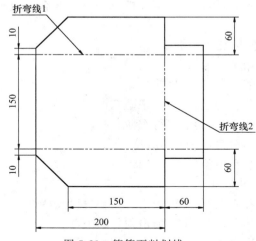

图 5-21　簸箕下料划线

(3)下料,根据俯视图的投影,在钢板上划线、下料。

2.放样

放样模型起源于古代的造船术,以龙骨为路径,在不同截面处放入木板,从而产生穿体模型。这种技术被应用于三维建模领域,就是放样操作。

(1)折弯,按照图示折弯线序号顺序折,折弯后校准零件未焊接前的整体尺寸是否与原设计图尺寸相吻合,若不吻合需要进一步校正尺寸。

注意:折弯时要保证所折直角钢板为90°。

(2)焊接,采用电阻焊,按照设计图的要求,进行焊接。

5.6　思考题

1.图 5-22 所示薄钢板制作的空心圆锥台在什么场合应用?

2.试着将图 5-22 所示圆锥台展开。

3.图 5-22 所示圆锥台展开后下料成型,采用何种连接方式将对口闭合?

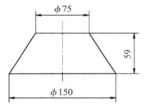

图 5-22　圆锥台下料图

第 6 章

焊接实训

本章思政目标:学习焊接的基本操作、训练,加强职业认知,增强学生的家国情怀、文化素养,筑牢中华民族共同体意识。

6.1 实训目的

1.了解什么是焊接及焊接所使用的设备。

2.掌握手工电弧焊的基本操作方法,能够独立进行焊接参数选择,并且能够焊接出符合教学要求的焊道。

3.理解电焊工安全操作规程,通过学习能够安全文明生产。

4.掌握预防触电、火灾、爆炸、有害气体和烟尘中毒的安全技术。

6.2 实训要求

1.着装要求:不准穿背心、短裤、拖鞋和戴围巾进入生产实训场地。上课前要穿好长袖工作服,女学生戴好工作帽,将辫子盘在工作帽内。

2.现场纪律要求:在实训课上要团结互助,遵守纪律,不准随便离开生产实训场地。在实训中要严格遵守安全操作规程,避免出现人身和设备事故。

3.用电和防火要求:注意防火,防止触电。如果电气设备出现故障,应立即关闭电源,报告实训教师,不得擅自处理。

4.设备及工具使用操作要求:爱护工具、量具和生产实训场地的其他设备、设施。

5.提倡节约使用材料要求:节约原材料、水电、油料和其他辅助材料。焊条的剩余长度,应按照教师讲课要求的尺寸控制,杜绝浪费。

6.卫生要求:搞好文明实训,保持工作位置的整齐和清洁,焊接完毕应清扫焊接工位。

6.3 实训设备

1.手工电弧焊。
2.钨极氩弧焊。
3.二氧化碳气体保护焊。
4.等离子切割机。

6.4 实训内容

简要介绍手工电弧焊、钨极氩弧焊、二氧化碳气体保护焊、固定电阻焊、等离子切割机的基本工作原理,同时进行演示操作。

6.4.1 焊接原理及防护

(一)手工电弧焊概述

手工电弧焊是指手工操纵焊条进行焊接的电弧焊方法,简称手弧焊。手弧焊时,在焊条末端和工件之间燃烧的电弧所产生的高温使焊条药皮与焊芯及工件熔化,熔化的焊芯端部迅速地形成细小的金属熔滴,通过弧柱过渡到局部熔化的工件表面,融合一起形成熔池。药皮熔化过程中产生的气体和熔渣,不仅使熔池和电弧周围的空气隔绝,而且同熔化的焊芯、母材发生一系列冶金反应,保证所形成焊缝的性能。随着电弧以适当的弧长和速度在工件上不断地前移,熔池液态金属逐步冷却结晶,形成焊缝。

焊条电弧焊的过程,如图 6-1 所示。

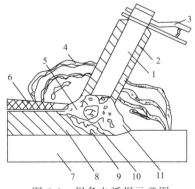

图 6-1　焊条电弧焊示意图

1—焊条芯;2—焊药;3—焊钳;4—保护气体;5—液态熔渣;6—凝固的熔渣;
7—工件;8—焊缝;9—熔池;10—熔滴;11—电弧

1.焊接电源(简称弧焊机)

弧焊机按照电源输出种类分为交流弧焊机、直流弧焊机。交流弧焊机是一个提供电流、电压的大功率变压器。直流弧焊机按照结构形式分为旋转式直流弧焊机、整流式直流弧焊机。如图6-2所示为ZX7-400手工直流弧焊机。

图6-2　ZX7-400手工直流弧焊机

2.焊接电弧

由焊接电源提供的,具有一定电压的两电极间或电极与焊件间,在气体介质中产生的强烈而持久的放电现象,称为焊接电弧。手弧焊焊接低碳钢或低合金钢时,电弧中心部分的温度可达6 000～8 000 ℃,两电极的温度可达2 400～2 600 ℃,图6-3为焊接电弧示意图。

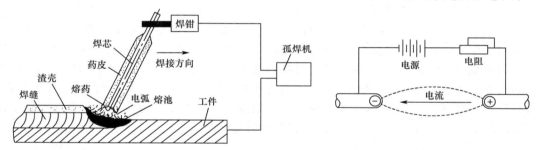

图6-3　焊接电弧示意图

3.焊条

焊条是由焊芯(金属丝)和药皮组成的。按照药皮中主要成分性质分为酸性和碱性焊条。按照钢芯粗细分,应用比较多的有 $\phi2.0$ mm、$\phi2.5$ mm、$\phi3.2$ mm、$\phi4.0$ mm、$\phi5.0$ mm、$\phi5.8$ mm、$\phi6.0$ mm 等,通常使用 $\phi2.5$ mm、$\phi3.2$ mm、$\phi4.0$ mm、$\phi5.0$ mm 这几种。

在尾部有一段裸露的钢芯,约占焊条的1/16,便于焊钳夹持并有利于导电。焊条组成如图6-4所示。

图6-4　焊条组成示意图

(1)焊芯

焊条中的金属芯称为焊芯。焊芯有两个作用:一是传导焊接电流,产生电弧将电能转换成热能;二是焊芯本身作为填充金属与液态母材金属熔合形成焊缝。手弧焊时,焊芯金属约占整个焊缝金属的 50%~70%。

(2)药皮

压涂在焊芯表面上的涂料层称为药皮。药皮在焊接过程中起着极其重要的作用:机械保护;冶金处理渗合金;改善焊接工艺性。

(二)手工电弧焊操作

工作前应认真检查工作环境,施工前穿戴好劳动保护用品,在靠近易燃地方焊接时,要有严格的防火措施,必要时须经安全员同意方可工作。焊接完毕应认真检查确认无火源后,才能离开工作场地。

工作完毕检查现场,灭绝火种,切断电源。

(三)预防触电的安全技术

通过人体的电流决定于线路中的电压和人体的电阻。人体的电阻除人体自身的电阻外,还包括所穿的衣服、鞋的电阻。干燥的衣服、鞋及干燥的工作场地,能使人体的电阻增大。人体的电阻为 800~50 000 Ω。通过人体的电流大小不同,对人体造成的伤害轻重程度也不同。当通过人体的电流强度超过 0.05 A 时,生命就有危险;达到 0.1 A 时,足以使人致命。根据欧姆定律推算可知,40 V 的电压足以对人身产生危险。而焊接工作场地所用的电压为 380/220 V,焊机的空载电压一般都在 60 V 以上。因此,焊工在工作时必须注意防止触电。

(1)焊工的工作服、手套、绝缘鞋应保持干燥。

(2)在潮湿的场地工作时,应用干燥的木板或橡胶板等绝缘物做垫板。

(3)禁止双手同时接触焊接电源的正、负极,防止触电事故。

(四)预防火灾和爆炸的安全技术

在焊接时,由于电弧及气体火焰的温度很高,而且在焊接过程中有大量的金属火花飞溅物,如稍有疏忽大意,就会引起火灾甚至爆炸。因此焊工在工作时,为了防止火灾及爆炸事故的发生,必须采取下列安全措施:

(1)焊接前要认真检查工作场地周围是否有易燃、易爆物品(如棉纱、油漆、汽油、煤油、木屑等),如有易燃、易爆物品,应将这些物品移至距离焊接工作地 10 m 以外。

(2)在焊接作业时,应注意防止金属火花飞溅而引起火灾。

(3)焊条头及焊后的焊件不能随便乱扔,要妥善管理,更不能扔在易燃、易爆物品的附近,以免发生火灾。

(五)预防有害气体和烟尘中毒的安全技术

在焊接时,焊工周围的空气常被一些有害气体及粉尘所污染,如氧化锰、氧化锌、臭氧、氟化物、一氧化碳和金属蒸气等。焊工长期呼吸这些烟尘和气体,对身体健康是不利的,甚至会使焊工患上肺尘埃沉着病(俗称尘肺病)及引起锰中毒等,因此,焊接场地应有良好的通风。焊接区的通风是排出烟尘和有毒气体的有效措施。

（六）预防弧光辐射的安全技术

弧光辐射主要包括可见光、红外线、紫外线三种辐射。过强的可见光耀眼炫目；眼部受到红外线辐射，会感到强烈的灼伤和灼痛，发生闪光幻觉；紫外线对眼睛和皮肤有较大的刺激性，它能引起电光性眼炎。电光性眼炎的症状是眼睛疼痛、有砂粒感、多泪、畏光、怕风吹等，但电光性眼炎治愈后一般不会有任何后遗症。皮肤受到紫外线照射时，先是痒、发红、触疼，然后会变黑、脱皮。如果工作时注意防护，以上症状是不会发生的。因此，焊工应采取下列措施预防弧光辐射：

（1）焊工必须使用有电焊防护玻璃的面罩。

（2）面罩应该轻便，成形合适，耐热，不导电，不导热，不漏光。

（3）焊工工作时，应穿白色帆布工作服，以防止弧光灼伤皮肤。

（4）操作引弧时，焊工应该注意周围工人，以免强烈弧光伤害他人眼睛。

（5）在厂房内和人多的区域进行焊接时，应尽可能地使用防护屏，避免周围人受弧光伤害。

（七）劳动保护用品的种类及要求

1.焊接护目镜

焊接弧光中含有的紫外线、可见光、红外线强度均大大超过人体眼睛所能承受的限度，过强的可见光将对视网膜产生烧灼，造成眩晕性视网膜炎；过强的紫外线将损伤眼角膜和结膜，造成电光性眼炎；过强的红外线将对眼睛造成慢性损伤。因此必须采用护目滤光片来进行防护。关于滤光片颜色的选择，根据人眼对颜色的适应性，滤光片的颜色以黄绿、蓝绿、黄褐为好。

焊工务必根据电流大小及时更换不同遮光号的滤光片，切实改正不论电流大小均使用同一块滤光片的陋习，否则必将损伤眼睛。

2.焊接防护面罩

常用焊接防护面罩如图 6-5、图 6-6 所示，用 1.5 mm 厚钢纸板压制而成，质轻、坚韧、绝缘性与耐热性好。

图 6-5 手持式焊接防护面罩　　　　　图 6-6 头盔式焊接防护面罩

手持式面罩护目镜启闭按钮设在手柄上，头盔式焊接防护面罩护目镜启闭开关设在电焊钳胶木柄上，这样可保证在引弧及敲渣时都不必移开面罩，焊工操作方便，得到更好的防护。

3.防护工作服

焊工用的防护工作服应符合《焊接防护服》(GB 15701—1995)规定，具有良好的隔热和屏蔽作用,以保护人体免受热辐射、弧光辐射和飞溅物等伤害。常用白帆布工作服或铝膜防护服,用防火阻燃织物制作的工作服也已开始应用。

4.电焊手套和工作鞋

电焊手套宜采用牛绒面革或猪绒面革制作,以保证绝缘性能好且耐热不易燃烧。

工作鞋应为具有耐热、不易燃、耐磨和良好的防滑性能的绝缘鞋,现一般采用胶底翻毛皮鞋。新研制的焊工安全鞋具有防烧、防砸性能,绝缘性好(用干法和湿法测试,通过电压7.5 kV保持2 min的绝缘性试验),鞋底可耐热200 ℃,保持15 min的性能。

5.防尘口罩

当采用通风除尘措施不能使烟尘浓度降到卫生标准以下时,应佩戴防尘口罩。

6.4.2　平敷焊及其操作姿势

(一)平敷焊的特点

平敷焊是焊件处于水平位置时,在焊件上堆敷焊道的一种操作方法。在选定焊接工艺参数和操作方法的基础上,利用电弧电压、焊接速度,达到控制熔池温度、熔池形状来完成焊接焊缝。

平敷焊是初学者进行焊接技能训练时所必须掌握的一项基本技能,这种焊接技术易掌握,其焊缝无烧穿、焊瘤等缺陷,易获得良好焊缝成形和焊缝质量。

(二)基本操作姿势

1.焊接基本操作姿势

焊接基本操作姿势有蹲姿、坐姿、站姿(图6-7)。

(a)蹲姿　　　　　　　　(b)坐姿　　　　　　　　(c)站姿

图 6-7　焊接基本操作姿势

焊钳与焊条的夹角如图6-8所示。

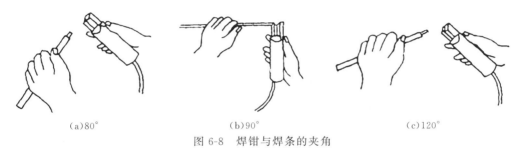

(a)80°　　　　　　　　(b)90°　　　　　　　　(c)120°

图 6-8　焊钳与焊条的夹角

2.辅助姿势

焊钳的握法如图 6-9 所示。面罩的握法为左手握面罩,自然上提至内护目镜框与眼平行,向脸部靠近,面罩与鼻尖距离 10～20 mm 即可。

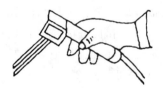

图 6-9　焊钳的握法

(三)平敷焊操作

1.引弧

焊条电弧焊施焊时,使焊条引燃焊接电弧的过程,称为引弧。常用的引弧方法有划擦法、直击法两种。

(1)划擦法

优点:易掌握,不受焊条端部清洁情况(有无熔渣)的限制。

缺点:操作不熟练时,易损伤焊件。

操作要领:类似划火柴。先将焊条端部对准焊缝,然后将手腕扭转,使焊条在焊件表面上轻轻划擦,划的长度以 20～30 mm 为佳,以减少对工件表面的损伤,然后将手腕扭平后迅速将焊条提起,使弧长约为所用焊条外径的 1.5 倍,做"预热"动作(停留片刻),其弧长不变,预热后将电弧压短至与所用焊条直径相符。在始焊点做适量横向摆动,且在起焊处稳弧(稍停片刻)以形成熔池后进行正常焊接,如图 6-10(a)所示。

(2)直击法

优点:适用于各种位置引弧,不易碰伤工件。

缺点:受焊条端部清洁情况的限制,用力过猛时药皮易大块脱落,造成暂时性偏吹,操作不熟练时易粘于工件表面。

操作要领:焊条垂直于焊件,使焊条末端对准焊缝,然后将手腕下弯,使焊条轻碰焊件,引燃后,手腕放平,迅速将焊条提起,使弧长约为焊条外径的 1.5 倍,稍做"预热"后,压低电弧,使弧长与焊条内径相等,且焊条做横向摆动,待形成熔池后向前移动,如图 6-10(b)所示。

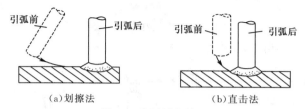

(a)划擦法　　　　　　　　　　(b)直击法

图 6-10　引弧方法

影响电弧顺利引燃的因素有工件清洁度、焊接电流、焊条质量、焊条酸碱性和操作方法等。

2.引弧注意事项

(1)注意清理工件表面,以免影响引弧及焊缝质量。

（2）引弧前应尽量使焊条端部焊芯裸露，若不裸露可用锉刀轻锉，或轻击地面。

（3）焊条与焊件接触后提起时间应适当。

（4）引弧时，若焊条与工件出现粘连，应迅速使焊钳脱离焊条，以免烧损弧焊电源，待焊条冷却后，用手将焊条拿下。

（5）引弧前应夹持好焊条，然后使用正确操作方法进行焊接。

（6）初学引弧，要注意防止电弧光灼伤眼睛。对刚焊完的焊件和焊条头不要用手触摸，也不要乱丢，以免烫伤和引起火灾。

3. 运条方法

在焊接过程中，焊条相对于焊缝所做的各种动作的统称为运条。在正常焊接时，焊条一般有三个基本运动相互配合，即沿焊条中心线向熔池送进、沿焊接方向移动、焊条横向摆动（平敷焊练习时焊条可不摆动），如图 6-11 所示。

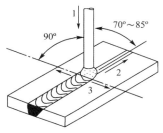

图 6-11　焊条角度与应用

1—沿焊条中心线向熔池送进；2—沿焊接方向移动；3—焊条横向摆动

（1）焊条的送进

焊条的送进是指沿焊条的中心线向熔池送进，主要用来维持所要求的电弧长度和向熔池添加填充金属。焊条送进的速度应与焊条熔化速度相适应，如果焊条送进速度比焊条熔化速度慢，电弧长度会增加；反之，如果焊条送进速度太快，则电弧长度迅速缩短，使焊条与焊件接触，造成短路，从而影响焊接过程的顺利进行。

长弧焊接时所得焊缝质量较差，因为电弧易左右飘移，使电弧不稳定，电弧的热量散失，焊缝熔深变浅，又由于空气侵入易产生气孔，所以在焊接时应选用短弧。

（2）焊条纵向移动

焊条纵向移动是指焊条沿焊接方向移动，目的是控制焊道成形，若焊条移动速度太慢，则焊道会过高、过宽，外形不整齐，如图 6-12（a）所示。焊接薄板时甚至会发生烧穿等缺陷。若焊条移动太快，则焊条和焊件熔化不均造成焊道较窄，甚至发生未焊透等缺陷，如图 6-12（b）所示。只有速度适中时才能焊成表面平整、焊波细致而均匀的焊缝，如图 6-12（c）所示。焊条沿焊接方向移动的速度由焊接电流、焊条直径、焊件厚度、装配间隙、焊缝位置以及接头形式等决定。

（a）速度过慢

（b）速度过快　　　　　（c）速度适中

图 6-12　焊条沿焊接方向移动

（3）焊条横向摆动

焊条横向摆动主要是为了获得一定宽度的焊缝和焊道，也是对焊件输入足够的热量，排渣、排气等。其摆动范围与焊件厚度、坡口形式、焊道层次和焊条直径有关,摆动的范围越宽,得到的焊缝宽度越大。

为了控制好熔池温度,使焊缝具有一定的宽度和高度及良好的熔合边缘,对焊条的摆动可采用多种方法。

①直线形运条法

采用直线形运条法焊接时,应保持一定的弧长,焊条不摆动并沿焊接方向移动。由于此时焊条不做横向摆动,所以熔深较大,且焊缝宽度较窄。在正常的焊接速度下,焊波饱满平整。此法适用于板厚为 3~5 mm 的、不开坡口的对接平焊、多层焊的第一层焊道和多层多道焊。

②直线往返形运条法

直线往返形运条法是焊条末端沿焊缝的纵向做来回直线形摆动,如图 6-13 所示,主要适用于薄板焊接和接头间隙较大的焊缝。其特点是焊接速度快,焊缝窄,散热快。

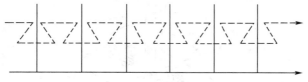

图 6-13 直线往返形运条法

③锯齿形运条法

锯齿形运条法是将焊条末端作锯齿形连续摆动并向前移动,如图 6-14 所示,在两边稍停片刻,以防产生咬边缺陷。这种手法操作容易、应用较广,多用于比较厚的钢板的焊接,适用于平焊、立焊、仰焊的对接接头和立焊的角接接头。

图 6-14 锯齿形运条法

④月牙形运条法

如图 6-15 所示,月牙形运条法是使焊条末端沿着焊接方向做月牙形的左右摆动,并在两边的适当位置做片刻停留,以使焊缝边缘有足够的熔深,防止产生咬边缺陷。此法适用于仰、立、平焊位置以及需要比较饱满焊缝的地方。其适用范围和锯齿形运条法基本相同,但用此法焊出来的焊缝余高较大。其优点是能使金属熔化良好,而且有较长的保温时间,熔池中的气体和熔渣容易上浮到焊缝表面,有利于获得高质量的焊缝。

图 6-15 月牙形运条法

⑤三角形运条法

如图 6-16 所示,三角形运条法是使焊条末端做连续三角形运动,并不断向前移动。按适用范围不同,可分为斜三角形和正三角形两种运条方法。其中斜三角形运条法适用于焊接 T 形接头的仰焊缝和有坡口的横焊缝。其特点是能够通过焊条的摆动控制熔化金属,促使焊缝成形良好。正三角形运条法仅适用于开坡口的对接接头和 T 形接头的立焊。其特点是一次能焊出较厚的焊缝断面,有利于提高生产率,而且焊缝不易产生夹渣等缺陷。

（a）斜三角形运条法　　　　　　（b）正三角形运条法

图 6-16　三角形运条法

⑥圆圈形运条法

如图 6-17 所示,圆圈形运条法是将焊条末端连续做圆圈运动,并不断前进。这种运条方法又分正圆圈形运条法和斜圆圈形运条法两种。正圆圈形运条法只适于焊接较厚工件的平焊缝,其优点是能使熔化金属有足够高的温度,有利于气体从熔池中逸出,可防止焊缝产生气孔。斜圆圈形运条法适用于 T 形接头的横焊(平角焊)和仰焊以及对接接头的横焊缝,其特点是可控制熔化金属不受重力影响,能防止金属液体下淌,有助于焊缝成形。

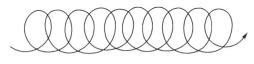

（a）正圆圈形运条法

（b）斜圆圈形运条法

图 6-17　圆圈形运条法

（4）焊条角度

焊接时工件表面与焊条所形成的夹角称为焊条角度。

焊条角度的选择应根据焊接位置、工件厚度、工作环境、熔池温度等来选择,如图 6-18所示。

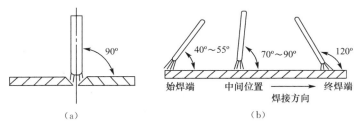

（a）　　　　　　　　　　　　　　（b）

图 6-18　焊条角度

（5）运条时的关键动作及其作用

①焊条角度

掌握好焊条角度是为了控制液态金属与熔渣很好地分离,防止熔渣超前现象和控制一定的熔深。在立焊、横焊、仰焊时,还有防止液态金属下坠的作用。

②横摆动作

横摆动作的作用是保证两侧坡口根部与每个焊波之间相互很好地熔合及获得适量的焊缝熔深与熔宽。

③稳弧动作

稳弧动作的作用是保证坡口根部较好熔合,增大熔合面积。

④直线动作

直线动作是保证焊缝直线敷焊,并通过变化直线速度控制每道焊缝的横截面积。

⑤焊条送进动作

焊条送进动作主要是控制弧长,添加焊缝填充金属。

(6)运条时注意事项

①焊条运至焊缝两侧时应稍做停顿,并压低电弧。

②三个动作运行时要有规律,应根据焊接位置、接头形式、焊条直径与性能、焊接电流大小以及技术熟练程度等因素来掌握。

③对于碱性焊条应选用较短电弧进行操作。

④焊条在向前移动时,应保持匀速运动,不能时快时慢。

⑤运条方法的选择应在实训指导教师的指导下,根据实际情况确定。

4.接头技术

(1)焊道的连接方式

焊条电弧焊时,由于受到焊条长度的限制或操作姿势的变化,不可能一根焊条完成一条焊缝,因而出现了焊道前、后两段的连接。焊道连接一般有以下几种方式:

①后焊焊缝的起头与先焊焊缝的结尾相接,如图6-19(a)所示。

②后焊焊缝的起头与先焊焊缝的起头相接,如图6-19(b)所示。

③后焊焊缝的结尾与先焊焊缝的结尾相接,如图6-19(c)所示。

④后焊焊缝结尾与先焊焊缝的起头相接,如图6-19(d)所示。

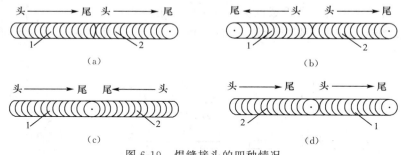

图 6-19　焊缝接头的四种情况

1—先焊焊缝;2—后焊焊缝

(2)焊道连接的注意事项

①接头时引弧应在弧坑前 10 mm 的任何一个待焊面上进行,然后迅速移至弧坑处画圈进行正常焊。

②接头时应对前一道焊缝端部进行认真的清理工作,必要时可对接头处进行修整,这样有利于保证接头的质量。

5.焊缝的收尾

(1)焊接的收尾方法

焊接时电弧中断和焊接结束,都会产生弧坑,常出现疏松、裂纹、气孔、夹渣等现象。为了克服弧坑缺陷,就必须采用正确的收尾方法,一般常用的收尾方法有三种。

①画圈收尾法

焊条移至焊缝终点时,做圆圈运动,直到填满弧坑再拉断电弧。划圈收尾法适用于厚板收尾,如图 6-20(a)所示。

②反复断弧收尾法

焊条移至焊缝终点时,在弧坑处反复熄弧、引弧数次,直到填满弧坑为止。反复断弧收尾法一般适用于薄板和大电流焊接,不适用于碱性焊条,如图 6-20(b)所示。

③回焊收尾法

焊条移至焊缝收尾处即停住,并改变焊条角度回焊一小段。回焊收尾法适用于碱性焊条,如图 6-20(c)所示。

收尾方法的选用还应根据实际情况来确定,可单项使用,也可多项结合使用。无论选用何种方法,都必须将弧坑填满,达到无缺陷为止。

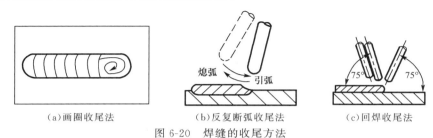

(a)画圈收尾法　　　　　(b)反复断弧收尾法　　　　(c)回焊收尾法

图 6-20 　焊缝的收尾方法

(2)操作要领

手持面罩,看准引弧位置,用面罩挡着面部,将焊条端部对准引弧处,用划擦法或直击法引弧,迅速而适当地提起焊条,形成电弧。

调试电流时需注意以下几点:

①看飞溅

电流过大时,电弧吹力大,可看到较大颗粒的液态金属向熔池外飞溅,焊接时爆裂声大;电流过小时,电弧吹力小,熔渣和液态金属不易分清。

②看焊缝成形

电流过大时,熔深大,焊缝余高低,两侧易产生咬边;电流过小时,焊缝窄而高,熔深浅,且两侧与母材金属熔合不好;电流适中时焊缝两侧与母材金属熔合得很好,呈圆滑过渡。

③看焊条熔化状况

电流过大时,当焊条熔化了大半截时,其余部分均已发红;电流过小时,电弧燃烧不稳定,焊条易粘在焊件上。

(3)操作要求

按指导教师示范动作进行操作,教师巡查指导,主要检查焊接电流、电弧长度、运条方法等。发现问题,及时解决,必要时再进行个别示范。

(4)注意事项

①焊接时要注意对熔池的观察,熔池的亮度反映熔池的温度,熔池的大小反映焊缝的宽窄;注意对熔渣和熔化金属的分辨。

②焊道的起头、运条、连接和收尾的方法要正确。

③正确使用焊接设备,调节焊接电流。

④焊接的起头和连接处基本平滑,无局部过高、过宽现象,收尾处无缺陷。

⑤焊波均匀,无任何焊缝缺陷。

⑥焊后焊件无引弧痕迹。

⑦训练时注意安全,焊后工件及焊条头应妥善保管或放好,以免烫伤。

⑧为了延长弧焊电源的使用寿命,调节电流时应在空载状态下进行,调节极性时应在焊接电源未闭合状态下进行。

⑨在实训场所周围应设置有灭火器材。

⑩操作时必须穿戴好工作服、脚盖和手套等防护用品。

⑪必须戴防护遮光面罩,以防电弧灼伤眼睛。

⑫弧焊电源外壳必须有良好的接地或接零,焊钳绝缘手柄必须完整无缺。

6.4.3 平焊简介

在平焊位置进行的焊接称为平焊。平焊是最常应用、最基本的焊接方法。平焊根据接头形式不同,分为平对接焊、平角焊。

平焊的特点如下:

(1)焊接时熔滴金属主要靠自重自然过渡,操作技术比较容易掌握,允许用较大直径的焊条和较大的焊接电流,生产率高,但易产生焊接变形。

(2)熔池形状和熔池金属容易保持。

(3)若焊接工艺参数选择不对或操作不当,易在根部形成未焊透或焊瘤。运条及焊条角度不正确时,熔渣和液态金属易出现混在一起分不清或熔渣超前形成夹渣的现象,对于平角焊尤为突出。

1.操作要点

(1)焊缝处于水平位置,故允许使用较大电流,较粗直径焊条施焊,以提高生产率。

(2)尽可能采用短弧焊接,可有效提高焊缝质量。

(3)控制好运条速度,利用电弧的吹力和长度使熔渣与液态金属分离,有效防止熔渣向前流动。

(4)T形、角接、搭接平焊接头,若两钢板厚度不同,则应调整焊条角度,将电弧偏向厚板一侧,使两板受热均匀。

(5)多层多道焊应注意选择层次及焊道顺序。

(6)根据焊接材料和实际情况选用合适的运条方法。

对于不开坡口平对接焊,正面焊缝采用直线运条法或小锯齿形运条法,熔深可大于板厚的2/3,背面焊缝可用直线也可用小锯齿形运条,但电流可大些,运条速度可快些。

对于开坡口平对接焊,可采用多层焊或多层多道焊,打底焊易选用小直径焊条施焊,运条方法采用直线形、锯齿形、月牙形均可。其余各层可选用大直径焊条,电流也可大些,运条方法可用锯齿形、月牙形等。

对于 T 形接头、角接接头、搭接接头可根据板厚确定焊角高度,当焊角尺寸大时宜选用多层焊或多层多道焊。对于多层单道焊,第一层选用直线运条,其余各层选用斜环形、斜锯齿形运条。对于多层多道焊易选用直线形运条方法。

(7)焊条角度如图 6-21 所示。

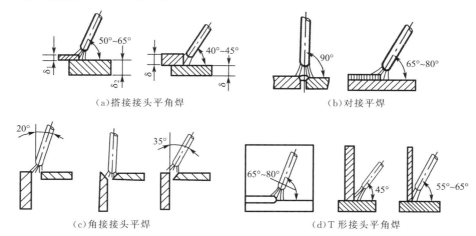

(a)搭接接头平角焊　　　　　　　　(b)对接平焊

(c)角接接头平焊　　　　　　　　(d)T 形接头平角焊

图 6-21　焊条角度

2.注意事项

(1)掌握正确选择焊接工艺参数的方法。

(2)操作时注意对操作要领的应用,特别是对焊接电流、焊条角度、电弧长度的调整及协调。

(3)注意对熔池的观察,发现异常应及时处理,否则会出现焊缝缺陷。

(4)焊前焊后要注意对焊缝的清理,注意对缺陷的处理。

(5)训练时若出现问题应及时向指导教师报告,请求帮助。

(6)定位焊点应放在工件两端 20 mm 以内,焊点长不超过 10 mm。

6.4.4　其他焊接方法简介

1.气体保护焊

利用气体作为电弧介质并保护电弧和焊接区的电弧焊称为气体保护电弧焊,简称气体保护焊。常用的气体保护焊有二氧化碳气体保护焊和氩弧焊。

(1)二氧化碳(CO_2)气体保护焊

二氧化碳气体保护焊是利用 CO_2 作为保护气体的气体保护焊,简称 CO_2 焊。实芯焊丝 CO_2 焊的焊接过程如图 6-22 所示。其工艺过程是焊丝通过送丝机构由导电嘴送入焊接处,CO_2 气体通过气管进入导电嘴内以一定流量在焊丝周围喷出,在电弧周围形成 CO_2 保护区,防止空气进入,保护焊接区的氧化,焊丝作为电极,靠焊丝与工件之间的电弧热熔化工件和焊丝,以自动或半自动的方式进行焊接。如图 6-23 所示为 NB-350 二氧化碳气体保护焊机。

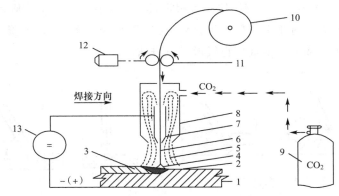

图 6-22 实芯焊丝 CO_2 焊示意图

1—母材；2—熔池；3—焊缝；4—电弧；5—CO_2 保护区；6—焊丝；7—导电嘴；

8—喷嘴；9—CO_2 气瓶；10—焊丝盘；11—送丝滚轮；12—送丝电动机；13—直流电源

图 6-23 NB-350 二氧化碳气体保护焊机

CO_2 焊的优点如下：

①生产率高，节省能量，焊接成本低，焊接变形小，对油、锈的敏感度低。

②焊缝中含铅量少，提高了低合金高强度钢抗冷裂纹的能力。

③电弧可见性好，短路过渡可用于全位置焊接。

CO_2 的缺点如下：

①金属飞溅大。

②不能在有风之处施焊，风使二氧化碳保护气罩发生紊流，导致气罩倾斜和变形，从而破坏保护作用。

③不能焊接易氧化的有色金属，在电弧的高温下，二氧化碳气体被分解成一氧化碳和氧，原子状态下的氧具有很强的氧化性，所以这种方法不能焊接易氧化的铝、铜、钛等有色金属。

④焊工的劳动条件较差,焊接过程中会产生二氧化碳和一氧化碳等有害气体和烟尘,而且焊接电流较大,会产生较强的紫外线辐射等。

（2）氩弧焊

氩弧焊是使用氩气作为保护气体的一种焊接技术,又称氩气体保护焊。就是在电弧焊的周围通上氩气保护气体,将空气隔离在焊区之外,防止焊接区的氧化。氩弧焊按照电极的不同分为熔化极氩弧焊和非熔化极氩弧焊,如图 6-24 所示。非熔化极氩弧焊（钨极氩弧焊）在焊接时要外加焊丝作为焊缝的填充金属;熔化极氩弧焊的工艺原理是焊丝不断送进并熔化填充在焊缝中。

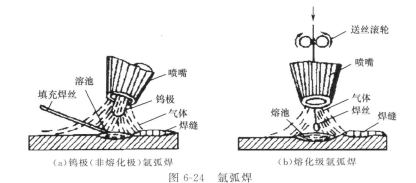

（a）钨极（非熔化极）氩弧焊　　　　　（b）熔化级氩弧焊

图 6-24　氩弧焊

氩弧焊技术是在普通电弧焊的原理的基础上,利用氩气对金属焊材的保护,通过高电流使焊材在被焊基材上融化成液态形成熔池,使被焊金属和焊材实现冶金结合的一种焊接技术,由于在高温熔融焊接中不断送上氩气,使焊材不能和空气中的氧气接触,从而防止了焊材的氧化,因此可以焊接不锈钢、铁类金属。如图 6-25 所示为 NB-350 氩弧焊机。

图 6-25　NB-350 氩弧焊机

氩弧焊之所以能获得如此广泛的应用,主要是因为具有如下优点:

①氩气保护可隔绝空气中氧气、氮气、氢气等并减少其对电弧和熔池产生的不良影响,减少合金元素的烧损,以得到致密、无飞溅、质量高的焊接接头。

②氩弧焊的电弧燃烧稳定,热量集中,弧柱温度高,焊接生产率高,热影响区窄,所焊的焊件应力、变形、裂纹倾向小。

③氩弧焊为明弧施焊,操作、观察方便。

④电极损耗小,弧长容易保持,焊接时无熔剂、涂药层,容易实现机械化和自动化。

⑤氩弧焊几乎能焊接所有金属,特别是一些难熔金属、易氧化金属,如镁、钛、钼、锆、铝等及其合金。

⑥不受焊件位置限制,可进行全位置焊接。

氩弧焊存在以下缺点:

①抗风能力差。氩弧焊利用气体进行保护,抗侧向风的能力较差。侧向风较小时,可降低喷嘴至工件的距离,同时增大保护气体的流量;侧向风较大时,必须采取防风措施。

②对工件清理要求较高。由于采用稀有气体进行保护,无冶金脱氧或去氢作用,为了避免气孔、裂纹等缺陷,焊前必须严格去除工件上的油污、铁锈等。

③生产率低,成本高。

④钨极的载流能力有限,致使氩弧焊的熔透能力较低,焊接速度小,焊接生产率低。

2. 等离子切割

等离子切割是利用高温等离子电弧的热量使工件切口处的金属局部熔化(和蒸发),并借高速等离子的动量排除熔融金属以形成切口的一种加工方法。其工作原理如图 6-26 所示。

等离子切割配合不同的工作气体可以切割各种氧切割难以切割的金属,尤其是对于有色金属(不锈钢、铝、铜、钛、镍)的切割效果更佳。其主要优点在于切割厚度不大的金属时切割速度快。在切割普通碳素钢薄板时,速度可达氧切割法的 5~6 倍、切割面光洁、热变形小、较少的热影响区。接触引弧示意图如图 6-27 所示。

等离子切割机广泛应用于汽车、机车、压力容器、化工机械、核工业、通用机械、工程机械、钢结构、船舶等行业。如图 6-28 所示为 LGK-60 等离子切割机。

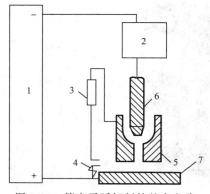

图 6-26 等离子弧切割的基本电路

1—电源;2—高频引弧器;3—电阻 R;4—接触器;
5—压缩喷嘴;6—电极;7—工件

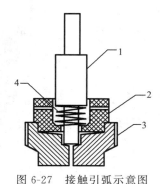

图 6-27 接触引弧示意图

1—电源;2—分流器;3—喷嘴;4—弹簧

图 6-28　LGK-60 等离子切割机

6.5 操作示例分析

在一块厚度为 6 mm 的 Q235B 钢板上进行平敷焊,选用直径 φ3.2 mm,长度 300 mm 的焊条,自选焊接电流。其焊道要求见表 6-1。

表 6-1　　　　　　　　　　　　　　焊道要求

学生实训时间/周	焊道长度/mm	焊道余高/mm	焊道宽度/mm	焊道直线度/mm
1	140～170	1.0	10(±2.0)	±2.5
2	140～160	1.5	10(±1.0)	±1.5
4	140～150	2.0	10(±0.5)	±1.0

6.6 思考题

1.什么是手工电弧焊?简述其工作原理。

2.电焊条由哪几部分组成?各组成部分起什么作用?

3.焊条的操作运动由哪些运动合成?各有什么含义?

4.何谓焊接工艺参数?其选用原则是什么?

5.手弧焊对接平焊厚度为 6 mm 的 Q235B 钢板时,如何确定焊条直径与焊接电流?

6.简述用什么样的方法才能保证焊道直线度、焊道余高、焊道宽度和焊道长度符合课程内容的要求。

第 7 章

刨床实训

本章思政目标:学习刨床的基本操作、训练,加强职业认知,增强学生的家国情怀、文化素养,筑牢中华民族共同体意识。

7.1 实训目的

7.1.1 知识目标

1.了解刨削的加工特点。

2.了解刨削的加工范围。

3.了解刨床的结构和操作方法。

7.1.2 技能目标

能正确规范地操作、调整刨床。

7.2 实训要求

(一)开机前准备

(1)工件必须夹牢在夹具或工作台上,夹装工件的压板不得长出工作台,在机床最大行程内不准站人。刀具不得伸出过长,应装夹牢靠。

(2)校正工件时,严禁用金属物猛敲或用刀架推顶工件。

(3)工件宽度超出单臂刨床加工宽度时,其重心对工作台重心的偏移量不应大于工作台宽度的四分之一。

(4)调整冲程时,应使刀具不接触工件,用手柄摇动进行全行程试验,滑枕调整后应锁紧并随时取下摇手柄,以免落下伤人。

(5)刨床的床面或工件伸出过长时,应设防护栏杆,在栏杆内禁止通过行人或堆码物品。

(6)刨床的工作台面、床面以及刀架上禁止站人、存放工具和其他物品。操作人员不得跨越台面。

(7)在工作台水平移动时,作用于牛头刨床手柄上的力不应超过 8 N;在工作台上、下移动时,作用于牛头刨床手柄上的为不应超过 10 N。

(8)工件装卸、翻转时应注意锐边、毛刺,以免割手。

(二)运转中的注意事项

(1)在刨削行程范围内不得站人,不准将头、手伸到牛头前观察切削部分和刀具,未停稳前,不准测量工件或清除切屑。

(2)吃刀量和进刀量要适当,进刀前应使刨刀缓慢接近工件。

(3)刨床必须先运转后方准吃刀或进刀,在刨削进行过程中欲使刨床停止运转,应先将刨床退离工件。

(4)运转速度稳定时,滑动轴承温升不应超过 60 ℃,滚动轴承温升不应超过 80 ℃。

(5)进行龙门刨床工作台行程调整时,必须停机,最大行程时两端余量不得少于 0.45 m。

(6)经常检查刀具、工件的固定情况和机床各部件的运转是否正常。

(三)停机的注意事项

(1)工作中如发现滑枕升温过高、换向冲击声或行程振荡声异响或突然停车等不良状况,应立即切断电源,退出刀具,进行检查、调整、修理等。

(2)停机后,应将牛头滑枕或龙门刨工作台面、刀架退回到规定位置。

(四)刨床安全操作规程

(1)开机前必须认真检查机床电器与传动机构是否良好、可靠,油路是否畅通,润滑油是否加足,机床工作时其行程内不准站人。

(2)装夹工件、刀具要牢固,刀杆及刀头尽量缩短使用,刨下的金属屑不可手拿嘴吹,要在停机后用专用工具清扫。

(3)刨床在运行过程中不能测量工件、对样板。测量工件尺寸时,一定要停机。使用自动走刀时,不能离开工作岗位。

(4)观测切削情况时,头部和手部在任何情况下都不能靠近刀的行程,以免碰伤。

(5)刨床工作台做快速移动时,应将手柄取下或脱开自合器,以免手柄快速转动损坏或飞出伤人。

(6)刨床安全保护装置均应保持完好无缺,灵敏可靠,不得随意拆下,并要随时检查,按规定时间保养,保持刨床运转良好。

(7)工作结束时,应关闭电源,所有操作手柄和控制旋钮都扳到空挡位置,然后清理工作台上的切屑,清扫场地,擦拭、润滑机器。

7.3 实训设备

刨削是一种常用的金属切削加工方法,通常用于加工平面、垂直面、台阶面、斜面、直槽、T形槽、燕尾槽及成形面等,如图7-1所示。

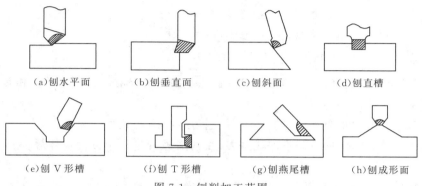

(a)刨水平面   (b)刨垂直面   (c)刨斜面   (d)刨直槽

(e)刨V形槽   (f)刨T形槽   (g)刨燕尾槽   (h)刨成形面

图7-1　刨削加工范围

刨削时,主运动是刨削的直线往复运动。前进时,进行切削;回程时,刨刀不切削。进给运动是工件间歇的横向移动。刨削的切削速度较慢,而且切削过程不连续,所以生产率较低。但是,刨床结构简单、使用方便,刨削时不用切削液,加工的类型多,故在单件小批生产以及修配工作中得到广泛应用。刨削加工所使用的设备主要有牛头刨床和龙门刨床。

牛头刨床主要由床身、滑枕、刀架、工作台、横梁和底座组成,其外形如图7-2所示。

图7-2　牛头刨床BC6063B型

1—工作台;2—刀架;3—滑枕;4—床身;5—底座;6—横梁

龙门刨床因有一个"龙门"式的框架而得名,按其结构特点可分为单柱式和双柱式两种。龙门刨床的主运动是工作台(工件)的往复运动,进给运动是刀架(刀具)的横向或垂直间歇移动。刨削时,横梁上的刀架可在横梁导轨上做横向进给运动,以刨削工件的水平面;立柱上的左、右侧刀架可沿立柱导轨做垂直进给运动,以刨削工件的垂直面;各个刀架均可偏转一定的角度,以刨削工件的各种斜面。龙门刨床的横梁可沿立柱导轨升降,以调整工件和刀具的相对位置,适应不同高度工件的刨削加工。

　　龙门刨床的结构刚度好,切削功率大,适合加工大型零件上的平面或沟槽,并可同时加工多个中型零件。龙门刨床上加工的工件一般采用压板螺钉,直接将工件压紧在往复运动的工作台台面上。

7.4　实训内容

7.4.1　工件装夹

　　工件装夹是根据工件的形状和大小来选择安装方法,对于小型工件通常使用平口钳进行装夹,如图 7-3 所示。对于大型工件或平口钳难以夹持的工件,可使用 T 形螺栓和压板将工件直接固定在工作台上,如图 7-4 所示。为保证加工精度,在装夹工件时,应根据加工要求,使用划针、百分表等工具对工件进行找正。

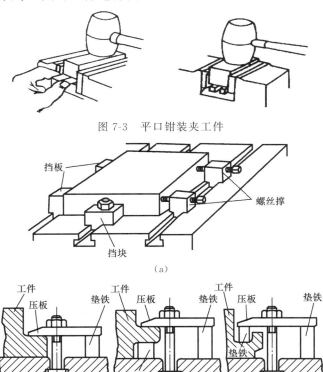

图 7-3　平口钳装夹工件

(a)

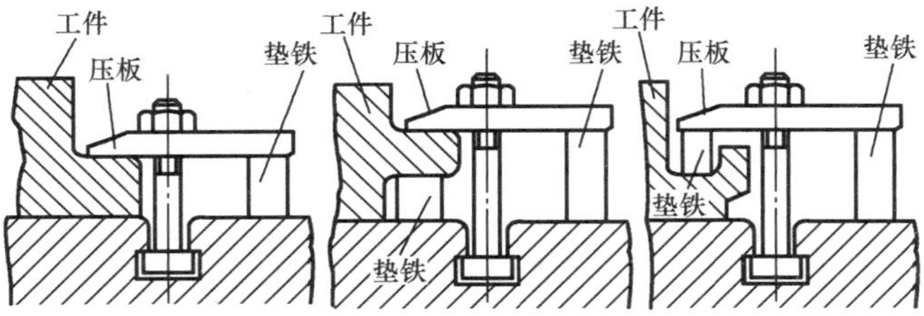

(b)

图 7-4　螺栓和压板装夹工件

7.4.2 安装刨刀

1.刨刀

由于刨削加工的不连续性,刨刀在切入工件时受到很大的冲击力,所以刨刀的刀杆横截面一般较大,以提高刀杆的强度。刨刀的刀杆有直杆和弯杆两种形式,刨刀在受到较大切削力时,刀杆会绕 O 点向后弯曲变形,如图7-5所示。弯杆刨刀变形时,刀尖不会啃入工件;而直杆刨刀变形时,刀尖会啃入工件,造成刀具及加工表面的损坏,因此弯杆刨刀在刨削加工中应用较多。

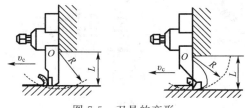

图 7-5 刀具的变形

2.刨刀的安装

牛头刨床的刀架安装在滑枕前端,如图7-6所示。刀架上有一刀夹,刀夹有一方孔,前端有一紧固螺钉,专供装夹刨刀之用。刨刀装入孔后,调整好背吃刀量,然后紧固螺钉,即可进行刨削。刨削平面时,刀架和抬刀板座都应在中间垂直位置,刨刀在刀架上不能伸出太长,以免在刨削工件时发生折断。

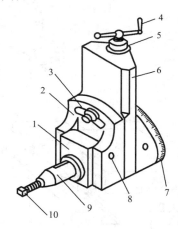

图 7-6 刀架

1—抬刀板;2—刀座;3—螺母;4—手柄;5—刻度盘;6—溜板;7—刻度转盘;8—轴;9—刀夹;10—紧固螺钉

选择普通平面刨刀,安装在刀夹上。刀头不能伸出太长,以免刨削时产生较大振动,刀头伸出的长度一般为刀杆厚度的1.5～2.0倍。因为刀夹是可以抬起的,所以无论是装刀还是卸刀,用扳手拧刀夹螺丝时,施力方向都应向下。

3.调整机床

调整机床是将刀架刻度盘刻度对准零线,根据刨削长度调整滑枕的行程及滑枕的起始位置,设置合适的行程速度和进给量。调整工作台将工件移至刨刀下面。

4.对刀

对刀是指开动机床,转动刀架手柄,使刨刀轻微接触工件表面。

5.进刀

进刀是指停止机床,转动刀架手柄,使刨刀进至选定的切削深度并锁紧。

6.开动机床

当刨削工件为 1~1.5 mm 宽时,先停止机床,检测工件尺寸,再开机床,完成平面刨削加工。

7.5 操作示例分析

1.刨削用量

(1)刨削速度 v_c

刨刀或工件在刨削时主运动的平均速度称为刨削速度,单位 m/min,其值可按下式计算,即

$$v_c = \frac{2Ln}{1\,000} \tag{6-1}$$

式中　L——工作行程长度,mm;

　　　n——滑枕每分钟的往复次数,往复次数/min。

(2)进给量 f

刨刀每往复行程一次工件横向移动的距离称为进给量,单位 mm。在 B6065 型牛头刨床上的进给量为

$$f = \frac{k}{3} \tag{6-2}$$

式中　k——刨刀每往复行程一次,棘轮被拨过的齿数。

(3)背吃刀量 a_p

已加工表面与待加工表面之间的垂直距离称为背吃刀量,单位 mm。

2.刨水平面

刨水平面时先根据刨削用量调整变速手柄位置和横向进给量,移动工作台使工件一侧靠近刨刀,转动刀架手柄使刀尖接近工件;再开动机床,手动进给试切出 1~2 mm 宽后停车测量尺寸;接着根据测量结果调整背吃刀量;最后自动进给正式刨削。这时,滑枕带动刨刀做一次直线往复运动(主运动),横梁带动工作台做一次横向进给运动,完成一次刨削。

3.刨垂直面

刨垂直面时通常采用偏刀刨削,是利用手工操作摇动刀架手柄,使刀架做垂直进给运动来加工平面的方法,其常用于加工阶台面和长工件的端面。加工前,要调整刀架转盘的刻度线使其对准零线,以保证加工面与工件底平面垂直。刀座应偏转 $10°\sim15°$,这样可使抬刀板在回程时携带刀具抬离工件的垂直面,以减少刨刀的磨损,避免划伤已加工表面,如图 7-7

所示。精刨时,为减小表面粗糙度,可在副切削刃上接近刀尖处磨出 1～2 mm 的修光刃。装刀时,应使修光刃平行于加工表面。

4.刨斜面

零件上的斜面分为内斜面和外斜面两种。通常采用倾斜刀架法刨斜面,即把刀架和刀座分别倾斜一定角度,从上向下倾斜进给进行刨削。刨斜面时,刀架转盘的刻度不能对准零线,刀架转盘转过的角度是工件斜面与垂直面之间的夹角,刀座上端要偏离加工面,如图 7-8 所示。

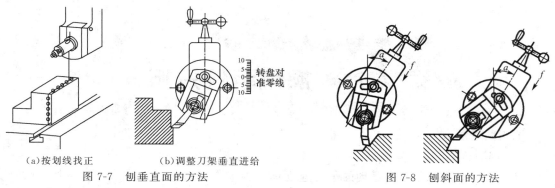

（a）按划线找正　　　　　（b）调整刀架垂直进给

图 7-7　刨垂直面的方法

图 7-8　刨斜面的方法

5.刨削平面实训操作

（1）装夹工件

用平口钳装夹工件。

（2）装夹刨刀

粗刨时,用普通平面刨刀;精刨时,可用窄的精刨刀。

（3）刨削水平面

按刨削平面的过程刨削水平面,切削深度 $t = 0.5～2$ mm,进给量 $s = 0.1～0.3$ mm/str。

6.注意事项

（1）刨削平面时移动刀架进给量要小且稳,以防扎刀。

（2）刨削时操作者不要站立到正对刨床的滑枕运动方向,以免工件飞出伤人。

7.6　思考题

1.刨削平面的基本步骤有哪些?

2.刨削平面有哪些常见的问题?

第8章

磨床实训

本章思政目标:学习磨床的基本操作、训练,加强职业认知,增强学生的家国情怀、文化素养,筑牢中华民族共同体意识。

8.1 实训目的

8.1.1 知识目标

1.了解磨削加工的特点。

2.了解磨削加工的工艺范围。

3.掌握磨床的型号及主要技术规格。

4.掌握磨床的组成部分及其作用。

8.1.2 技能目标

1.熟练掌握磨床的基本操作方法。

2.掌握应用横向进给手轮调整背吃刀量。

3.掌握正确维护与操纵磨床。

8.2 实训要求

1.内圆磨、外圆磨、平面磨都必须遵守机械切削加工的安全操作规程。

2.工件加工前,应根据工件的材料、硬度、精磨、粗磨等情况,合理选择适用的砂轮。

3.调换砂轮时,要按砂轮机的安全操作规程进行。必须仔细检查砂轮的粒度和线速度是否符合要求,表面无裂缝,声响要清脆。

4.安装砂轮时,必须经过平衡试验,开空车试运转 10 min,确认无误后方可使用。

5.磨削时,先将纵向挡铁调整紧固,确保其往复灵敏。人不准站在砂轮的正面,应站在砂轮的侧面。

6.进给时,不准将砂轮直接接触工件,要留有空隙,缓慢地进给,以防砂轮突然受力后爆裂而发生事故。

7.砂轮未退离工件时,不得中途停止运转。装卸工件、测量精度时均应停车,将砂轮退到安全位置以防磨伤手。

8.干磨的工件,不准突然转为湿磨,防止砂轮碎裂。湿磨过程中冷却液中断时,要立即停磨。

9.平面磨床一次磨多个工件时,加工件要靠紧垫妥,防止工件飞出或砂轮爆裂伤人。

10.外圆磨用两顶针加工的工件,应注意顶针是否良好。用卡盘加工的工件要夹紧。

11.内圆磨床磨削内孔时,用塞规或仪表测量,应将砂轮退到安全位置上,待砂轮停转后方能进行。

12.工具磨床在磨削各种刀具、花键、键槽、扁身等有断续表面工件时,不能使用自动进给方式,进刀量不宜过大。

13.不是专门用的端面砂轮,不准磨削较宽的平面,防止碎裂伤人。

14.经常调换冷却液,防止污染环境。

磨床应有的安全防护装置:

1.磨床上所有回转件,例如:砂轮、电动机、皮带轮和工件头架等,必须安设防护罩。防护罩应牢固地固定,其连接强度不得低于防护罩强度。

平面磨床工作台的两端或四周应设防护栏板,以防被磨工件飞出。

2.带电动、气动或液压夹紧装置的磨床应设有联锁装置,即夹紧力消失时应同时停止磨削工作。

3.使用切削液的磨床应设有防溅挡板,以防止切削液飞溅到操作人员和周围地面上,干磨时应配备除尘装置。

8.3 实训设备

磨床是用于磨削加工的一种机床。磨削加工是机械加工中最常用的精加工之一。磨削时可采用砂轮、油石、磨头、砂带等做磨具,而最常用的磨具是用磨料和黏结剂做成的砂轮。通常磨削能达到的精度为 IT7~IT5 级,一般表面粗糙度为 $Ra\ 0.8 \sim Ra\ 0.2\ \mu m$。目前各种磨床已广泛应用于机械、汽车、工具、仪表、液压、航空和轴承等领域。

磨削的加工范围很广,不仅可以加工内、外圆柱面,内、外圆锥面和平面,还可加工螺纹、花键轴、曲轴、齿轮和叶片等特殊的成形表面,如图 8-1 所示。

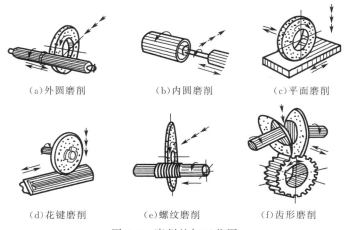

(a)外圆磨削　　　　　(b)内圆磨削　　　　　(c)平面磨削

(d)花键磨削　　　　　(e)螺纹磨削　　　　　(f)齿形磨削

图 8-1　磨削的加工范围

8.3.1　万能外圆磨床的组成部分及其作用

如图 8-2 所示,M1320E 外圆磨床由床身、工作台、头架、尾座、砂轮架和内圆磨具等部件组成。

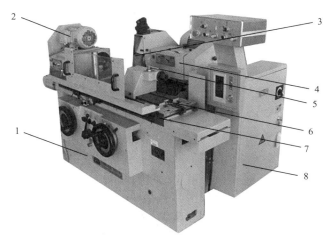

图 8-2　M1320E 外圆磨床

1—床身;2—头架;3—砂轮;4—砂轮架;5—尾架;6—上工作台;7—下工作台;8—电柜

1.床身

床身是一个箱型铸件,用来支撑磨床的各个部件,在床身上面有两组导轨,分别为纵向导轨和横向导轨。纵向导轨上装有上、下工作台,横向导轨上装有砂轮架。在床身内部装有液压传动装置和其他传动机构。

2.工作台

工作台分为上、下两层,上层称为上工作台,可相对于下工作台回转一定的角度,以便磨削圆锥面。下层称为下工作台,由机械或液压传动,可沿着床身的纵向导轨做纵向进给运动。工作台往复运动的位置可由行程挡块控制。为了保持床身表面精度,在操作磨床中应注意维护保养。

3.头架

头架上装有主轴,主轴端部可以安装顶尖或卡盘,以便装夹工件。主轴由单独的电动机通过传动变速机构驱动,使工件获得不同的转动速度。头架可在水平面内偏转一定角度。

4.尾座

在尾座套筒前端安装顶尖,用来支撑工件的另一端。尾座套筒的后端装有弹簧,可调节顶尖对工件的轴向压力。

5.砂轮架

砂轮架安装在床身的横向导轨上。操纵横向进给手轮,可实现砂轮的横向进给运动,用来控制工件的磨削尺寸。砂轮架还可由液压传动控制,实现快速进退运动。砂轮装在砂轮主轴端,由电动机驱动做磨削旋转运动。砂轮架可绕垂直轴旋转一定角度。

6.内圆磨具

内圆磨具用于磨削工件的内孔,在它的主轴端可安装内圆砂轮,由电动机经带传动做磨削运动。内圆磨具装在可绕铰链回转的支架上,使用时可向下翻转至工作位置。

8.3.2　平面磨床的组成部分及其作用

图 8-3 所示为 M7130G 卧轴矩台平面磨床,它由床身、工作台、立柱、滑座、撞块等部件组成,与其他磨床不同的是工作台上安装有电磁吸盘,用以直接吸住工件。在磨削时用砂轮的外圆周面对工件进行加工。

图 8-3　M7130G 卧轴矩台平面磨床
1—床身;2—电磁吸盘;3—立柱;4—滑座;5—砂轮;6—撞块;7—工作台

1.床身

床身为箱形铸件,上面有 V 形导轨及平导轨,工作台安装在导轨上。床身前侧装有工作台手动机构、垂直进给机构、液压操纵板及电器按钮板。液压操纵板用以控制机床的机械与液压的传动。电器按钮板装有油泵启动按钮、砂轮变速启动开关、电磁吸盘工作状态选择开关及总停开关,并装有退磁器插座,以提供退磁器的电源。在床身后部的平面上,装有立柱及垂直进刀机构。

2.工作台

工作台是一盆形铸件,上部有长方形的台面,下部有凸出的导轨。工作台上部长方形台面的表面经过磨削,并有一条 T 形槽,用以固定工件或电磁吸盘。在台面两端装有防护罩,以防止切削液飞溅。工作台由液压传动在床身导轨上做直线往复运动;由行程挡块自动控制换向。工作台也可摇动手轮进行调整,手轮每转一圈,工作台移动 6 mm。

3.立柱

立柱为一箱形结构,前部有两条平导轨,其中间安装丝杠,通过螺母使拖板沿平导轨做垂直移动。立柱上装有叠合式防护罩,用以防止切削液、灰尘等进入。

4.拖板

拖板有两组相互垂直的导轨:一组为垂直平导轨,用以沿立柱做垂直移动;另一组为水平燕尾导轨,用以做磨头横向移动。

5.磨头

磨头在水平燕尾导轨上的移动有两种形式:一种是断续进给,即工作台换向一次,磨头横向做一次进给,移动量为 1～12 mm;另一种是连续进给,磨头在水平燕尾导轨上往复连续移动。磨头座左侧槽内装有行程挡块,用以控制磨头横向移动距离。连续移动速度为 0.3～3.0 m/min,由进给选择旋钮控制。磨头除了由液压传动控制外,还可用横向进给手轮控制移动,每格进给量为 0.01 mm。

6.垂直进给机构

垂直进给机构位于床身前面,固定在床身上,摇动垂直进给手轮带动轴运转,通过垂直进给减速器齿轮使丝杠转动,即得到垂直进给。垂直进给的移动量为 345 mm,手轮转一圈的移动量为 1 mm,每格刻度值为 0.005 mm。

8.3.3 内孔磨削

M215A 内圆磨床(图 8-4)

图 8-4 M215A 内圆磨床

1—床身;2—进给手轮;3—头架;4—砂轮;5—砂轮架;6—换向手柄;7—微调手柄

(1)内孔磨削一般采用纵向磨削法和切入磨削法两种方法,如图 8-5 所示。砂轮在工件孔的磨削位置有前面接触和后面接触两种,如图 8-6 所示。一般在万能外圆磨床上采用前面接触,在内圆磨床上采用后面接触。

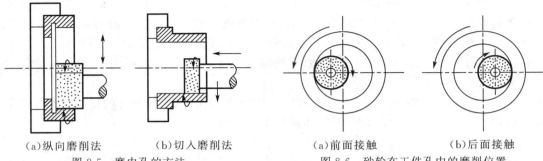

(a)纵向磨削法　　　　(b)切入磨削法　　　　　　　(a)前面接触　　　　　(b)后面接触

图 8-5　磨内孔的方法　　　　　　　图 8-6　砂轮在工件孔中的磨削位置

①纵向磨削法与外圆的纵向磨削法相同,砂轮高速回转做主运动;工件以与砂轮回转方向相反的低速回转完成圆周进给运动;工作台沿被加工孔的轴线方向做往复移动,完成工件的纵向进给运动;在每一次往复行程终了时,砂轮沿工件径向横向进给。

②横向磨削法。磨削时,工件只做圆周进给运动,砂轮回转为主运动,同时以很慢的速度连续或断续地向工件做横向进给运动,直至孔径磨到规定尺寸。

(2)与磨外圆相比,磨内圆有如下特点:

①砂轮与砂轮轴的直径都受到工件孔径的限制,因此,一方面磨削速度难以提高,另一方面磨具刚性较差,容易产生振动,使加工质量和磨削生产率受到影响。

②砂轮容易堵塞、磨钝,磨削时不易观察,冷却条件差。

8.3.4　维护机床

磨床的日常保养维护工作对磨床的精度、使用寿命等有很大的影响,它也是文明生产的主要内容。

(1)训练前应仔细检查磨床各部位是否正常,若有异常现象,应及时报告教师,不能带着故障训练。

(2)训练结束后,应清除各部位积屑,擦净残留的切削液及磨床外形,并在工作台面、顶尖及尾座套筒上涂油防锈。

(3)严禁在工作台上放置工件、量具及其他物品,以防工作台的台面损伤。

(4)移动头架和尾座时,应先擦净工作台的台面和前侧面,并涂一层润滑油,以减少机床磨损。

(5)电磁吸盘的台面要保持平整光洁,使用完毕后,应将台面擦净并涂油防锈。

(6)机床擦拭完毕后,工作台应停在机床中间部位。

8.3.5　砂轮及切削液的使用

1.砂轮的基本知识

砂轮是由磨料和结合剂经压坯、干燥、烧结而成的疏松体,由磨粒、结合剂和气孔三部分组成。砂轮磨粒暴露在表面部分的尖角即切削刃。结合剂的作用是将众多磨粒黏结在一起,并使砂轮具有一定的形状和强度。气孔在磨削中主要起容纳切屑和切削液以及散发热量的作用。砂轮的特性包括磨料、粒度、结合剂、硬度、组织、形状和尺寸等要素。

(1)磨料

磨料是砂轮的主要成分,它直接担负切削工作,因此,应具有很高的硬度和锋利的棱角,并要有良好的耐热性。常用的磨料有刚玉类(Al_2O_3)和碳化硅类(SiC)。刚玉类适用于磨削钢料及一般刀具;碳化硅类适用于磨削铸铁、青铜等脆性材料及硬质合金刀具。

(2)粒度

粒度对磨削生产率和加工表面的表面粗糙度有很大的影响。一般粗磨或磨软材料时选用粗磨粒;精磨或磨硬而脆的材料时选用细磨粒。

(3)结合剂

磨料用结合剂可以黏结成各种形状和尺寸的砂轮,以适用于不同表面形状和尺寸的加工。陶瓷结合剂最为常用。

(4)硬度

砂轮的硬度是指结合剂黏结磨粒的牢固程度,也是指磨粒在磨削力的作用下,从砂轮表面上脱落下来的难易程度。使用时要特别注意选择适当的硬度。

(5)砂轮的代号

为了方便使用,在砂轮的非工作表面上标有砂轮的特性代号。按 GB/T 2484—2018 规定其标志顺序及意义。如图 8-7 所示。

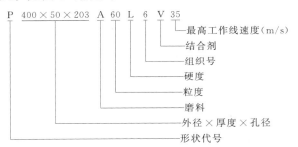

图 8-7　砂轮的代号及意义

2.砂轮的选用

选用砂轮时,应综合考虑工件的形状、材料性质及磨床条件等各种因素,见表 8-1。在选择砂轮尺寸时,应尽可能把外径选得大些,以提高砂轮的圆周速度,有利于提高磨削生产率,降低表面粗糙度。但应特别注意的是不能使砂轮工作时的线速度超过安全线速度的数值。

表 8-1　　　　　　　　　　　　　常用砂轮的形状、代号及用途

砂轮名称	代号	简图	主要用途
平形砂轮	P		用于磨外圆、内圆、平面、螺纹及无心磨等

（续表）

砂轮名称	代号	简图	主要用途
双斜边形砂轮	PSX	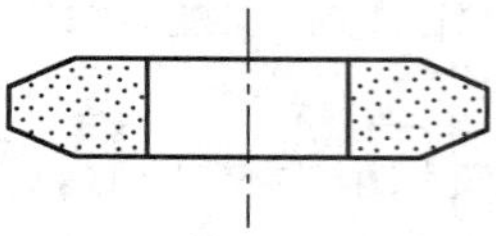	用于磨削齿轮和螺纹
双面凹砂轮	PSA	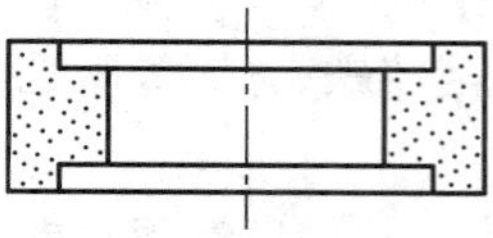	主要用于外圆磨削和刃磨刀具、无心磨砂轮和导轮
薄片砂轮	PB	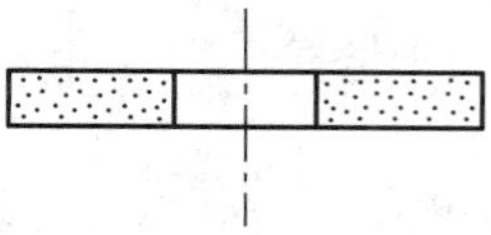	主要用于切断和开槽等
筒形砂轮	N	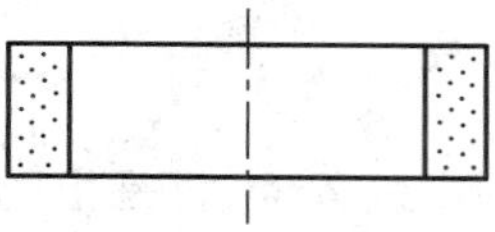	用于立轴端面磨
杯形砂轮	B	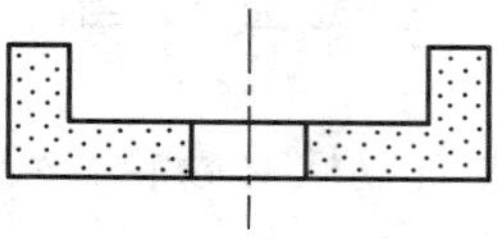	用于导轨磨及刃磨刀具
碗形砂轮	BW	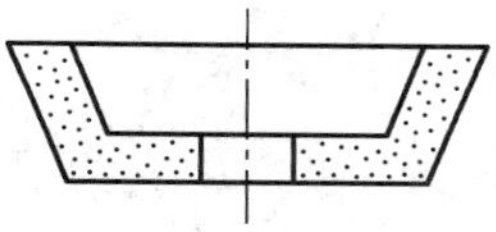	用于磨铣刀、铰刀、拉刀等,大尺寸的用于磨齿轮端面
碟形砂轮	D	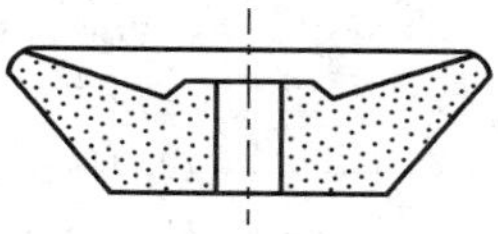	

3.砂轮的检查、平衡、安装及修整

（1）砂轮的检查

砂轮安装前一般要进行裂纹检查,严禁使用有裂纹的砂轮。通过外观检查确认无表面裂纹的砂轮,一般还要用木槌轻轻敲击,声音清脆的为没有裂纹的好砂轮。

（2）砂轮的平衡

由于砂轮各部分密度不均匀、几何形状不对称以及安装偏心等各种原因,往往造成砂轮重心与其旋转中心不重合,即产生不平衡现象。不平衡的砂轮在高速旋转时会产生振动,影响磨削质量和机床精度,严重时还会造成机床损坏和砂轮碎裂。因此,在安装砂轮前都要进行平衡。砂轮的平衡有静平衡和动平衡两种。一般情况下,只需做静平衡,但在高速磨削（线速度大于 50 m/s）和高精度磨削时,必须进行动平衡。

（3）砂轮的安装

最常用的砂轮安装方法是用法兰盘装夹砂轮,如图 8-8 所示。两法兰盘直径必须相等,其尺寸一般为砂轮直径的一半。安装时,砂轮和法兰盘之间应垫上厚 1～2 mm 的弹性纸垫,砂轮的孔径与法兰盘轴颈间应有一定的安装间隙,以免主轴受热膨胀而将砂轮胀裂。

（4）砂轮的修整

砂轮工作一定时间后，出现磨粒钝化、表面空隙被磨屑堵塞、外形失真等现象时，必须除去表层的磨粒，重新修磨出新的刃口，以恢复砂轮的切削能力和外形精度。砂轮修整一般利用金刚石工具，采用车削法、滚压法或磨削法进行。修整时要用大量的切削液直接浇注在砂轮和金刚石工具接触的地方，避免金刚石工具因温度剧升而破裂。

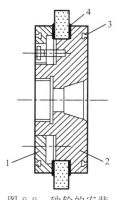

图 8-8　砂轮的安装

1、2—法兰盘；3—平衡块槽；4—弹性纸垫

4.切削液的使用

切削液的作用主要是降低磨削热和减少磨削过程中的摩擦。在磨削过程中，金属的变形和摩擦会产生很大的热量，使工件受热变形或烧伤，降低磨削的质量。一般磨削均要采用切削液。切削液主要有冷却作用、润滑作用、清洗作用和防锈作用。

切削液的使用方法要得当，一般要注意以下几个问题：

（1）切削液应直接浇注在砂轮和工件接触的地方。

（2）切削液的流量应充足，一般取 10～30 L/min，并均匀地喷射到整个砂轮宽度上。

（3）切削液应有一定的压力，以便切削液能冲入磨削区域。

（4）切削液应常保持清洁，尽可能减少切削液中杂质的含量，变质的切削液要及时更换，超精密磨削时可以采用专门的过滤装置。

8.4　实训内容

1.了解磨床加工的特点及加工范围。

2.了解磨床的种类及用途，了解液压传动的一般知识。

3.了解砂轮的特性、砂轮的选择和使用方法。

4.掌握外圆磨、内圆磨、平面磨的操纵及其正确安装工件的方法，并能完成磨削加工。

8.5 操作示例分析

1.平行面工件的磨削

如图 8-9 所示,该零件前序加工已完成,磨削表面留约 0.4 mm 的磨削余量。通过前面所讲的实训内容,完成该零件的磨削加工,其操作步骤为确定磨削工艺,选择调整机床,安装工件,磨削加工。

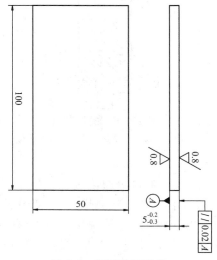

图 8-9 磨削平面零件

平行面工件的磨削步骤如下:

(1)用锉刀、旧砂轮端面、砂纸或油石等,除去工件基准面上的毛刺或热处理后的氧化层。

(2)测量工件尺寸,计算出磨削余量。

(3)将工件放在电磁吸盘台面上,夹持牢固。

(4)启动电源,调整工作台行程挡块位置,抬升砂轮使砂轮高于工件平面 1 mm 左右。

(5)启动砂轮并做垂直进给,接触工件后,用横向磨削法磨出上平面或磨去磨削余量的一半。

(6)以磨过的平面为基准面,磨削第二面至图样要求。

磨削时,可根据技术要求,分粗磨、精磨进行加工。粗磨时,横向进给量 $s=(0.1\sim0.5)B/$ 双行程(B 为砂轮宽度),背吃刀量 $a_p=0.02\sim0.05$ mm;精磨时,背吃刀量 $a_p=0.005\sim0.010$ mm。

2.典型轴类工件磨削

如图 8-10 所示,该零件车削加工已完成,各外圆留约 0.5 mm 的磨削余量。通过前面所讲的实训内容,要完成该轴的磨削加工,其操作步骤为确定磨削工艺,选择调整机床,安装工件,磨削加工。

磨削的步骤如下：

(1)将两端中心孔擦干净,加润滑脂。选择合适夹头,夹持 ϕ23 mm 外圆。

(2)测量工件尺寸,计算出磨削余量。

(3)选择 M1432 万能外圆磨床,调整尾座至合适位置,应保证两顶尖夹持工件的夹紧力松紧适度。安装工件,调整拨杆,使拨杆能拨动夹头;按动头架点动按钮,检查工件旋转情况是否运转正常。

(4)调整横向进给手轮,使砂轮相对 ϕ30 mm 外圆大于 50 mm 以上,调整好纵向换向挡块。

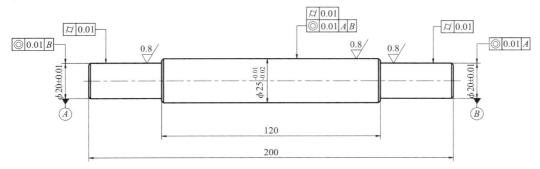

图 8-10　磨削轴类工件

(5)试磨 ϕ30 mm 外圆后,测量 ϕ30 mm 外圆左右尺寸,根据情况调整上工作台,再次试磨 ϕ30 mm 外圆至图样要求的公差范围。

(6)粗磨 ϕ30 mm 外圆,留 0.1 mm 的精磨量。

(7)粗磨 ϕ22 mm 外圆,留 0.1 mm 的精磨量。

(8)掉头粗磨 ϕ23 mm 外圆,留 0.1 mm 的精磨量。

(9)精细修整砂轮。

(10)精磨 ϕ30 mm 外圆至图样要求。

(11)精磨 ϕ23 mm 和 ϕ22 mm 两外圆至图样要求。注意要保护工件无夹持痕迹,必要时可垫上铜皮。

(12)加工结束后,取下工件,擦拭工件。

(13)停止机床并擦拭干净。

8.6　思考题

1.简述平面磨削方式有哪几种。

2.用卧轴矩台平面磨床磨削平面的方法有几种?哪种方法最为常用?

3.常用的外圆磨削方法有哪几种?各自有何作用?

4.简述如何选择磨削用量。

第 9 章

钳工实训

本章思政目标:学习钳工类的基本操作、训练,加强职业认知,增强学生的家国情怀、文化素养,筑牢中华民族共同体意识。

钳工是手持工具对工件进行金属切削加工的一种方法。钳工是复杂、细致、工艺技术要求高、实践能力强的工种。其基本操作有划线、錾削、锯削、锉削、钻孔、扩孔、铰孔、攻螺纹、套螺纹、刮削、研磨及装配、拆卸和修理等。

钳工的应用范围如下:

(1)加工前的准备工作:如清理毛坯,在工件上划线等。

(2)在单件、小批生产中,制造一些一般的零件。

(3)加工精密零件:如锉样板、刮削或研磨机器和量具的配合表面等。

(4)装配、调整和修理机器等。

钳工工具简单,操作灵活。可以完成用机械加工不方便或难以完成的工作。因此,尽管钳工操作的劳动强度大,加工质量不稳定,生产率低,但在机械制造行业中,是不可缺少的重要工种之一。

9.1 划线操作

9.1.1 实训目的

(一)知识目标

(1)看懂图样,了解零件的作用。

(2)了解零件的加工顺序和加工方法。

(3)掌握普通划线工具的型号及主要技术规格。

(4)掌握普通划线工具的组成部分及其作用。

（二）技能目标

（1）熟练掌握划线工具的使用方法。

（2）正确使用划线工具,划出的线条要准确、清晰。

9.1.2　实训要求

1.了解划线基准的概念。

2.正确使用划线常用工具、量具。

3.熟练掌握平面划线的方法和步骤。

9.1.3　实训设备

划线需要的设备有划线平板、划线方箱、划线 V 形铁、千斤顶、涂料、划针、划规、划针盘、游标高度尺、样冲。

机械类钳工使用的量具种类很多。根据其用途和特点可分为两种类型:一是万能量具,如刚直尺、游标尺、千分尺、百分表和万能角度尺等;二是标准量具,如量块、水平仪和塞尺等。不同种类的量具,虽然其测量值(如长度值、角度值)不同,但对其正确使用的要求是基本相同的。在实习过程中,可按以下步骤来学习,保证能正确使用量具。

（1）钢直尺(图 9-1)

钢直尺是用不锈钢制成的一种量具。尺边平直,尺面有米制或英制刻度。

作用:测量工件的长度、宽度、高度、深度和平面度。

规格:(测量范围)150 mm、300 mm、500 mm 和 1 000 mm 等。

钢直尺是工作中广为普遍的一种长度测量工具。

（2）游标卡尺

游标卡尺可直接测量零件的外径、内径、长度、宽度、深度和孔距等。钳工常用游标卡尺的测量范围为 0～125 mm、0～200 mm、0～300 mm 等,是一种精度相对较高的测量工具,如图 9-2 所示。

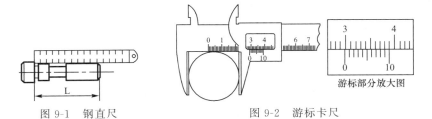

图 9-1　钢直尺　　　　　　　　图 9-2　游标卡尺

（3）千分尺

千分尺是一种精密量具,主要种类有外径千分尺、内径千分尺和高度千分尺。其测量范围为 0～500 mm 时,每 25 mm 为一种规格,如 0～25 mm,25～50 mm,……测量范围为 500～1 000 mm 时,每 100 mm 为一种规格,如 500～600 mm,600～700 mm,……

千分尺的外形和结构如图 9-3 所示。

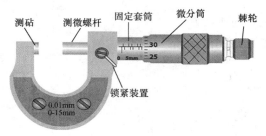

图 9-3　千分尺

（4）宽座角尺

可精确测量工件内角、外角的垂直偏差。宽座角尺是检验和划线工作中常用的量具,用于检验工件的垂直度或检定仪器纵、横向导轨的垂直度。通常用铸铁、钢或花岗岩制成。如图 9-4 所示。

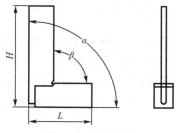

图 9-4　宽座角尺

（5）万能角度尺

万能角度尺又称为角度规、游标角度尺和万能量角器,它是利用游标读数原理来直接测量工件角或进行划线的一种角度量具。适用于机械加工中的内、外角度测量,可测 $0\sim320°$ 外角及 $40°\sim130°$ 内角。万能角度尺如图 9-5 所示。

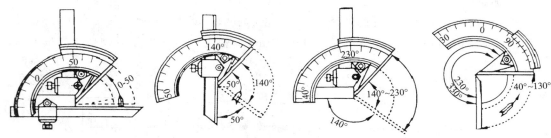

图 9-5　万能角度尺

万能角度尺的读数机构是根据游标原理制成的。主尺刻线每格为 $1°$。游标的刻线是取主尺的 $29°$ 等分为 30 格,因此游标刻线角格为 $29°/30$,即主尺与游标一格的差值为 $2'$,也就是说万能角度尺读数准确度为 $2'$。其读数方法与游标卡尺完全相同。测量时应先校准零位,万能角度尺的零位,是当角尺与直尺均装上时,角尺的底边及基尺与直尺无间隙接触,此时主尺与游标的"0"线对准。调整好零位后,通过改变基尺、角尺、直尺的相互位置可测试 $0\sim320°$ 的任意角。应用万能角度尺测量工件时,要根据所测角度适当组合量尺。

（一）工艺知识

1.划线的作用

划线是指钳工根据图样要求，在毛坯上明确表示出加工余量，划出加工位置尺寸界线的操作过程。划线既可作为工件装夹及加工的依据，又可检查毛坯的合格性，还可通过合理分配加工余量(亦称借料)尽可能地挽救废品。

2.划线的种类

划线的种类有平面划线和立体划线。前者是指在工件或毛坯的一个平面上划线，后者是指在工件或毛坯的长、宽、高三个方向上划线。

3.划线工具与使用方法

（1）划线平板

划线平板是用于划线的基准工具，它由铸铁制成，并经时效处理。划线平板的上平面经过精细加工，光洁平整，是划线的基准平面。使用划线平板时要防止碰撞和锤击，如果长期不使用，应涂防锈油防护。

（2）划线方箱

划线方箱是由铸铁制成的空心立方体，如图 9-6 所示。各面都经过精加工处理，相邻平面相互垂直，相对平面相互平行。其上有 V 形槽和压紧装置。V 形槽用来安装轴、套筒、圆盘等圆形工件，以便找中心或划中心线，方箱用于夹持尺寸较小而加工面较多的工件。通过翻转方箱，便可在工件表面划出相互垂直的线。

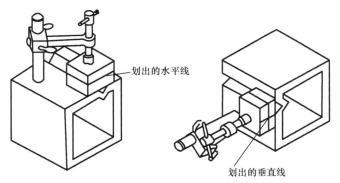

图 9-6　划线方箱

（3）划线 V 形铁、千斤顶

V 形铁由非合金钢制成，淬火后经磨削加工。其相邻两边相互垂直，V 形槽呈 90°，划线的时候，工件靠着 V 形铁，使工件垂直于划线平板，如图 9-7 所示。V 形铁用于划线时支撑圆柱形工件，使工件轴线与平板平行，便于划出中心线。

当给较大的工件划线时，不适合用划线方箱和 V 形铁，通常用 3 个千斤顶来支撑工件，其高度可以调整，以便找正工件，如图 9-8 所示。

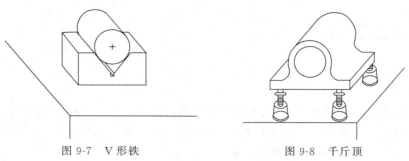

图 9-7   V 形铁   图 9-8   千斤顶

（4）涂料

为使工件上划线清晰，在划线部位都要涂上一层薄而均匀的涂料，简称涂色。涂料的种类很多，常用的有石灰水、工艺墨水和硫酸铜等。

（5）划针

划针是直接在工件上划线的工具，如图 9-9（a）所示。在已加工面内划线时，用直径为 3～5 mm 的弹簧钢丝或高速工具钢制成的划针，保证划出的线条宽度为 0.05～0.10 mm。在铸件、锻件等加工表面划线时，用尖端焊有硬质合金的划针，以便保持划针的长期锋利，此时划线宽度应为 0.10～0.15 mm。

划针通常与直尺、90°尺、三角尺、划线样板等导向工具配合使用。用划针划线时，一手压紧导向工具，另一手使划针尖靠紧导向工具的边缘，并使划针上部向外倾斜 15°～20°，同时向划针前进方向倾斜 45°～75°，如图 9-9（b）所示。划线时用力大小要均匀适宜，一根线条应一次划成。

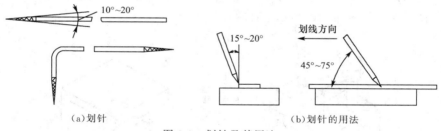

（a）划针   （b）划针的用法
图 9-9   划针及其用法

（6）划规

划规是用来划圆、圆弧、等分线段、量取尺寸的工具，如图 9-10 所示。常用的划规有普通划规、扇形划规和弹簧划规等。

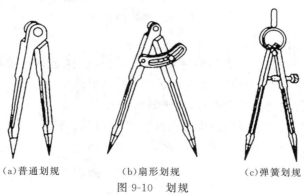

（a）普通划规   （b）扇形划规   （c）弹簧划规
图 9-10   划规

（7）划针盘、游标高度尺

划针盘可作为立体划线和找正工件位置用的工具，如图9-11（a）所示。调节划针高度，在平板上移动划针盘，即可在工件上划出与平板平行的线，如图9-11（b）所示。也可用游标高度尺划线，如图9-11（c）所示。目前应用较多的是游标高度尺划线。

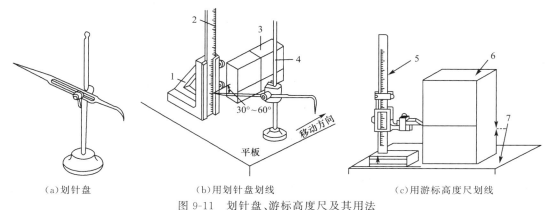

（a）划针盘　　　　　　（b）用划针盘划线　　　　　（c）用游标高度尺划线

图9-11　划针盘、游标高度尺及其用法

1—高度尺架；2—钢尺；3—工件；4—划针盘；5—游标高度尺；6—工件；7—划线平台

（8）样冲

划圆、划圆弧及钻孔前的圆心要打样冲眼，以便划规及钻头定位；在所划的线上打样冲眼，以便在所划线模糊后仍能找到原线的位置。打样冲眼时，开始样冲向外倾斜，以便样冲尖头与线对正，然后摆正样冲，用小锤轻击样冲顶部即可，冲眼的深浅要适当，薄料冲眼要浅些，以防损伤和变形。较光滑的表面冲眼也要浅些，甚至不打冲眼，而粗糙的表面要冲得深些。如图9-12所示为样冲及其使用方法。

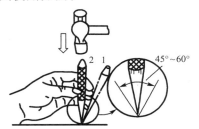

图9-12　样冲及其使用方法

1—向外倾斜对正位置；2—摆正位置

4.划线方法

（1）划线前的准备

①熟悉图样

划线前，应仔细阅读图样及技术要求，明确划线内容、划线基准及划线步骤，准备好划线。

②工件的检查

划线前，应检查工件的形状和尺寸是否符合图样与工艺要求，以便能够及时发现和处理不合格品，避免造成损失。

③清理工件

划线前，应对工件进行去毛边、毛刺、氧化皮及清除油污等清理工作，以便涂色划线。

④工件涂色

在工件划线部位涂色。

⑤在工件孔中装塞块

划线前，如需找出毛坯孔的中心，应先在孔中装入木块或铅块。

（2）用钢直尺划线

紧握钢直尺，在需要划线处的两边各划出两条很短的线，保证其交点为所要求的刻度，然后再用钢直尺将两点连接起来，如图 9-13 所示。在划线的时候要注意，划针的尖端要沿着钢直尺的底边，否则划出的直线不直，尺寸不准确。划线时，划针还必须沿划线方向倾斜30°～60°，使针尖顺划线方向拖过去，碰到工件表面不平的地方，针尖可以滑过去；如果划针垂直或反向倾斜，碰到不平处，针尖会跳动，使划出的线不直。

（3）用 90°尺划线

划平行线时，将 90°尺的基准边紧贴在钢直尺上，根据要求的距离，推动 90°尺平移，并沿 90°尺的另一边划出平行线。

划垂直线时，将 90°尺的基准边靠在已经划好的直线上，然后沿 90°尺的另一边划出垂直线。

绘制基准边的垂直线时，将 90°尺厚的一面靠在工件上，然后沿 90°尺的另一边划出垂直线。

（4）用划规划线

划圆弧和圆的时候要先划出中心线，确定中心点的位置，并在中心点上打样冲眼，最后用划规按要求的尺寸划圆弧或圆。若圆弧的中心点在工件的边缘上，划圆弧的时候就要采用辅助支撑。在铸有孔的工件上划圆加工线时，先用辅助支撑放在圆的中心处，按要求找正圆心，然后再划圆线，如图 9-14 所示。

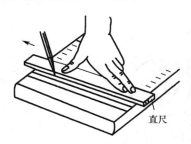
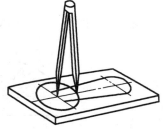

图 9-13　用钢直尺划线　　　　　　　图 9-14　用划规划线

（5）轴类零件划中心线

轴类零件的划线一般是端面上的打孔线或圆柱面上的开槽线。划圆柱面开槽线时，一般用高度游标卡尺和 V 形铁配合使用，将轴类零件放在两块等高的 V 形铁槽中，把高度游标卡尺的游标调整到轴顶面上的高度，然后减去轴的半径，即可用刻画头在圆柱面上划出中心线的位置。

（6）划线后打样冲眼

划完后的线条必须打样冲眼来做标记，防止在搬运或移动的过程中把线擦掉。

5.划线基准的确定

合理地选择划线基准是做好划线工作的关键。只有划线基准选择得好，才能提高划线的质量、效率及工件的合格率。

虽然工件的结构和几何形状各不相同,但是任何工件的几何形状都是由点、线、面构成的。不同工件的划线基准虽有差异,但都离不开点、线、面的范围。

"基准"是用来确定生产对象几何要素之间的几何关系所依据的点、线、面。在零件图上用来确定其他点、线、面位置的基准称为设计基准。

划线基准是指在划线时选择工件上的某个点、线、面作为依据,用它来确定工件的各部分尺寸、几何形状及工件上各要素的相对位置。

尺寸基准——在选择划线尺寸基准时,应先分析图样,找正设计尺寸基准,使划线的尺寸基准与设计基准一致,从而能够直接量取划线尺寸,简化换算过程。

放置基准——划线基准和尺寸基准选好后,就要考虑工件在划线平板或划线方箱、V 形铁上的放置位置,找出工件最合理的放置基准。

校正基准——选择校正基准主要是指毛坯工件放置在平台上后,校正哪个面(或点和线)的问题。通过校正基准,能使工件上有关的表面处于合适的位置。

平面划线时一般要划两条互相垂直的线。立体划线时一般要划三条互相垂直的线。因为每划一个方向的线,就必须确定一个基准。所以平面划线时要确定两个基准,而立体划线时则要确定三个基准。

无论是平面划线还是立体划线,它们的基准选择原则是一致的。不同之处是将平面划线的基准线变为立体划线的基准平面或基准中心平面。

划线基准的选择原则如下:

(1)划线基准应尽量与设计基准重合;

(2)对称形状的工件应以对称中心线为基准;

(3)有孔或搭子的工件应以主要的孔或搭子中心线为基准;

(4)在未加工的毛坯上划线,应以非主要加工面为基准;

(5)在加工过的工件上划线,应以加工过的表面为基准。

9.1.5 操作示例分析

划出如图 9-15 所示零件的加工线。

划线步骤如下:

(1)在划线前,对工件表面进行清理,并涂上涂料;

(2)检查待划线工件是否有足够的加工余量;

(3)分析图样,根据工艺要求,明确划线位置,确定划线基准;

(4)确定待划位置,划出高度基准的位置线,并相继划出其他要素的高度位置线;

(5)划出宽度基准的位置线,同时划出其他要素的宽度位置线;

(6)用样冲打出各圆心的冲孔,并划出各圆和圆弧;

(7)划出各处的连接线,完成工件的划线工作;

(8)检查图样各方向划线基准选择的合理性,各部分尺寸的正确性,线是否清晰,有无遗漏和错误;

(9)打样冲眼,显示各部分尺寸及轮廓,工件划线结束。

划线的注意事项如下:

(1)看懂图样,了解零件的作用,分析零件的加工顺序和加工方法;

(2)工件夹持或支撑要稳妥,以防滑倒或移动;

（3）在一次支撑中应将要划出的平行线全部划全，以免再次支撑补划会造成误差；

（4）正确使用划线工具，划出的线要准确、清晰；

（5）划线完成后，要反复核对尺寸，核对无误后才能进行机械加工。

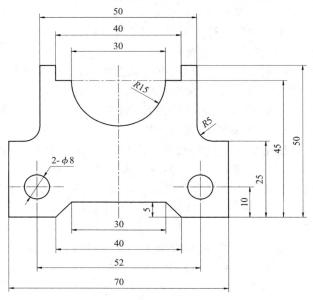

图 9-15　划线实例

9.1.6　思考题

1.在零件加工前，为什么通常要先划线？

2.划线有哪几种？举例说明。

3.什么叫作划线基准？怎样确定平面的划线基准？

4.划线有哪些步骤？

9.2　锯削操作

9.2.1　实训目的

（一）知识目标

1.了解锯削的定义、有关锯条的参数。

2.了解锯条的选择原则、安装要求及起锯方法。

3.掌握锯削过程中对锯的压力、锯削速度和锯条的往复长度的确定。

（二）技能目标

1.掌握正确的锯削姿势、锯削操作技能，能够满足一定的锯削要求。

2.掌握提高锯削加工精度的方法。

9.2.2　实训要求

1.了解锯削的原理、有关锯条的参数。
2.正确使用锯削常用工具。
3.熟练掌握锯削姿势、锯削操作技能。

9.2.3　实训设备

实训设备:锯弓、锯条、虎钳、钳工工作台。

1.钳工工作台(图 9-16)

钳工工作台简称为钳台或钳桌,它一般是由坚实木材制成的,也有用铸铁件制成的,要求牢固和平稳,台面高度为 800~900 mm,其上装有防护网。

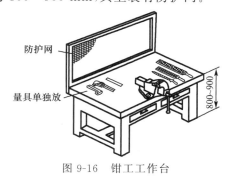

图 9-16　钳工工作台

2.虎钳(图 9-17)

虎钳是夹持工件的主要工具。虎钳有固定式和回转式两种。虎钳的大小用钳口的宽度表示,常用的尺寸为 100~150 mm。

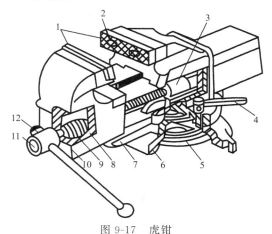

图 9-17　虎钳

1—钳口;2—螺钉;3—螺母;4,12—手柄;5—夹紧盘;6—转盘座;

7—固定钳身;8—挡圈;9—弹簧;10—活动钳身;11—丝杠

虎钳的主体由铸铁制成,分为固定和活动两个部分,虎钳的张开或合拢,是靠活动部分的一根螺杆与固定部分内的固定螺母发生螺旋作用实现的。虎钳座用螺栓紧固在钳台上。对于回转式虎钳,虎钳底座的连接依靠两个锁紧螺钉的紧合,根据需要松开锁紧螺钉,便可做人为的圆周旋转。

使用虎钳的注意事项:

(1)工件应夹持在虎钳钳口的中部,以使钳口受力均匀;

(2)虎钳夹持工件的力,只能用双手的力扳紧手柄,不能在手柄上加套管子或用手锤敲击,以免损坏虎钳部内螺杆或螺母上的螺纹;

(3)夹持工件的光洁表面时,应垫铜皮加以保护;

(4)锤击工件可以在砧面上进行,但锤击力不能太大,否则会使虎钳受到损害;

(5)虎钳内的螺杆、螺母及滑动面应经常加油润滑。

9.2.4 实训内容

1.锯削特点

锯削是钳工使用手锯切断工件材料、切割成形和在工件上锯槽的工作。锯削具有操作方便、简单、灵活的特点,但加工精度较低,常需进一步后续加工。

2.锯削工具——锯弓

锯弓是用来夹持和拉紧锯条的工具,有固定式和可调节式两种,如图 9-18 所示。固定式锯弓只能安装一种长度的锯条。可调节式锯弓通过调整可以安装几种长度的锯条,具有灵活性,因此,得到广泛应用。锯弓两端都装有夹头,一端是固定的,一端是活动的。锯条孔被夹头上的销子插入后,旋紧活动夹头上的翼形螺母就可以把锯条拉紧。固定式锯弓可装夹 300 mm 的锯条,可调节式锯弓可分别装夹 200 mm、250 mm、300 mm 三种锯条。

锯条由碳素工具钢淬硬制成,其规格以两端安装孔的中心距表示。常用锯条的长度为 300 mm、宽度为 12 mm、厚度为 0.8 mm。锯条上有许多细密的锯齿,按齿距的大小,锯条种类可分为粗齿、中齿、细齿三种。锯齿分左、右错开形成锯路,锯路的作用是使锯缝宽度大于锯条厚度,以减小摩擦阻力,防止卡锯,并可以使排屑顺利,提高锯条的工作效率和使用寿命。

3.锯削基本操作

(1)正确安装锯条

①锯条的安装方向

向锯弓中安装锯条时具有方向性。安装时要使齿尖的方向朝前,此时前角为 0°;如果装反了,则前角为负值,不能正常锯削。锯条的安装如图 9-19 所示。

图 9-18　锯弓

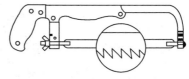

图 9-19　锯条的安装

②锯条的松紧

将锯条安装在锯弓中，通过调节翼形螺母可调整锯条的松紧程度。

锯条的松紧程度要适当。锯条张得太紧，会使锯条受张力太大，失去应有的弹性，以致在工作中稍有卡阻，锯条极易受弯曲而折断；如果装得太松，又会使锯条在工作时易扭曲摆动，同样容易折断，且锯缝易发生歪斜。

锯条安装好后，还应检查锯条安装得是否歪斜、扭曲。因前后夹头的方榫与锯弓方孔有一定的间隙，如歪斜、扭曲，必须校正。

（2）工件安装

把工件安装在虎钳上，工件伸出钳口的部分不应过长，防止锯削时产生振动。锯条应和钳口边缘平行，并夹在虎钳的左边，以便操作。工件要夹紧，以防变形和夹坏已加工表面。

（3）锯削姿势

锯削时站立姿势为身体正前方与锯削方向呈约45°，右脚与锯削方向呈75°，左脚与锯削方向呈30°，如图9-20(a)所示。握锯时右手握锯柄，左手扶锯弓，如图9-20(b)所示。推力和压力的大小主要由右手掌握，左手压力不要太大。

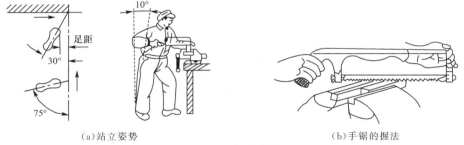

(a)站立姿势 　　　　　　　　　　　　　　(b)手锯的握法

图9-20　锯削姿势

锯削的操作方式有两种：一种是直线往复运动，适用于锯薄形工件和直槽；另一种是摆动式，锯削时锯弓做类似顺锉外圆弧面时锉刀的摆动。摆动式锯削动作自然，不易疲劳，切削效率较高。

（4）起锯方法

起锯的方法有两种：一种是从工件远离自己的一端起锯，称为远起锯，如图9-21(a)所示；另一种是从工件靠近操作者身体的一端起锯，称为近起锯，如图9-21(b)所示。

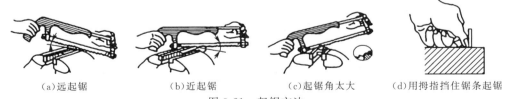

(a)远起锯　　　　　(b)近起锯　　　　　(c)起锯角太大　　　(d)用拇指挡住锯条起锯

图9-21　起锯方法

一般情况下采用远起锯较好。无论用哪一种起锯的方法，都要有起锯角度，但不要超过15°，如图9-21(c)所示。为使起锯的位置准确和平稳，起锯时可用左手拇指挡住锯条来定位，如图9-21(d)所示。

（5）锯削速度

锯削速度以往复 20～40 次/min 为宜。锯削速度过快,锯条容易磨钝;锯削速度过慢,切削效率不高。

9.2.5 操作示例分析

锯削如图 9-22 所示的上平面。

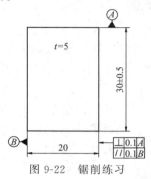

图 9-22　锯削练习

锯削步骤如下:

(1)在工件上划线;

(2)锯削尺寸:长方体尺寸达到 30 mm×20 mm(要求纵向锯);

(3)锯削前要认真检查划线情况,确认无误后再进行锯削加工;

(4)要求锯削姿势正确、协调,及时克服和纠正不正确的姿势;

(5)要符合尺寸、平面度要求,并保证锯痕整齐。

锯削的注意事项如下:

(1)应根据所加工材料的硬度和厚度正确选用锯条,锯条安装的松紧要适度,根据手感应随时调整。

(2)锯削前,最好在锯削的路线上划线,锯削的时候以划好的线作为参考,贴着线往下锯,但是不能把参考线锯掉。

(3)被锯削的工件要夹紧,锯削过程中不能有位移和振动。锯削线离工件的支撑点要近。

(4)锯削时要扶正锯弓,防止歪斜,起锯要平稳,起锯角不应超过 15°,当起锯角的角度过大时,锯齿易被工件卡夹。

(5)锯削时,向前推锯的双手要适当地加力;向后退锯时,应将手锯略微抬起,不要施加压力。用力的大小应根据被锯削工件的硬度而确定,硬度大的工件可加力大些,硬度小的工件可加力小些。

(6)锯削时最好使锯条的全部长度都能进行锯削,一般锯弓的往复长度不应小于锯条长度的 2/3。

(7)安装或更换新锯条时,必须注意保证锯条的齿尖方向要朝前;锯削中途更换新锯条后,应掉头锯削,不宜沿原锯缝锯削;当工件快被锯断时,应用手扶住,以免工件下落伤脚。

9.2.6 思考题

1.什么是锯条的规格？一般使用的锯条的规格是多少？

2.锯管子和薄板料时锯条为何易断齿?

3.起锯角一般不应大于多少度?为什么?

4.根据锯条锯齿的形状,画出锯条在工作时的锯齿切削角度,并说明其名称及符号。

9.3 锉削操作

9.3.1 实训目的

(一)知识目标

1.了解锉削的加工特点。

2.了解锉削的加工工艺范围。

3.掌握锉刀的基本知识。

4.了解锉刀的种类及规格。

(二)技能目标

1.掌握正确的锉削姿势。

2.掌握锉削的加工方法。

9.3.2 实训要求

1.了解锉削的加工特点、加工工艺范围。

2.正确使用锉削工具与量具。

3.熟练掌握锉削姿势、锉削操作技能。

9.3.3 实训设备

锉削的实训设备:普通锉刀、整形锉刀、虎钳、工作平台。

9.3.4 实训内容

1.锉削

锉削用于工件的修整加工,它是最基本的钳工工作之一。锉削加工的操作简单,但工作范围广泛,操作技艺要求高,需要长期严格训练才能掌握好。

2.锉削工具

(1)锉刀

锉刀是锉削的刀具,用高碳工具钢(T12、T12A)制成,并经热处理后,其硬度可达62HRC 及以上。锉刀的结构如图 9-23 所示。

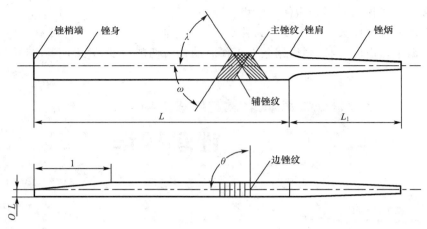

图 9-23　锉刀的结构

①锉身

锉梢端至锉肩之间所包含的部分就是锉身。

②锉柄

锉身以外的部分为锉柄。

③锉身平行部分

锉身中与母线互相平行的部分。

④梢部

梢部是锉身截面尺寸开始逐渐缩小的始点到锉梢端之间的部分。

⑤主锉纹

在锉刀工作面上起主要锉削作用的锉纹。

⑥辅锉纹

主锉纹覆盖的锉纹是辅锉纹。

⑦边锉纹

锉刀窄边或窄面上的锉纹。

⑧主锉纹斜角(λ)

主锉纹与锉身轴线的最小夹角。

⑨辅锉纹斜角(ω)

辅锉纹与锉身轴线的最小夹角。

⑩边锉纹斜角(θ)

边锉纹与锉身轴线的最小夹角。

⑪锉纹条数

锉刀轴向上单位长度(以每 10 mm 计)内的锉纹数。

⑫齿底连线

在主锉纹法向垂直剖面上,过相邻两齿底的直线叫作齿底连线。

⑬齿高

齿尖至齿底连线的距离。

⑭齿前角

在主锉纹过齿尖的法面上,锉齿切削刃面与法面的交线和齿底连线的垂直线的夹角。

(2)锉刀的种类

常用的锉刀有钳工锉、异形锉和整形锉 3 类,如图 9-24 所示。

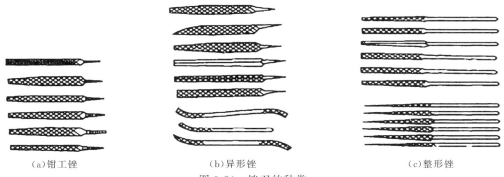

(a)钳工锉　　　　　　　　　(b)异形锉　　　　　　　　　(c)整形锉

图 9-24 锉刀的种类

钳工锉按其断面形状的不同,分为平锉(板锉)、半圆锉、三角锉、方锉和圆锉五种,如图 9-25 所示。异形锉是用来锉削工件特殊表面的,有刀形锉、菱形锉、扁三角锉、椭圆锉等。整形锉又称为组锉,因分组配备各种断面形状的小锉而得名,主要用于修整工件上的细小部分,通常以 5 把、6 把、8 把、10 把或 12 把为一组。

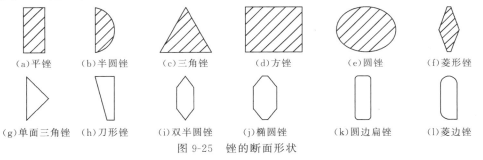

(a)平锉　　(b)半圆锉　　(c)三角锉　　(d)方锉　　(e)圆锉　　(f)菱形锉

(g)单面三角锉　　(h)刀形锉　　(i)双半圆锉　　(j)椭圆锉　　(k)圆边扁锉　　(l)菱边锉

图 9-25 锉的断面形状

(3)锉刀的规格

锉刀的规格分为尺寸规格和齿纹的粗细规格。不同锉刀的尺寸规格用不同的参数表示。圆锉刀的尺寸规格以直径来表示,方锉刀的尺寸规格以方形尺寸来表示,其他锉刀的尺寸规格则以锉身长度来表示。锉齿的粗细规格以锉刀每 10 mm 轴向长度内的主锉纹条数来表示,见表 9-1。主锉纹是指锉刀上两个方向排列的深浅不同的齿纹中起主要锉削作用的齿纹。起分屑作用的另一个方向的齿纹称为辅锉纹。在表 9-1 中,1 号锉纹为粗齿锉刀;2 号锉纹为中齿锉刀;3 号锉纹为细齿锉刀;4 号锉纹为双细齿锉刀;5 号锉纹为油光锉。

(4)锉刀的选择

①锉刀粗细的选择

锉刀粗细的选择决定于工件加工余量、尺寸精度和表面粗糙度值。

②按断面的形状选择锉刀

断面的形状如图 9-25 所示。

③按工件材质选用锉刀

锉削有色金属等软材料的工件时,应选用单齿纹锉刀,否则只能选用粗锉刀。因为用细锉刀去锉软材料时,易被切屑堵塞。锉削钢铁等硬材料工件时,应选用双齿纹锉刀。

④按工件加工面和加工余量选择锉刀

加工面的尺寸和加工余量较大时,宜选用较长的锉刀;反之,则选用较短的锉刀。

表 9-1　　　　　　　　　　　　　锉刀齿纹粗细的规定

锉刀规格/mm	主锉纹条数(10 mm 轴向长度)				
	锉纹号				
	1	2	3	4	5
100	14	20	28	40	56
125	12	18	25	36	50
150	11	16	22	32	45
200	10	14	20	28	40
250	9	12	18	25	36
300	8	11	16	22	32
350	7	10	14	20	—
400	6	9	12	—	—
450	5.5	8	11	—	—

3.锉削方法

(1)锉刀的握法

正确握持锉刀有助于锉削质量的提高。因为锉刀的种类较多,所以锉刀的握法还必须随着锉刀的大小、使用的地方不同而改变。较大锉刀的握法如图 9-26 所示,用右手握着锉刀柄,柄端顶住拇指根部的手掌,拇指放在锉刀柄上,其余手指由下而上地握着锉刀柄。左手在锉刀上的放法有三种。

①左手掌斜放在锉梢上方,拇指根部肌肉轻压在锉刀刀头上,中指和无名指抵住梢部右下方。

②左手掌斜放在锉梢部,大拇指自然伸出,其余各指自然卷曲,小指、无名指、中指抵住锉刀前下方。

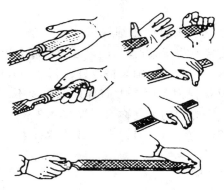

图 9-26　较大锉刀的握法

③左手掌斜放在锉梢上,各指自然平放。中、小型锉刀的握法如图 9-27 所示。握持中型锉刀时,右手的握法与握大锉刀一样,左手只需大拇指和食指轻轻地扶着。握持较小型锉刀时,为了避免锉刀弯曲,需用左手的几个手指压在锉刀的中部。

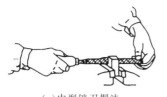
(a)中型锉刀握法

(b)较小型锉刀握法

(c)小型锉刀握法

图 9-27　中、小型锉刀的握法

（2）锉削姿势

锉削姿势是十分重要的,只有姿势正确,才能既提高锉削质量和锉削效率,又减轻劳动强度。锉削时的锉削姿势如图 9-28 所示,身体的重心落在左脚上,右膝要伸直,脚始终站稳不可移动,靠左膝屈伸而做往复运动。锉削时身体要向前倾斜 18°左右,右肘尽可能缩到后方,如图 9-28(c)所示。锉刀推出全程时,身体随着锉刀的反作用力退回到 15°位置,如图 9-28(d)所示。行程结束后,把锉刀略微提起,使手和身体回到最初位置,图 9-28(a)所示。

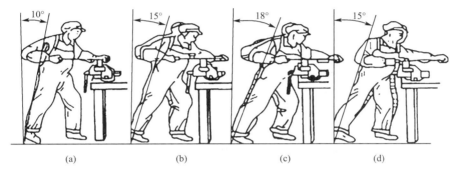
(a)　　　　　(b)　　　　　(c)　　　　　(d)

图 9-28　锉削姿势

为了保证锉削表面的平直,锉削时必须掌握好锉削力的平衡。锉削力由水平推力和垂直压力合成,推力主要由右手控制,压力是由两手同时控制的。锉削时由于锉刀两端伸出工件的长度随时都在变化,所以两手对锉刀的压力大小也必须随着变化,如图 9-29 所示。开始锉削时左手压力要大,右手压力要小而推力大,如图 9-29(a)所示;随着锉刀向前的推进,左手压力减小,右手压力增大,当锉刀推至中间时,两手压力相同,如图 9-29(b)所示;再继续推进锉刀时,左手压力逐渐减小,右手压力逐渐增大,如图 9-29(c)所示;锉刀回程时不加压力以减少锉纹的磨损,如图 9-29(d)所示。锉削时速度不宜太快,一般为 30～60 次/min。

(a)　　　　　(b)　　　　　(c)　　　　　(d)

图 9-29　锉削力的平衡

（3）工件的装夹

锉削时工件装夹得正确与否,将直接影响到锉削的质量。因此,在装夹工件时要注意以下几点:

①工件应夹紧在虎钳的中间,如图 9-30 所示。装夹要牢固,在锉削过程中不能松动,也不能使工件发生变形。

②工件伸出钳口不要太高,以免在锉削时工件产生弹跳。

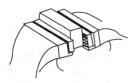

图 9-30　工件的装夹

③工件形状不规则时,要加适宜的衬垫再夹紧。

④夹持圆柱形工件时应用三角槽垫铁,如图 9-31(a)所示。

⑤夹持薄板形工件应用钉子固定在木块上,然后再夹紧木块,如图 9-31(b)、图 9-31(c)所示。

⑥装夹精加工面时,钳口应衬以软钳口(铜或其他较软材料),以防表面夹坏。

(a)圆柱形工件夹持　　(b)薄板形工件夹持 1　　(c)薄板形工件夹持 2

图 9-31　圆柱形及薄板形工件的夹持

9.3.5　操作示例分析

先用废料进行锉削基本功练习;然后制作下面工件。

练习步骤:

1.在工件上划线;

2.锉削尺寸:长方体尺寸达 60 mm×50 mm,如图 9-32 所示;

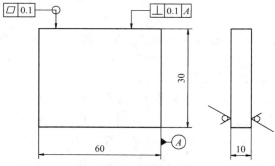

图 9-32　锯削练习

3.锉削前要认真检查划线情况,确认无误后再进行锉削加工;

4.要求锉削姿势正确、协调,及时克服和纠正不正确的姿势。

要符合尺寸,平面度要求,垂直度要求及图纸要求的精度。

挫削时注意事项如下:

1.锉刀用右手工具,应放在台虎钳的右边,锉刀柄不要搂在钳台的外侧,以防止跌落扎伤脚或损坏锉刀。

2.不使用无柄或柄已开裂的锉刀,刀柄一定要装紧,防止手柄脱离而刺伤手;

3.不能用嘴吹铁屑,防止切削飞入眼中。也不能用手清除切削,以防止扎伤手,同时因手上有油污,会使锉削时锉刀打滑而造成事故。

9.3.6　思考题

1.常用的锉刀分为哪几种？都是什么？

2.如何选择锉刀？

3.挫削方法都有哪几种？

9.4　钻孔和扩孔操作

9.4.1　实训目的

（一）知识目标

1.各种相关设备的使用。

2.了解各种孔加工的特点。

3.了解各种孔加工的工艺范围。

4.掌握钻头刃磨要领,保证刃磨姿势、站立动作、钻头几何形状及各种角度的正确性。

（二）技能目标

1.熟练掌握各种孔加工的基本操作方法。

2.能达到图样技术要求。

9.4.2　实训要求

1.了解孔加工的特点、加工工艺范围。

2.掌握相关设备的使用。

3.熟练各种孔加工的基本操作方法。

9.4.3　实训设备

实训设备:手电钻、台式钻床、立式钻床、麻花钻、虎钳、工作台。

9.4.4　实训内容

1.钻孔

用钻头在实体材料上加工出孔的方法称为钻孔。钻孔可以达到的标准公差等级一般为 IT11～IT10 级,表面粗糙度值一般为 $Ra\ 25～Ra\ 12.5\ \mu m$。钻孔是钳工最基本的操作之一,是钳工必须熟练掌握的一项基本操作技能。

2.钻孔设备

（1）手电钻

手电钻是一种手提式电动工具，如图 9-33 所示。手电钻具有体积小、重量轻、使用灵活、操作简单等特点。因此，在大型夹具和模具的制作、装配及维修中，当受到工件形状或加工部位的限制而不能使用钻床钻孔时，手电钻就得到了广泛的应用。

图 9-33　手电钻

手电钻的电源电压分单相（220 V 或 36 V）和三相（380 V）两种。手电钻的规格是以最大钻孔直径来表示的。采用单相电压的手电钻规格有 6 mm、10 mm、13 mm、19 mm 四种，采用三相电压的手电钻规格有 13 mm、19 mm、23 mm 三种。

（2）台式钻床

台式钻床是一种可放置在工作台上使用的小型钻床，其最大钻孔直径一般为 12 mm 以下。台式钻床的主轴转速很高，常用 V 带传动，由多级 V 带轮来变换转速。但有些台式钻床也采用机械式的无级变速机构，或采用装入式电动机，电动机转子直接装在主轴上。

台式钻床主轴的进给一般只有手动进给，而且都具有控制钻孔深度的装置，如刻度盘、刻度尺、定程装置等。钻孔后，主轴能在涡卷弹簧的作用下自动复位。

Z512 型钻床是钳工常用的一种台式钻床，其结构如图 9-34 所示。

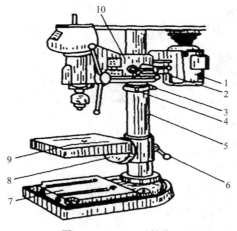

图 9-34　Z512 型钻床

1—电动机；2、6—锁紧手柄；3、8—锁紧螺钉；4—定位环；5—立柱；7—机座；9—工作台；10—主轴架

（3）立式钻床

立式钻床的最大钻孔直径有 25 mm、35 mm、40 mm 和 50 mm 等几种，一般用来加工中型工件。立式钻床可以自动进给。由于它的功率及机构强度较高，所以加工时允许采用较大的切削用量。

Z525 钻床是钳工常用的一种立式钻床，其结构如图 9-35 所示。

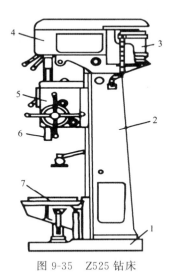

图 9-35　Z525 钻床

1—底座；2—床身；3—电动机；4—主轴变速箱；5—进给变速箱；6—主轴；7—工作台

3.钻孔工具

钻头的种类较多，有麻花钻、扁钻、深孔钻、中心钻等，还有专用的玻璃钻头、合金钻头、空心钻头等，它们的几何形状虽有所不同，但切削原理是一样的，都有两个对称排列的切削刃，使得钻削时所产生的力能够平衡。麻花钻是最常用的一种钻头，主要用来在实体材料上钻孔。

（1）麻花钻

麻花钻由刀柄、颈部和刀体组成。刀柄用来夹持和传递钻头动力，有直柄和锥柄两种。当扭矩较大时直柄易打滑，因而直柄只适用于直径为 12 mm 及以下的小钻头；锥柄定心准确，不易打滑，可传递较大扭矩，适用于直径大于 13 mm 的钻头且一般做成莫氏锥柄。颈部是刀体与刀柄的连接部分，加工钻头时当退刀槽用，并在其上刻有钻头的直径、材料等标记。刀体包括切削部分和导向部分。导向部分有两条对称的螺旋槽，槽面为钻头的前刀面，螺旋槽外缘为窄而凸出的第一副后刀面（刃带），第一副后刀面上的副切削刃起修光孔壁和导向作用。钻头的直径从切削部分向刀柄方向略带倒锥度，以减少第一副后刀面与孔壁的摩擦。切削部分由两个前刀面、两个后刀面及两条主切削刃与连接两条主切削刃的横刃和两条副切削刃组成。两条主切削刃的夹角称为顶角（2φ），如图 9-36 所示。

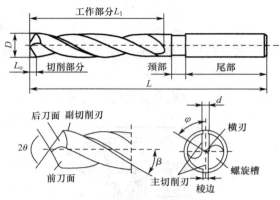

图 9-36 麻花钻

钻头工作部分中沿轴线的实心部分称为钻心。它连接两个螺旋形刃瓣,以保持钻头的强度和刚度。钻心由切削部分向柄部逐渐变大。当钻头直径大于 8 mm 时,常制成焊接式。一般用高速钢(W18Cr4V 或 W9Mo5Cr4V2)制成,淬火后硬度可达 62~68HRC。柄部一般用 45 钢制成,淬火后硬度可达 30~45HRC。

(2)麻花钻的辅助平面

如图 9-37 所示为麻花钻头主切削刃上任意一点的基面、切削平面和正交平面的相互位置,三个面互相垂直。

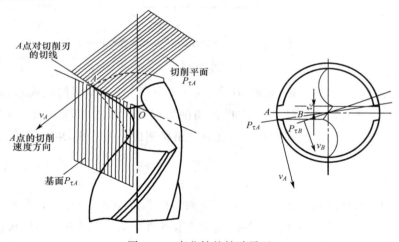

图 9-37 麻花钻的辅助平面

①切削平面

麻花钻主切削刃上任一点的切削平面,是由该点的切削速度方向与该点切削刃的切线所构成的平面。此时的加工表面看成是一个圆锥面,钻头主切削刃上任一点速度方向是以该点到钻心的距离为半径、以钻心为圆心做圆周的切线方向,也就是该点与钻心线的垂线方向。标准麻花钻的主切削刃为直线,其切线就是钻刃本身。切削平面即该点切削速度与主切削刃构成的平面,如图 9-37 所示。

②基面

切削刃上任一点的基面是通过该点并与该点切削速度方向垂直的平面。实际是过该点与钻心连线的径向平面。由于麻花钻的两主切削刃不通过钻心,而是平行并错开一个钻心厚度的距离,所以钻头主切削刃上各点的基面是不同的。

③正交平面

通过主切削刃上任一点并垂直于切削平面和基面的平面。

④柱截面

通过主切削刃上任一点做与钻头轴线平行的直线,该直线绕钻头轴线旋转所形成的圆柱面的切面。

(3)标准麻花钻头的切削角度(图 9-38)

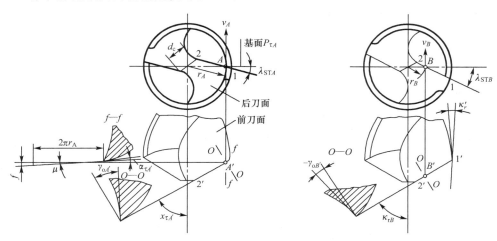

图 9-38　标准麻花钻头的切削角度

①顶角

麻花钻的顶角又称锋角或钻尖角,它是两主切削刃在其平行平面 M—M 上的投影之间的夹角。顶角的大小可根据加工条件由钻头刃磨时决定。标准麻花钻的顶角大小为 $118°\pm2°$,这时两主切削刃呈直线形。当 $2\varphi>118°$ 时,主切削刃呈内凹形式;当 $2\varphi<118°$ 时,主切削刃呈外凸形。顶角的大小影响主切削刃上轴向力的大小。顶角越小,则轴向力越小,外缘处刀尖角 ε_r 增大,有利于散热和提高钻头寿命。但顶角减小后,在相同条件下,钻头所受的切削扭矩增大,切削变形加剧,排屑困难,会妨碍切削液的进入。

顶角的大小可根据所加工材料的性质由钻头刃磨时决定,一般钻硬材料要比钻软材料选用得大些。

②螺旋角(ω)

它是主切削刃上最外缘处螺旋线的切线与钻头轴心线之间的夹角。标准麻花钻的螺旋角钻头直径在 10 mm 以上时,$\omega=18°\sim30°$。钻头直径越小,ω 也越小。

在钻头的不同半径处,螺旋角的大小是不等的,从钻头的外缘到中心逐渐减小。螺旋角一般以外缘处的数值来表示。

③前角(o)

钻头的前角是在正交平面(主剖面)$N_1—N_1$ 或 $N_2—N_2$,前面与基面之间的夹角(o_1,o_2)。

钻头的前角在外缘处最大(一般为 30° 左右,称为公称前角),自外缘向中心逐渐减小,在中心 D/3 范围内为负值。如接近横刃处 $o=-30°$,在横刃处 $o=-60°\sim54°$。前角的大小与螺旋角有关(横刃处除外),螺旋角越大,前角也越大。在外缘处的前角与螺旋角数值相近。前角的大小决定着切除材料的难易程度和切屑在前面上的摩擦阻力。前角越大,切削越省力。

④后角(α_o)

麻花钻的后角是在柱截面$O_1—O_1$或$O_2—O_2$内,后刀面与切削平面之间的夹角。

主切削刃上各点的后角是不等的,外缘处后角较小,越接近钻心,后角越大,一般麻花钻外缘处的后角按钻头直径大小有以下几种情况:

当$D<15$ mm 时,$\alpha_o=10°\sim14°$;

当$D=15\sim30$ mm 时,$\alpha_o=9°\sim12°$;

当$D>30$ mm 时,$\alpha_o=8°\sim11°$。

钻心处的后角$\alpha_o=20°\sim26°$,横刃处的后角$\alpha_o=30°\sim36°$。后角越小,钻孔时钻头后刀面与工件切削表面之间的摩擦越严重,但切削刃强度较高。后角的内大外小与前角的内小外大相对应,恰好保持切削刃上各点的强度基本一致。

钻硬材料时为了保证切削刃强度,后角适当小些;钻软材料时,后角适当大些,但钻有色金属材料时不能太大,否则会产生扎刀现象。

⑤横刃斜角(ψ)

横刃斜角是指横刃与主切削刃在钻头端面内的投影之间的夹角。它是在刃磨钻头时自然形成的,其大小与后角、顶角的大小有关。标准麻花钻$\psi=50°\sim55°$。当后角磨得偏大时,横刃斜角就会减小,而横刃的长度会增大。标准麻花钻横刃的长度$b=0.18D$。

(4)标准麻花钻头的缺点

通过实践证明,标准麻花钻的切削部分存在以下缺点:

①横刃较长,在横刃处前角为负值,在切削过程中,横刃处于挤刮状态,产生很大的轴向力,容易发生抖动,定心不良。根据试验,钻削时50%的轴向力和15%的扭矩是由横刃产生的,这是钻削中产生切削热的重要原因。

②主切削刃上各点的前角大小不一样,致使各点的切削性能不同。靠近钻心处的前角是负值,切削为挤刮状态,切削性能差,产生热量大,磨损严重。

③钻头的棱边较宽,副后角为零,靠近切削部分的棱边与孔壁的摩擦比较严重,容易发热和磨损。

④主切削刃外缘处的刀尖角较小,前角很大,刀齿薄弱,而此处的切削速度最高,产生的切削热最多,磨损极为严重。

⑤主切削刃长,而且全宽参与切削。各点的切屑流出速度的大小和方向都相差很大,会增大切屑变形,故切屑卷曲成很宽的螺旋卷,容易堵塞容屑槽,排屑困难。

(5)标准麻花钻头的修磨

①钻头的刃磨

钻头的切削刃使用变钝后进行磨锐的工作称为刃磨。刃磨的部位是两个后刀面(两条主切削刃)。

手工刃磨钻头是在砂轮机上进行的。砂轮的粒度一般为W46~W80,砂轮的硬度最好采用中软级(K、L)。如图9-39所示,刃磨时右手握住钻头的头部作为定位支点,并掌握好钻头绕轴线的转动和加在砂轮上的压力;左手握住钻头的柄部做上、下摆动。钻头转动的目的是使整个后刀面都能磨到,而上、下摆动是为了磨出一定的后角。两手的动作必须很好地配合。由于钻头的后角在钻头的不同半径处是不相等的,所以摆动角度的大小要随后角的大小变化而变化。

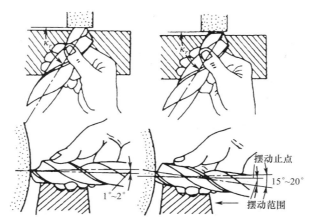

图 9-39　磨主切削刃

在刃磨过程中,要随时检查角度的正确性和对称性,同时还要随时将钻头浸入水中冷却,在磨到刃口时磨削量要小,停留时间也不宜过久,以防止切削部分过热而退火。

主切削刃在刃磨后应做以下几方面的检查:
- 检查顶角 2φ 的大小是否正确,两切削刃是否一样长,是否有高低。
- 检查钻头外缘处的后角 α_o 是否为要求的数值。
- 检查钻头靠近钻心处的后角是否为要求的数值。这可以通过检查横刃斜角 ψ 是否正确来确定。

②钻头的修磨

为适应钻削不同的材料而达到不同的钻削要求,以及改进标准麻花钻头存在的缺点,通常要对其切削部分进行修磨,以改善切削性能。在以下几个方面有选择地对钻头进行修磨:

a.磨短横刃并增大靠近钻心处的前角。修磨横刃的部位如图 9-40(a)所示,修磨后横刃的长度 b 为原来的 $1/5\sim1/3$,以减小轴向力和挤刮现象,提高钻头的定心作用和切削性能。同时,在靠近钻心处形成内刃,内刃斜角 $\tau=20°\sim30°$,内刃处前角 $o_\tau=0°\sim15°$,切削性能进一步得以改善。

b.修磨主切削刃。修磨主切削刃的方法如图 9-40(b)所示,主要是磨出第二顶角 $2\varphi_o$ ($\varphi_o=70°\sim75°$)。在钻头外缘处磨出过渡刃($f=0.2d$),以增大外缘处的刀尖角,改善散热条件,增强刀齿强度,提高切削刃与棱边交角处的耐磨性,延长钻头寿命,减小孔壁的残留面积,降低孔的表面粗糙度值。

c.修磨棱边。如图 9-40(c)所示,在靠近主切削刃的一段棱边上,磨出副后角 $\alpha_o=6°\sim8°$,保留棱边宽度为原来的 $1/3\sim1/2$,以减少对孔壁的摩擦,提高钻头的寿命。

d.修磨前刀面。修磨主切削刃和副切削刃交角处的前刀面,将如图 9-40(d)所示的阴影部位磨去。这样可提高钻头强度,钻削黄铜时,还可避免切削刃过于锋利而引起扎刀现象。

e.修磨分屑槽。如图 9-40(e)所示,在两个后刀面上磨出几条相互错开的分屑槽,使切屑变窄,以利排屑。直径大于 15 mm 的钻头都要磨出分屑槽。如有的钻头在制造时,前刀面上已有分屑槽,则不必再开槽。

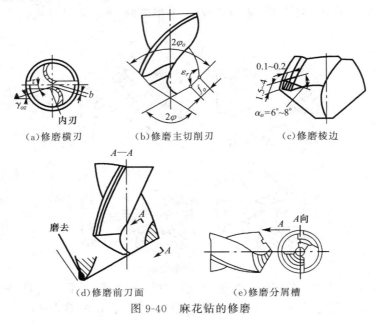

(a)修磨横刃   (b)修磨主切削刃   (c)修磨棱边

(d)修磨前刀面   (e)修磨分屑槽

图 9-40　麻花钻的修磨

9.4.5　操作示例分析

1.工件的夹持

　　钻孔中的安全事故大都是由工件的夹持方法有误造成的。小件和薄壁零件钻孔,可用手虎钳夹持工件,如图 9-41(a)所示。中等零件多用平口钳夹紧,如图 9-41(b)所示。大型和其他不适合用虎钳夹紧的工件,则直接用压板螺钉固定在钻床的工作台上,如图 9-41(c)所示。在圆轴或套筒上钻孔,需把工件压在 V 形块上钻孔,如图 9-41(d)所示。

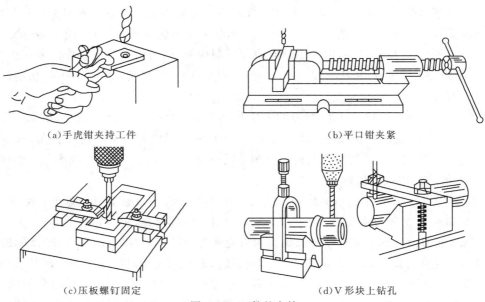

(a)手虎钳夹持工件   (b)平口钳夹紧

(c)压板螺钉固定   (d)V 形块上钻孔

图 9-41　工件的夹持

2.钻孔加工

在钻床上钻孔时,钻头的旋转运动为主运动,钻头的直线运动为进给运动,如图 9-42 所示。钻削时钻头是在半封闭的状态下进行切削的,转速高,切削用量大,排屑又很困难。因此,钻削有如下几个特点:

(1)摩擦较严重,需要较大的钻削力。

(2)产生的热量多,传热、散热困难,切削温度较高。

(3)钻头高速旋转以及由此产生较高的切削温度,易造成钻头严重磨损。

(4)钻削时的挤压和摩擦,容易产生孔壁的冷作硬化现象,给下道工序的加工增加困难。

(5)钻头细而长,刚度差,钻削时容易产生振动及引偏。

因此,钻孔只能加工要求不高的孔或作为孔的粗加工。

图 9-42　钻头切削运动

钻孔时,钻头装夹在钻床(或其他机械)上,依靠钻头与工件之间的相对运动来完成切削加工。钻头切削运动由主运动和进给运动两种运动组成。

3.注意事项

钻孔加工的注意事项:

(1)钻孔时不能戴手套。

(2)切屑不能用嘴去吹。

(3)工件装夹要紧固。

(4)锪钻的刀杆和刀片装夹要牢固,工件夹持要稳定。

(5)锪钢件时,要在导柱和切削表面加机油或切削液润滑。

(6)手动铰孔时两手用力要平衡,旋转铰杠的速度要均匀,铰刀不得摇摆,以保持铰削的稳定性,避免在孔的进口处出现喇叭口。

(7)铰刀在孔内不能反转,即使退出时也要顺转,因为反转会使切屑卡在孔壁和刀齿的后刀面之间,从而将孔壁刮毛。而且铰刀也容易磨损,甚至发生崩刃。

(8)机铰时要在铰刀退出后再停车,否则孔壁会有刀痕,退出时孔也会被拉毛。铰通孔时,铰刀的校准部分不能全部出头,否则孔的下端会被刮坏,退出时也很困难。

9.4.6　思考题

1.简述麻花钻各组成部分的名称和作用。

2.钻削用量包括哪些内容?如何正确选用?

3.试述修磨麻花钻头横刃、主切削刃、前刀面的方法和目的。

4.扩孔加工有何特点?

5.钻孔时如何正确选择切削液?

攻螺纹操作

9.5.1　实训目的

（一）知识目标

1.了解丝锥的分类、用途。

2.了解攻螺纹工具的使用方法及动作要领。

（二）技能目标

1.掌握攻螺纹底孔的确定方法。

2.掌握攻螺纹操作的基本方法。

3.掌握解决攻螺纹过程中所遇到的问题。

9.5.2　实训要求

1.了解丝锥的分类、用途。

2.掌握使用攻螺纹工具及动作要领。

3.掌握攻螺纹操作的基本技能。

9.5.3　实训设备

实训设备有：丝锥、铰杠、虎钳、工作平台。

9.5.4　实训内容

1.攻螺纹

攻螺纹（亦称攻丝）是用丝锥在工件内圆柱面上加工出内螺纹，通常用于小尺寸的螺纹加工，特别适合单件生产和机修场合。

2.攻螺纹工具

（1）丝锥

①丝锥的构造

丝锥是用来加工较小直径内螺纹的成形刀具，一般选用合金工具钢 9SiCr 经热处理制成。每个丝锥都由工作部分和柄部两部分组成，如图 9-43 所示。工作部分由切削部分和校准部分组成。轴向有几条（一般是三条或四条）容屑槽，相应地就会形成几瓣切削刃和前角。切削部分（不完整的牙齿部分）是切削螺纹的重要部分，常磨成圆锥形，以便使切削负荷分配在几个刀齿上。头锥的锥角小些，有 5～7 个牙；二锥的锥角大些，有 3～4 个牙。校准部分具有完整的牙，用于修光螺纹和引导丝锥沿轴向运动。柄部有方头，其作用是与铰杠相配合并传递转矩。

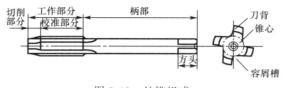

图 9-43　丝锥组成

②成组丝锥

为了减少切削力和延长使用寿命,一般将整个切削工作量分配给几支丝锥来承担。通常 M6～M24 的丝锥每组有两支;M6 以下及 M24 以上的丝锥每组有三支;细牙螺纹丝锥为两支一组。

③丝锥的种类

丝锥的种类有很多,钳工常用的有普通螺纹丝锥、圆柱管螺纹丝锥和圆锥管螺纹丝锥等。

(2)铰杠

铰杠是用来夹持丝锥柄部的方榫,带动丝锥做旋转切削的工具,一般用钢材制作。铰杠有普通铰杠和丁字铰杠两类,每类铰杠又分为固定式和可调式两种,如图 9-44 所示。

一般攻制 M5 以下的螺纹常采用固定式普通铰杠。可调式普通铰杠的方孔尺寸可以调节,因此,应用比较广泛。旋转手柄或旋转调节螺钉即可调节方孔尺寸的大小,以便夹持不同尺寸的丝锥。铰杠长度应根据丝锥尺寸的大小进行选择,以便控制攻螺纹时的扭矩,防止丝锥因施力不当而扭断。

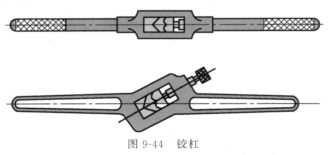

图 9-44　铰杠

9.5.5　操作示例分析

本实训以攻 M8 螺纹实训操作为例

1.攻螺纹前底孔的直径和深度以及孔口倒角

(1)底孔直径的确定

丝锥在攻螺纹的过程中,切削刃主要是切削金属,但还有挤压金属的作用,因而造成金属凸起并向牙尖流动,所以在攻螺纹前,钻削的孔径(即底孔)应大于螺纹小径。底孔的直径可按表 9-2 查得或按下面的经验公式计算。

表 9-2 普通螺纹攻螺纹前钻底孔直径 mm

公称直径		3	4	5	6	8	10	12	14	16	20	24
螺距		0.5	0.7	0.8	1	1.25	1.5	1.75	2	2	2.5	3
底孔直径	铸铁	2.5	3.3	4.1	4.9	6.6	8.4	10.1	11.8	13.8	17.3	20.7
	铜	2.5	3.3	4.2	5	6.7	8.5	10.2	12	14	17.5	21

脆性材料(铸铁、青铜等):钻孔直径 $d_0 = d$(螺纹大径)$-1.1p$(螺距)。

塑性材料(钢、紫铜等):钻孔直径 $d_0 = d$(螺纹大径)$-p$(螺距)。

(2)钻孔深度的确定

攻不通孔的螺纹时,因丝锥不能攻到底,所以孔的深度要大于螺纹的长度,不通孔的深度可按下面的公式计算,即

$$孔的深度=所需螺纹的深度+0.7d(螺纹大径)$$

(3)孔口倒角

攻螺纹前要在钻孔的孔口进行倒角,以利于丝锥的定位和切入。倒角的深度大于螺纹的螺距。

2.攻螺纹的操作步骤

攻螺纹的操作步骤如图 9-45 所示。

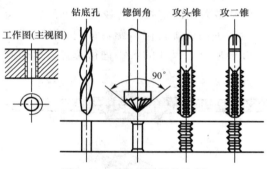

图 9-45 攻螺纹的操作步骤

3.攻螺纹的操作方法

(1)攻螺纹时,丝锥必须放正,两手握住铰杠中部,均匀用力,使铰杠保持水平转动,并在转动过程中对丝锥施加垂直压力,使丝锥切入 1~2 圈,如图 9-46 所示为攻入孔前的操作示意图。

(2)用钢直尺或 90° 尺在两个互相垂直的方向检查,发现不垂直时,要加以校正,如图 9-47 所示为检查丝锥垂直度示意图。

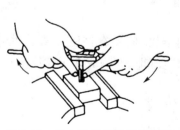

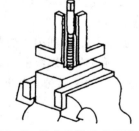

图 9-46 攻入孔前的操作示意图   图 9-47 检查丝锥垂直度示意图

（3）丝锥位置校正并切入 3～4 圈时，只需均匀转动铰杠。每正转 1/2～1 圈时要倒转 1/4～1/2 圈。深入攻螺纹时的操作示意图如图 9-48 所示。在攻螺纹的过程中，要经常用毛刷对丝锥加注机油润滑。攻制不通螺孔时，丝锥上要做好深度标记。在攻螺纹过程中，要经常退出丝锥，清除切屑。

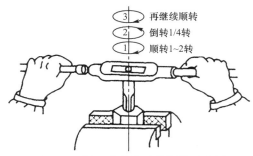

① 再继续顺转
② 倒转1/4转
① 顺转1～2转

图 9-48　深入攻螺纹时的操作示意图

（4）攻较硬材料或直径较大的零件时，正常首先用头锥，之后用二锥。在调换丝锥时，应先用手将丝锥旋入至不能旋进时，再用铰杠转动，以防螺纹乱牙。

攻螺纹时的注意事项如下：

①螺纹底孔直径不能太小。

②选择合适的铰杠手柄长度，以免旋转力过大而折断丝锥。

③旋转铰杠感觉较吃力时，不能强行转动，应退出头锥换用二锥，用手将二锥旋入螺纹孔中，如此交替进行攻螺纹。

9.5.6　思考题

1.钳工攻螺纹常见的有哪几种？它们各有什么特点？

2.成组丝锥在结构上是如何保证切削用量的分配的？

3.攻螺纹的底孔直径是否等于螺纹小径？为什么？

9.6　套螺纹操作

9.6.1　实训目的

（一）知识目标

1.了解套螺纹工具的使用方法。

2.了解套螺纹的切削原理。

（二）技能目标

1.掌握套螺纹圆杆直径的确定。

2.掌握套螺纹的基本方法及动作要领。

3.掌握解决套螺纹过程中所遇到的问题。

9.6.2　实训要求

1.了解套螺纹的切削原理。

2.掌握使用套螺纹工具及动作要领。

3.掌握套螺纹操作的基本技能。

9.6.3　实训设备

实训设备有:板牙、板牙架、虎钳、工作平台。

9.6.4　实训内容

1.套螺纹

套螺纹(或套丝、套扣)是用板牙在圆柱杆上加工外螺纹的方法。

2.套螺纹使用工具

(1)板牙

板牙是加工外螺纹的刀具,用合金工具钢 9SiCr 制成,并经热处理淬硬。其外形像一个圆螺母,只是上面钻有 3～4 个排屑孔,并形成切削刃,如图 9-49 所示。

板牙由切屑部分、定位部分和排屑孔组成。板牙的切削部分为两端的锥角($2K_r$)部分,它不是圆锥面,而是经铲磨而成的阿基米德螺旋面,形成的后角 $\alpha = 7°\sim9°$,锥角 $K_r = 20°\sim25°$。板牙的中间一段是校准部分,也是套螺纹时的导向部分。板牙的外圆有一条深槽和四个锥坑,锥坑用于定位和紧固板牙。板牙两端面都有切削部分,一端磨损后,可换另一端使用。

管螺纹板牙可分为圆柱管螺纹板牙和圆锥管螺纹板牙,其结构与圆板牙基本相仿。但圆锥管螺纹板牙只是在单面制成切削锥,因此,圆锥管螺纹板牙只能单面使用,如图 9-50 所示。

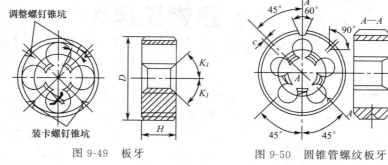

图 9-49　板牙　　　　　　　　图 9-50　圆锥管螺纹板牙

(2)板牙架

板牙架是用来夹持板牙、传递扭矩的工具。不同外径的板牙应选用不同的板牙架,如图 9-51 所示。板牙架是专门固定板牙的,即用于夹持板牙和传递扭矩。板牙架上有装卡螺钉,将板牙紧固在架内。注意,一定要使装卡螺钉的尖端落入板牙圆周的锥坑内。

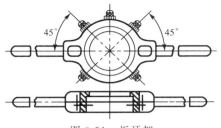

图 9-51　板牙架

9.6.5　操作示例分析

1.套螺纹前圆杆直径的确定

套螺纹前,先检查圆杆直径和端部。圆杆直径为

$$d' = d - 0.13P$$

式中　d'——圆杆直径,mm;

　　　d——外螺纹大径(即螺纹公称直径),mm;

　　　P——螺距,mm。

圆杆端部应做成 $2\varphi \leqslant 60°$ 的锥台,便于板牙定心切入。

2.套螺纹操作步骤

(1)按照规定确定圆杆直径,同时将圆杆端部倒成圆锥半角为 $15°\sim20°$ 的锥体,锥体的最小直径要比螺纹的最小直径小。

(2)套螺纹开始时,要检查校正,应保持板牙端面与圆杆轴线垂直,避免切出的螺纹单面或螺纹牙一面深一面浅。

(3)开始套螺纹时,两手转动板牙的同时要施加轴向压力,当切入 $1\sim2$ 牙后就可不加压力,只需均匀转动板牙,同攻螺纹一样要经常反转,使切屑断碎及时排屑。套螺纹操作如图 9-52 所示。

(4)套好的螺纹可以用标准螺母试拧进去,但要注意别把螺纹弄坏。

板牙应与圆杆垂直

图 9-52　套螺纹操作

3.注意事项

套螺纹的注意事项如下:

(1)每次套螺纹前应将板牙排屑槽内及螺纹内的切屑清除干净。

(2)套螺纹前要检查圆杆直径大小和端部倒角。

(3)套螺纹时切削扭矩很大,易损坏圆杆的已加工面,所以应使用硬木制成的 V 形槽衬垫或用厚铜板作保护片来夹持工件。在不影响螺纹要求长度的前提下,工件伸出钳口的长度应尽量短。

(4)套螺纹时,板牙端面应与圆杆垂直,操作时用力要均匀。开始转动板牙时,要稍加压力,套入 $3\sim4$ 牙后,可只转动而不加压,并经常反转,以便断屑。

(5)在钢制圆杆上套螺纹时要加切削液,以减小螺纹表面粗糙度值和延长板牙寿命。一般使用加浓的乳化液或机油,要求较高时使用二硫化钼。

9.6.5 思考题

1.如何计算套螺纹时螺杆的直径?
2.套螺纹的工具都有哪些?
3.简述套螺纹的操作步骤。

第 10 章

翻砂铸造实训

本章思政目标:学习翻砂、铸造的基本操作、训练,加强职业认知,增强学生的家国情怀、文化素养,筑牢中华民族共同体意识。

10.1 实训目的

1.了解砂型铸造的生产过程、特点和应用;了解型(芯)砂的主要性能和组成。

2.了解模样、铸件和零件三者之间的关系。

3.了解铝合金的熔炼、浇注工艺;了解中频感应熔炼炉的结构和工作原理。

4.了解冲天炉的构造、炉料的组成及其主要作用;了解常见特种铸造的特点和应用。

5.了解新材料、新工艺、新技术在铸造方面的应用。

6.熟悉造型、制芯的方法,能正确选择、使用造型工装、工具与辅具,掌握手工两箱造型(例如:整模造型、分模造型、挖砂造型等)的特点及操作技能。

7.熟悉分型面的选择,浇注系统的组成、作用和开设原则,具备对结构简单的小型铸件进行简单经济分析、工艺分析和选择造型方法的能力。

8.掌握结构简单的小型铸件(如飞机模型)的造型、浇注和清理等操作。

10.2 实训要求

1.操作前必须穿戴好规定的劳保用品。

2.砂型排放整齐,并拧紧砂型的卡箱螺栓或用压铁压箱,以防浇注时跑火伤人。工具及剩余砂箱归放原处。

3.爱护模样,严禁踩、踏、乱放,工作完毕后,统一保管。

4.未经许可不得动用车间一切水电及其他设备。

5.浇注前应检查浇包是否完好,浇注系统是否畅通。浇注时通道不应有杂物挡道,更不能有积水。

6.停炉后不得立即关闭冷却水。

10.3 实训设备

10.3.1 设备

1.40 kW 中频感应熔炼炉一台;

2.混砂设备(辗轮式混砂机)一台,筛沙机一台;

3.1.5T/H 冲天炉一台。

10.3.2 造型工具及辅助工具

1.砂型铸造的造型工具、修型工具,如图 10-1 所示。工装、模样若干。

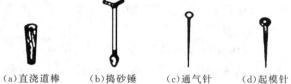

(a)直浇道棒　(b)捣砂锤　(c)通气针　(d)起模针　(e)墁刀:修平面及挖沟槽

(f)秋叶:修凹的曲面　(g)砂勾:修深的底部或侧面及钩出砂型中散沙用　(h)皮老虎

图 10-1　造型工具、修型工具

2.砂箱:若干。

3.底板:若干。

4.浇注工具,手提浇包、抬包、吊包如图 10-2 所示。

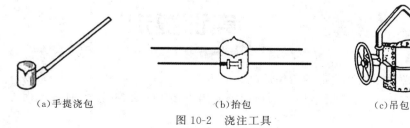

(a)手提浇包　　　　　(b)抬包　　　　　(c)吊包

图 10-2　浇注工具

10.3.3　设备原理

1.铝合金的熔炼设备——中频感应熔炼炉

感应炉利用一定频率的交流电通过感应线圈,使炉内的金属炉料产生感应电动势,并形成涡流,产生热量进而使金属炉料熔化。根据所用电源频率的不同,感应炉分为高频感应炉(10 000 Hz 以上)、中频感应炉(60～10 000 Hz)和工频感应炉(50 或 60 Hz)等。图 10-3 所示是感应炉的结构,它由坩埚和围绕其外的感应线圈组成。图 10-4 所示是小型的中频感应炉成套设备,通过感应电源的控制,不但可用于铝、锌、铜等合金的熔炼,而且常用于钢的熔炼。

感应炉熔炼的优点是操作简单,热效率高,升温快,生产率高。

图 10-3　感应炉的结构　　　　图 10-4　小型中频感应炉成套设备

2.冲天炉的熔炼原理

冲天炉的构造如图 10-5 所示,在冲天炉熔炼过程中,炉料从加料口加入,自上而下运动,被上升的高温炉气预热,温度升高,鼓风机鼓入炉内的空气使底焦燃烧,产生大量的热。当炉料下落到底焦顶面时,开始熔化。

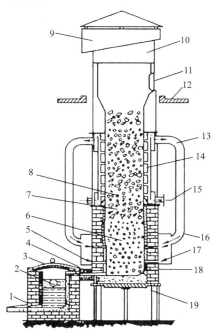

图 10-5　冲天炉的构造

1—出铁口;2—出渣口;3—前炉;4—过桥;5—风口;6—底焦;7—金属料 8—层焦;9—火花罩;10—烟囱;11—加料口;
12—加料台;13—热风管 14—热风胆;15—进风口;16—热风;17—风带;18—炉缸;19—炉底门

冲天炉内铸铁熔炼的过程并不是金属炉料简单重熔的过程,而是包含一系列物理、化学变化的复杂过程。

10.3.4　中频感应熔炼炉的操作步骤

(1)开机,检查电源电压是否正常。

(2)开启水泵,检查冷却水路是否畅通无阻,有无漏水现象。

(3)先将功率调节电位器旋开,推上"控制回路"开关,闭合"主电路"开关,将"启动/停机开关"打到开机位置,调节功率电位器到所需范围,即可正常使用。

(4)停机时,将"启动/停机开关"打到停机位置,再断开"主电路"开关。

(5)做好各仪器的记录,发现异常应立即停机,检查后方可重新开机。

10.4　实训内容

10.4.1　教学方式及进度安排

教学进度安排见表 10-1。

表 10-1　　　　　　　　　　　　教学进度安排

进行方式	具体内容和要求
讲解	1.铸造生产过程及特点; 2.铸造训练内容及要求; 3.铸造训练安全注意事项
讲解示范	1.造型材料的组成、性能要求及配制过程; 2.常用的造型工具等使用方法介绍; 3.整模造型方法,课件:烟灰缸; 4.挖砂造型操作方法及注意事项,课件:小飞机; 5.手工砂型铸造生产过程总结; 6.铸型的结构,挖砂造型的特点、作用,造型方法及注意事项
独立操作	1.烟灰缸; 2.小飞机; 3.手轮
讲解示范	铝合金熔炼,熔铝炉及熔炼过程讲解,浇注
独立操作	落砂,清理,锯切,打磨; 课件验收、缺陷分析、清理场地

1.铸造成型原理

铸造生产是把金属加热熔化并浇注到铸型的型腔中,待熔融的金属液冷却凝固后获得一定形状、尺寸和性能金属件的成形生产工艺方法。

2.铸造的主要优点

铸造的主要优点有:

(1)铸造生产的适应性强;

(2)铸造生产的成本低廉。

3.铸造的主要缺点

铸造的主要缺点有:

(1)铸件的力学性能及精度较差,使铸造在生产中受到一定的限制;

(2)铸造生产的工序繁多,铸件质量难以控制,废品率较高;

(3)砂型铸造生产的铸件表面质量不太高,劳动条件差,环境污染较大。

4.铸造的应用

铸造是一种古老的生产金属件的方法,也是现代工业生产中制取金属制品必不可少的重要方法。在机器设备中,铸件所占的比重还是很大的,如机床、内燃机、轧钢机等机械中,铸件的质量约占机器总质量的 75% 以上,可见铸造生产在机器制造中的重要性。

5.铸造的分类

铸造按生产方式的不同,可分为砂型铸造和特种铸造。砂型铸造是用型砂紧实制成铸型生产铸件的铸造方法。

6.砂型铸造的生产过程

砂型铸造的生产过程如图 10-6 所示,其中制作铸型和熔炼金属是砂型铸造的核心环节。大型铸件的铸型和型芯在合箱前还要进行烘干。

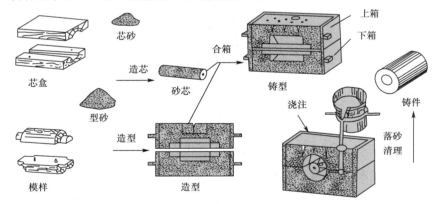

图 10-6　砂型铸造的生产过程

砂型铸造概述如下:

(1)砂型铸造生产过程、型(芯)砂的主要性能、组成;

（2）模样、铸件和零件三者之间的关系；

（3）铝合金的熔炼、浇注工艺，中频感应熔炼炉的结构、工作原理；

（4）造型、制芯的方法，手工两箱造型（例如：整模造型、分模造型、挖砂造型等）的操作技能。

（5）分型面的选择，浇注系统的组成、作用和开设原则，小型铸件的简单经济分析、工艺分析和造型方法的选择。

（6）手轮模型的造型、浇注、清理等操作。

砂型铸造生产工艺流程如图 10-7 所示。

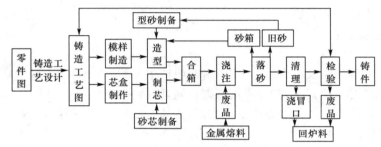

图 10-7　砂型铸造生产工艺流程

1.型砂的制备

制造砂型的材料称为造型材料，用于制造砂型的材料习惯上称为型砂，用于制造砂芯的造型材料称为芯砂。通常型砂是由砂子、黏土和水按一定比例混合而成，有时还加入少量如煤粉、植物油和木屑等附加物以提高型砂和芯砂的性能。紧实后的型砂结构如图 10-8 所示。

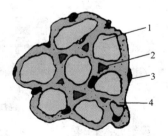

图 10-8　型砂结构

1—砂粒；2—空隙；3—附加物；4—黏土膜

2.型砂的性能要求、组成及混砂过程

型砂是按一定比例配成的造型材料，是制作铸型（砂型铸造）的主要材料之一。

（1）对型砂的性能要求

型砂和芯砂的质量直接影响铸件的质量，型砂质量不好会使铸件产生气孔、砂眼、粘砂和夹砂等缺陷。良好的型砂应具备下列性能：

①透气性：高温金属液浇入铸型后，型内充满大量气体，这些气体必须由铸型内顺利排出去，型砂这种能让气体透过的性能称为透气性。

②强度:型砂抵抗外力破坏的能力称为强度。型砂必须具备足够高的强度才能在造型、搬运、合箱过程中不引起塌陷,浇注时也不会破坏铸型表面。

③耐火性:高温的金属液体浇进后会对铸型产生强烈的热作用,因此型砂要具有抵抗高温热作用的能力,即耐火性。

④可塑性:指型砂在外力的作用下变形,去除外力后能完整地保持已有形状的能力。

⑤退让性:铸件在冷凝时,体积发生收缩,型砂应具有一定的被压缩的能力,称为退让性。

(2)型砂的组成

为了满足型砂的性能要求,型砂由砂子、黏结剂、附加物及水按一定比例混制而成。

①砂子:一般采自海、河或山地,但并非所有的砂子都能用于铸造,铸造用砂应控制砂子的混合比例。

②黏结剂:用来黏结砂粒的材料称为黏结剂,如:水玻璃、桐油、干性植物油、树脂和黏土等。

③附加物:为改善型砂的某些性能而加入的材料称为附加物,常用的有煤粉、油、木屑等。

(3)混砂过程

型砂的组成物应按一定比例配制,以保证其性能。型砂的性能不仅取决于其配比,还与配砂的工艺操作有关,如加料次序、混碾时间等。混碾时间越长的型砂性能越好,但时间太长则会影响生产率。

3.铸型的组成

铸型是用金属或其他耐火材料制成的组合整体,是金属液凝固后形成铸件的地方。以两箱砂型铸造为例,典型的铸型如图 10-9 所示。

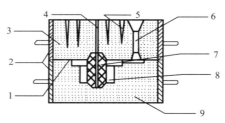

图 10-9　铸型的结构

1—分型面;2—砂箱;3—上砂型;4—型芯出气孔;5—铸型出气孔;6—浇注系统;7—型芯;8—型腔;9—下砂型

4.模样和芯盒

模样是形成铸型型腔的模具,芯盒是制型芯以形成具有内腔的铸件。

在设计工艺图时,要考虑下列问题:

(1)分型面的选择

分型面是上、下砂型的分界面(图 10-9),选择分型面时必须使模样能从砂型中取出,并使造型方便和有利于保证铸件质量。

(2)拔模斜度

为了易于从砂型中取出模样,凡垂直于分型面的表面,都做出 0.5°～ 4.0°的拔模斜度。

(3)加工余量

铸件需要加工的表面,均需留出适当的加工余量。

(4)收缩量

铸件冷却时要收缩,模样的尺寸应考虑收缩的影响。通常铸铁件要加大 1.0%;铸钢件要加大 1.5%～2.0%；铝合金件要加大 1.0%～1.5%。

（5）铸造圆角

铸件上各表面的转折处，都要做成过渡性圆角，以利于造型及保证铸件质量。

（6）芯头

有砂芯的砂型，必须在模样上做出相应的芯头，以便将砂芯稳固地安放在铸型中。

图 10-10 所示为压盖零件的铸造工艺及相应的模样。从图中可见模样的形状和零件图往往是不完全相同的。

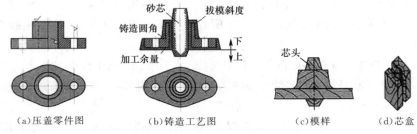

(a)压盖零件图   (b)铸造工艺图   (c)模样   (d)芯盒

图 10-10   压盖零件的铸造工艺及相应的模样

10.4.5   手工造型方法

制作砂型的方法分为手工造型和机器造型两种类型。后者制作的砂型型腔质量好，生产率高，但只适用于成批或大批量生产条件。手工造型具有机动、灵活的特点，应用仍较为普遍。

手工造型是指全部用手工或手动工具制作铸型的造型方法。根据铸件结构、生产批量和生产条件的不同，可采用不同的手工造型方案。手工造型根据模样特征分为整模造型、分模造型、活块造型、挖砂造型、假箱造型和刮板造型等；手工造型根据砂箱特征分为两箱造型、三箱造型等。两箱造型是铸造中最常用的一种造型方法，其特点是方便灵活，适应性强。

1. 整模两箱造型

当零件的最大截面在端部，并选它作为分型面时，采用整体模样，模样截面由大到小，放在一个砂箱内，可一次从砂箱中取出，则采用整模两箱造型方法。齿轮坯的整模两箱造型如图 10-11 所示。

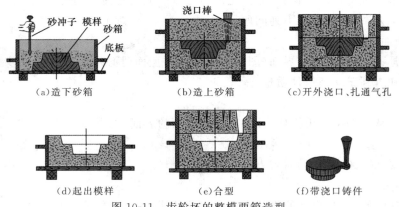

(a)造下砂箱   (b)造上砂箱   (c)开外浇口、扎通气孔

(d)起出模样   (e)合型   (f)带浇口铸件

图 10-11   齿轮坯的整模两箱造型

2.分模造型

当铸件截面不是由大到小逐渐递减时,将模样在最大水平截面处分开,模样分成两半,使其能在不同的砂型中顺利取出,这就是分模两箱造型。套管的分模两箱造型如图 10-12 所示。这种造型方法简单,应用较广。

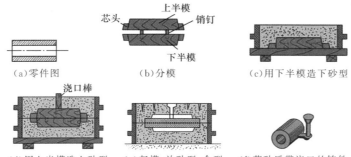

(a)零件图　(b)分模　(c)用下半模造下砂型

(d)用上半模造上砂型　(e)起模、放砂型、合型　(f)落砂后带浇口的铸件

图 10-12　套管的分模两箱造型

3.挖砂造型

当铸件的最大截面不在端部,且模样又不便分成两半时,常采用挖砂造型。图 10-13 所示为手轮的挖砂造型过程。

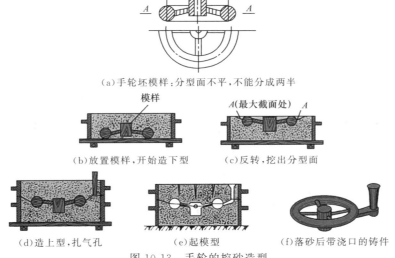

(a)手轮坯模样:分型面不平,不能分成两半

(b)放置模样,开始造下型　(c)反转,挖出分型面

(d)造上型,扎气孔　(e)起模型　(f)落砂后带浇口的铸件

图 10-13　手轮的挖砂造型

4.活块造型

当铸件侧面有局部凸起阻碍起模时,可将此凸起部分做成能与模样本体分开的活动块。在起模时,先把模样主体起出,然后再取出活块,如图 10-14 所示为活块造型。

(a)零件　(b)铸件　(c)模样

图 10-14　活块造型

(d)造下砂型　　　　(e)取出模样主体　　　　(f)取出活块

续图 10-14

10.4.6　制造砂芯

砂芯的作用是形成铸件的内腔。浇注时砂芯受高温液体金属的冲击和包围,因此砂芯除了应具有铸件内腔相应的形状外,还应具有较好的透气性、耐火性、强度和退让性等性能,故要用杂质少的石英砂和植物油、水玻璃等黏结剂来配制砂芯,并在砂芯内放入金属芯骨和扎出通气孔以提高强度和透气性。砂芯是用芯盒制造而成的,其工艺过程和造型过程相似,手工制造砂芯如图 10-15 所示。做好的砂芯,用前必须烘干。

图 10-15　手工制造砂芯

制造砂芯的工艺措施如下:

(1)放芯骨——提高砂芯的强度。

(2)开通气道——提高砂芯的透气性。

(3)刷涂料——提高耐高温性能,防止粘砂(提高铸件表面质量)。

(4)烘干——提高强度和透气性,减少发气量。

10.4.7　浇注系统

在铸型中引导液体金属进入型腔的通道称为浇注系统。典型的浇注系统由外浇口、直浇道、横浇道和内浇道等组成,如图 10-16 所示。

浇注系统的作用如下:

(1)引导液体金属平稳地充满型腔,避免冲坏型壁和型芯。

（2）挡住熔渣进入型腔。

（3）调节铸件的凝固顺序。

不同的冒口,其形式、大小和开设位置均不相同,图 10-16 中的冒口是为了保证铸件质量而增设的,其作用是排气、浮渣和补缩。

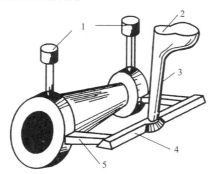

图 10-16　浇注系统

1—冒口；2—外浇口；3—直浇道；4—横浇道；5—内浇道

10.4.8　合型

将已制作好的砂型和砂芯按照图样工艺要求装配成铸型的工艺过程叫作合型。

合型的步骤如下：

（1）清洁型腔和下芯：吹净型腔,将型芯装入型腔,并使之稳固,还要使型芯通气道与砂型通气道相连接,使气体能从砂型中引出。

（2）合型：合型时上型要垂直抬起,找正位置后垂直下落,按照原有的定位方法准确合型。

（3）铸型的紧固：在浇注时,由于金属液具有很大的浮力（又称抬型力）,会把上砂型抬起而出现金属液泄漏现象。小型铸件的抬型力不大,可使用压铁紧固。中、大型铸件的抬型力较大,可用螺栓或卡子紧固,如图 10-17 所示。

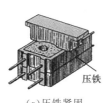

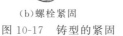
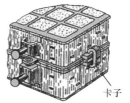

（a）压铁紧固　　　　　（b）螺栓紧固　　　　　（c）卡子紧固

图 10-17　铸型的紧固

10.4.9　铝合金的熔炼简介

1.熔炼金属

在浇注之前还要熔炼金属。根据不同的金属材料采用不同的熔炼设备。对于铸铁件而言,常采用冲天炉进行熔炼;对于一些合金铸铁,常采用工频炉或中频炉熔炼;对于铸钢而言,一般采用三相电弧炉进行熔炼,在一些中、小型工厂中,近年来也采用工频炉或中频炉进行熔炼;对于铜、铝等有色金属一般采用坩埚炉或中频感应炉进行熔炼。同学们在铸造实习时熔化的铝合金就是采用中频感应炉熔化的。不管采用什么样的炉子熔炼金属材料,都要保证金属材料的化学成分和温度符合要求,这样才能获得合格的铸件。

2.铝合金的熔炼

铸铝是工业生产中应用最广泛的铸造非铁合金之一。由于铝合金的熔点低,熔炼时极易氧化、吸气,合金中的低沸点元素(如镁、锌等)极易蒸发烧损,因此铝合金的熔炼应在与燃料和燃气隔离的状态下进行。

3.铝合金的熔炼工艺

(1)溶剂保护:在一般熔炼温度下熔炼铝合金时,不必采取专门的防氧化措施。

(2)铝合金的精炼:铝合金由液态变为固态时,氢在铝中的溶解度急剧下降,凝固时气体来不及逸出,便形成内部气孔。

(3)铝合金的变质处理:用硅质量分数大于 6% 的铝合金(如 ZL7、ZL11 等)浇注厚壁铸件时,易出现针状粗晶粒组织,使铝合金的力学性能下降。

10.4.10　冲天炉及其合金的熔炼、浇注、落砂、清理冲天炉及其应用

1.冲天炉的结构

冲天炉是熔炼铸铁的设备。炉身是用钢板弯成的圆筒形,内砌以耐火砖炉衬。炉身上部有加料口、烟囱、火花罩,中部有热风胆,下部有热风带,热风带通过风口与炉内相通。从鼓风机送来的空气,通过热风胆加热后经热风带进入炉内,供燃烧用。风口以下为炉缸,熔化的铁液及炉渣从炉缸底部流入前炉。

2.冲天炉炉料及其作用

(1)金属料:金属料包括生铁、回炉铁、废钢和铁合金等。

(2)燃料:冲天炉熔炼多用焦炭做燃料。通常焦炭的加入量为金属料的 1/12～1/8,这一数值称为焦铁比。

(3)熔剂:熔剂主要起稀释熔渣的作用。在炉料中加入石灰石($CaCO_3$)和萤石(CaF_2)等矿石,会使熔渣与铁液容易分离,便于把熔渣清除。熔剂的加入量为焦炭的 25%～30%。

3.合金的浇注

在获得合格的金属液之后就可以进行浇注了。将熔融金属从浇包浇入铸型的过程称为浇注。浇注时应注意控制浇注温度、浇注速度、估计好金属液的重量、挡渣、引气。

(1)浇注工具

浇注常用的工具有浇包、挡渣钩等。

(2)浇注工艺

①浇注温度:浇注温度过高时,铁液在铸型中收缩量增大,易产生缩孔、裂纹及粘砂等缺陷;温度过低则铁液流动性差,又容易出现浇不足、冷隔和气孔等缺陷。合适的浇注温度应根据合金种类、铸件的大小、形状及壁厚来确定。

②浇注速度:浇注速度太慢时,金属液冷却快,易产生浇不足、冷隔以及夹渣等缺陷;浇注速度太快,则会使铸型中的气体来不及排出而产生气孔。

③浇注的操作:浇注前应估算好每个铸型需要的铁液量,安排好浇注路线,浇注时应注意挡渣,浇注过程中应保持外浇口始终充满。

4.落砂、清理、检验

浇注后经过一段时间的冷却,将铸件从砂箱中取出的过程称为落砂。从铸件上清除表面粘砂和多余的金属(包括浇冒口、飞边、毛刺和氧化皮等)的过程称为清理。

(1)浇冒口的去除:对于铸铁等脆性材料用敲击法;对于铝、铜铸件常采用锯割来切除浇冒口;对于铸钢件常采用氧气切割、电弧切割、等离子体切割的方法切除浇冒口。

(2)型芯的清除:可采用手工清除,用风铲、钢凿等工具进行铲削,也可采用气动落芯机、水力清砂等方法清除。

(3)铸件表面的清理:可采用风铲、滚筒、抛光机等方法进行清理。

5.检验及铸件缺陷分析

(1)对清理好的铸件要进行检验

①表面质量检验。

②化学成分检验。

③力学性能检验。

④内部质量检验,采用超声波、磁粉探场、打压检查。

(2)常见的铸件缺陷

在铸造生产中,影响铸件质量的因素很多,常见的铸件缺陷见表 10-2。

表 10-2　　　　　　　　　　　　　　　　常见的铸件缺陷

缺陷名称	特征	产生的主要原因
气孔	铸件内部或表面有大小不等的光滑孔洞	型砂含水过多,透气性差;起模和修型时刷水过多;砂芯烘干不良或砂芯通气孔堵塞;浇注温度过低或浇注速度太快等
补缩冒口 缩孔	缩孔多分布在铸件厚断面处,形状不规则,孔内粗糙	铸件结构不合理,如壁厚相差过大,造成局部金属积聚;浇注系统和冒口的位置不对,或冒口过小;浇注温度太高,或金属化学成分不合格,收缩过大
砂眼	在铸件内部或表面有充塞砂粒的孔眼	型砂和芯砂的强度不够;砂型和砂芯的紧实度不够;合箱时铸型局部损坏;浇注系统不合理,冲坏了铸型
粘砂	铸件表面粗糙,粘有砂粒	型砂和芯砂的耐火性不够;浇注温度太高;未刷涂料或涂料太薄
错箱	铸件在分型面处有错移	模样的上半模和下半模未对好;合箱时,上、下砂箱未对准
冷隔	铸件上有未完全融合的缝隙或注坑	浇注温度太低、浇注速度太慢或浇注过程曾有中断;浇注系统位置开设不当或浇道太小
浇不足	铸件不完整	浇注时金属量不够;浇注时液体金属从分型面流出;铸件太薄;浇注温度太低;浇注速度太慢

（续表）

缺陷名称	特征	产生的主要原因
 裂缝	铸件开裂，开裂处金属表面氧化	铸件结构不合理，壁厚相差太大；砂型和砂芯的退让性差；落砂过早

10.4.11　特种铸造

（一）压力铸造

　　压力铸造是在高压作用下，将金属液以较高的速度压入高精度的型腔内，力求在压力下快速凝固，以获得优质铸件的高效率铸造方法。它的基本特点是高压（5～150 MPa）和高速（5～100 m/s）。

　　压力铸造的基本设备是压铸机。压铸机可分为热室压铸机和冷室压铸机两大类，冷室压铸机又可分为立式和卧式等类型，但它们的工作原理基本相似。图 10-18 所示为卧式冷室压铸机，用高压油驱动，合型力大，充型速度快，生产率高，应用广泛。

图 10-18　卧式冷室压铸机

　　压铸型是压力铸造生产铸件的模具，主要由动型和定型两个部分组成。定型固定在压铸机的定型座板上，由浇道将压铸机的压室与型腔连通。动型随压铸机的动型座板移动，完成开合型动作。完整的压铸型组成中包括型体部分、导向装置、抽芯机构、顶出铸件机构、浇注系统、排气和冷却系统等部分。

　　（1）型体部分：型体部分包括定型和动型，在其闭合后构成型腔（有时还要和型芯共同构成型腔）。

　　（2）导向装置：导向装置包括导柱和导套，其作用是使动型按一定方向移动，保证动型和定型在安装及合型时的正确位置。

　　（3）抽芯机构：凡是阻碍铸件从压铸型内取出的成形部分，都必须做成活动的型芯或型块，在开型前或开型后自铸件中取出。抽出活动型芯的机构称为抽芯机构。

　　（4）顶出铸件机构：顶出铸件机构的作用是在开型过程中将铸件顶出铸型，以便取出铸件。

　　卧式冷室压铸机的压铸过程如图 10-19 所示。合型后，液态金属浇入压室 2，压射冲头

1 向前推进,将液态金属 3 经浇道 7 压入型腔 6。开型时,借助压射冲头前伸的动作(因此时尚未卸压)使余料 8 离开压室,然后连同铸件一起取出,完成压铸循环。

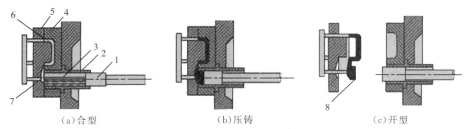

图 10-19　卧式冷室压铸机的工作过程

1—压射冲头;2—压室;3—液态金属;4—定型;5—动型;6—型腔;7—浇道;8—余料

压铸是目前铸造生产中先进的加工工艺之一。它的主要特点是生产率高,平均每小时可压铸 50～500 次,可进行半自动化或自动化的连续生产;产品质量好,尺寸精度高于金属型铸造,强度比砂型铸造高 20%～40%。但压铸设备投资大,制造压铸模费用高、周期长,只适用于大批量生产。生产中多用于压铸铝、镁及锌合金。

压力铸造发展的主要趋势:压铸机的系列化与自动化,并向大型化发展;提高模具寿命,降低成本;采用新工艺(如真空压铸、加氧压铸等)来提高铸件质量。

(二)注塑机成型

注塑机成型简称注塑机,又名注射成型机或注射机。它是将热塑性塑料或热固性塑料利用塑料成型模具制成各种形状的塑料制品的主要成型设备,分为立式、卧式和全电式。注塑机能加热塑料,对熔融塑料施加高压,使其射出而充满模具型腔。我们着重实训卧式注塑机,如图 10-20 所示。

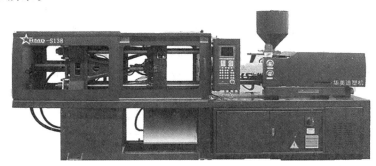

图 10-20　卧式注塑机

注塑机通常由注射系统、合模系统、液压传动系统、电气控制系统、润滑系统、加热及冷却系统和安全监测系统等组成。

(1)注射系统

注射系统是注塑机最主要的组成部分之一,一般有柱塞式、螺杆式、螺杆预塑柱塞注射式三种主要形式。目前应用最广泛的是螺杆式。其作用是在注塑料机的一个循环过程中,能在规定的时间内将一定数量的塑料加热塑化后,在一定的压力和速度条件下,通过螺杆将熔融塑料注入模具型腔中。注射结束后,对注射到模腔中的熔料保持定型。

注射系统的组成:注射系统由塑化装置和动力传递装置组成。

螺杆式注塑机塑化装置主要由加料装置、料筒、螺杆、过胶组件和射嘴等组成。动力传递装置包括注射油缸、注射座移动油缸以及螺杆驱动装置(熔胶马达)。

(2)合模系统

合模系统的作用是保证模具闭合、开启及顶出制品。同时,在模具闭合后,供给模具足够的锁模力,以抵抗熔融塑料进入模腔中产生的模腔压力,防止模具开缝,造成制品的不良现象。

合模系统的组成:合模系统主要由合模装置、机绞、调模机构、顶出机构、前后固定模板、移动模板、合模油缸和安全保护机构组成。

(3)液压传动系统

液压传动系统为实现注塑机按工艺过程所要求的各种动作提供动力,并满足注塑机各部分所需压力、速度、温度等要求。液压传动系统主要由各种液压元件和液压辅助元件所组成,其中油泵和电动机是注塑机的动力来源。各种阀控制油液压力和流量,从而满足注射成型工艺的各项要求。

(4)电气控制系统

电气控制系统与液压系统合理配合,可实现注射机的工艺过程要求(压力、温度、速度、时间)和各种程序动作。它主要由电器、电子元件、仪表、加热器和传感器等组成。一般有四种控制方式,手动、半自动、全自动和调整。

(5)润滑系统

润滑系统是为注塑机的动模板、调模装置、连杆机铰和射台等有相对运动的部位提供润滑条件的回路,可减少能耗和提高零件寿命,润滑可以是定期的手动润滑,也可以是自动电动润滑。

(6)加热及冷却系统

加热系统是用来加热料筒及注射喷嘴的,注塑机料筒一般采用电热圈作为加热装置,安装在料筒的外部,并用热电偶分段检测。热量通过筒壁导热为物料塑化提供热源;冷却系统主要是用来冷却油温,油温过高会引起多种故障,所以油温必须加以控制。另一处需要冷却的位置在料管下料口附近,应防止原料在下料口熔化而导致不能正常下料。

(7)安全监测系统

注塑机的安全装置主要是用来保护人、机安全的装置。主要由安全门、安全挡板、液压阀、限位开关和光电检测元件等组成,实现电气-机械-液压的联锁保护。监测系统主要对注塑机的油温、料温、系统超载,以及工艺和设备故障进行监测,发现异常情况进行指示或报警。

注塑机的工作原理与打针用的注射器相似,它是借助螺杆(或柱塞)的推力,将已塑化好的熔融状态(黏流态)的塑料注射入闭合好的模腔内,经固化定型后取得制品的工艺过程。

注射成型是一个循环的过程,每一周期主要包括:定量加料—熔融塑化—施压注射—充模冷却—启模取件。取出塑件后再闭模,进行下一个循环。

注塑机的操作项目包括:控制键盘操作、电器控制系统操作和液压系统操作,分别进行注射过程动作、加料动作、注射压力、注射速度、顶出类型的选择,以及料筒各段温度的监控、注射压力和背压压力的调节等。

一般螺杆式注塑机的成型工艺过程:首先将粒状或粉状塑料加入机筒内,并通过螺杆的旋转和机筒外壁加热使塑料处于熔融状态,然后机器进行合模和注射座前移,使喷嘴贴紧模具的浇口道,接着向注射缸通入压力油,使螺杆向前推进,从而以很高的压力和较快的速度将熔料注入温度较低的闭合模具,经过一定时间和压力保持(又称保压)、冷却,使其固化成型,便可开模取出制品(保压的目的是防止模腔中熔料的反流、向模腔内补充物料,以及保证制品具有一定的密度和尺寸公差)。注射成型的基本要求是塑化、注射和成型。塑化是实现和保证成型制品质量的前提,而为满足成型的要求,注射必须保证有足够的压力和速度。同时,由于注射压力很高,相应地会在模腔中产生很高的压力(模腔内的平均压力一般在 $20\sim45$ MPa),因此必须有足够大的合模力。由此可见,注射装置和合模装置是注塑机的关键部件。

对塑料制品的评价主要有三个方面:第一是外观质量,包括完整性、颜色、光泽等;第二是尺寸和相对位置间的准确性;第三是与用途相应的物理性能、化学性能和电性能等。这些质量要求又根据制品的使用场合不同,要求的尺度也不同。制品的缺陷主要在于模具的设计、制造精度和磨损程度等方面。但事实上,塑料加工厂的技术人员往往苦于面对用工艺手段来弥补模具缺陷带来的问题而成效不大的困难局面。

生产过程中工艺的调节是提高制品质量和产量的必要途径。由于注塑周期本身很短,如果工艺条件掌握不好,废品就会源源不绝。在调整工艺时最好一次只改变一个条件,多观察几回,如果压力、温度、时间都一起调的话,很容易造成混乱和误解,出了问题也不知道是何道理。调整工艺的措施、手段是多方面的。例如:解决制品注不满的问题就有十多条可能的解决途径,要选择出解决问题症结的一、两个主要方案,才能真正解决问题。此外,还应注意解决方案中的辩证关系。比如:制品出现了凹陷,有时要提高料温,有时要降低料温;有时要增加料量,有时要减少料量。要承认逆向措施解决问题的可行性。

10.5　操作示例分析

以轴瓦座的模样为例,说明造型操作的一般顺序:

(1)造型准备。清理工作场地,备好型砂,备好模样、芯盒、所需工具及砂箱。

(2)安放造型用底板、模样和下砂箱。

(3)填砂和紧实。填砂时必须将型砂分次加入。先在模样表面撒上一层面砂,将模样盖住,然后加入一层背砂。

(4)翻型。用刮板刮去多余型砂,使砂箱表面和砂箱边缘平齐,用刮刀将模样四周砂型表面(分型面)压平,撒上一层分型砂。

(5)放置上砂箱、浇冒口模样并填砂紧实。

(6)修整上砂型型面并扎通气孔,开箱,修整分型面。

用刮板刮去多余的型砂,用刮刀修光浇冒口处型砂。用通气孔针扎出通气孔,取出浇口棒并在直浇口上部挖一个漏斗型作为外浇口。没有定位销的砂箱要用泥打上泥号,以防合箱时偏箱,泥号应位于砂箱壁上两直角边最远处,以保证 X,Y 方向均能准确定位。将上型翻转 180°放在底板上。扫除分型砂,用水笔沾些水,刷在模样周围的型砂上,以增加这部分型砂的强度,防止起模时损坏砂型。刷水时不要使水停留在某一处,以免浇注时因水过多而产生大量水蒸气,使铸件产生气孔。

(7)起模。起模针位置尽量与模样的重心铅垂线重合。

(8)修型。起模后,型腔如有损坏,可使用各种修型工具将型腔修好。

(9)开设内浇道(口)。内浇道(口)是将浇注的金属液引入型腔的通道,它将直接影响铸件的质量。

(10)合箱紧固。合箱时应使砂箱保持水平下降,并且对准合箱线,防止错箱。浇注时如果金属液浮力将上箱顶起会造成跑火,因此要进行上、下型箱紧固。

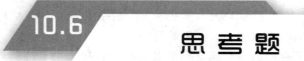

1.图 10-21 所示为零件的铸造毛坯($4 \times \phi 13$ 和 $2 \times \phi 12$ 孔不铸出),在单件生产宜采用什么造型方法?试在图上画出它的分型面和浇注位置。

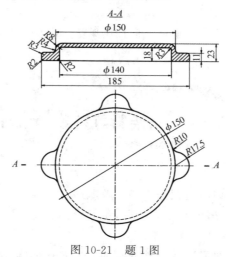

图 10-21 题 1 图

2.图 10-22 中的内浇道 a 的开设是否合理?若不合理,请在图中修改。

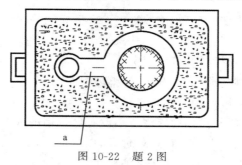

图 10-22 题 2 图

第11章

电火花线切割实训

本章思政目标:学习电火花加工的基本操作、训练,加强职业认知,增强学生的家国情怀、文化素养,筑牢中华民族共同体意识。

11.1 实训目的

1.了解特种加工概述、分类和应用范围。

2.了解数控电火花线切割的工作原理、工艺特点及应用范围。

3.了解数控电火花线切割的基本组成及各部分作用。

4.了解放电加工中的主要影响因素。

5.掌握数控电火花线切割加工工艺及操作方法,并能利用 AutoCAD 绘制图形进行简单的加工。

11.2 实训要求

1.操作前必须穿戴好规定的劳保用品。

2.了解所用电火花设备的技术规范及安全操作规程。

3.未经许可不得动用车间一切水电及其他设备。

4.具有良好的职业道德。

11.3 实训设备

AR1300 北京安德建奇电火花线切割如图 11-1 所示,其原理如图 11-2 所示。

图 11-1 AR1300 北京安德建奇电火花线切割机

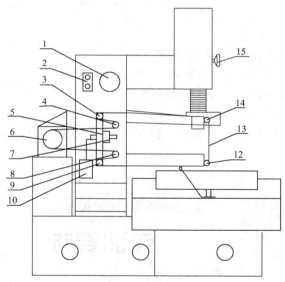

图 11-2 AR1300 北京安德建奇电火花线切割机的原理

1—丝盘;2—水阀;3、4、5、8、9—张紧轮;6—储丝筒;7—导轨滑块;

10—重锤;11—导电块;12—下导轮;13—电极丝;14—上导轮;15—Z 轴升降手轮

1.技术数据

主机外形尺寸(长×宽×高)2 000 mm×1 465 mm×1 727 mm　　主机质量　1 500 kg

工作台尺寸(长×宽)　620 mm×400 mm　　　　　　　　　　*X* 行程　350 mm

Y 行程	300 mm	Z 行程	150 mm
U 行程	36 mm	V 行程	36 mm
工作台最大承重	300 kg	最大切割锥度	$\pm 6°$
最大切割厚度	200 mm、400 mm、500 mm		

2.环境要求

室温	20 ℃±3 ℃	保证精度	15°～30°
湿度	30%～80%	机床噪声	＜80 dB

11.4　实训内容

11.4.1　特种加工概述

特种加工是近几十年发展起来的新工艺,是直接利用电能、热能、声能、光能、化学能和电化学能等,有时也结合机械能对工件进行的加工。特种加工中以采用电能为主的电火花加工和电解加工应用较广,泛称电加工。

11.4.2　特种加工的特点

(1)与加工对象的机械性能无关,有些加工方法,如激光加工、电火花加工、等离子弧加工和电化学加工等,利用热能、化学能、电化学能等,这些加工方法与工件的硬度、强度等机械性能无关,故可加工各种硬、软、脆、热敏、耐腐蚀、高熔点、高强度、特殊性能的金属和非金属材料。

(2)非接触加工,不一定需要工具,有的虽使用工具,但与工件不接触,因此,工件不承受大的作用力,工具硬度可低于工件硬度。

(3)微细加工,工件表面质量高,有些特种加工,如超声、电化学、水喷射、磨料流等,加工余量都是微细的,故不仅可加工尺寸微小的孔或狭缝,还能获得高精度、极低表面粗糙度的加工表面。

(4)不存在加工中的机械应变或大面积的热应变,可获得较低的表面粗糙度,其热应力、残余应力、冷作硬化等均比较小,尺寸稳定性好。

(5)两种或两种以上的不同类型的能量可相互组合形成新的复合加工,其综合加工效果明显,且便于推广使用。

(6)特种加工对简化加工工艺、变革新产品的设计及零件结构工艺性等产生积极的影响。

11.4.3　特种加工的分类

(1)电火花加工:电火花加工利用工具电极与工件电极之间脉冲性的火花放电,产生瞬时高温将金属蚀除,又称放电加工、电蚀加工、电脉冲加工。电火花加工主要用于加工各种高硬度的材料(如硬质合金和淬火钢等)和复杂形状的模具、零件,以及切割、开槽和去除折断在工件孔内的工具(如钻头和丝锥)等。电火花加工机床通常分为电火花成形机床、电火花线切割机床和电火花磨削机床,以及各种专门用途的电火花加工机床,如加工小孔、螺纹环规和异形孔纺丝板等的电火花加工机床。

(2)电子束加工:电子束加工是利用高能量的会聚电子束的热效应或电离效应对材料进行的加工。

(3)离子束加工:离子束加工的原理和电子束加工基本类似,也是在真空条件下,将离子源产生的离子束经过加速聚焦,使之撞击到工件表面。离子束的加工装置主要包括离子源、真空系统、控制系统和电源等。

(4)电化学加工:基于电解过程中的阳极溶解原理并借助于成形的阴极,将工件按一定形状和尺寸加工成形的一种工艺方法。

(5)激光加工:激光加工是利用光的能量经过透镜聚焦后在焦点上达到很高的能量密度,即靠光热效应来加工的。激光加工不需要工具,加工速度快,表面变形小,可加工各种材料。用激光束可对材料进行各种加工,如打孔、切割、划片、焊接、热处理等。

(6)超声波加工:超声波加工是利用超声频做小振幅振动的工具,并通过它与工件之间游离于液体中的磨料对被加工表面的捶击作用,使工件材料表面逐步破碎的特种加工。

11.4.4 特种加工的应用领域

特种加工技术在国际上被称为21世纪的技术,对新型武器装备的研制和生产,起到举足轻重的作用。随着新型武器装备的发展,国内外对特种加工技术的需求日益迫切。不论是飞机、导弹,还是其他作战平台都要求降低结构重量,提高飞行速度,增大航程,降低燃油消耗,达到战技性能高、结构寿命长、经济可承受性好的要求。为此,上述武器系统和作战平台都要求采用整体结构、轻量化结构、先进冷却结构等新型结构,以及钛合金、复合材料、粉末材料、金属间化合物等新材料。

为此,需要采用特种加工技术,以解决武器装备制造中用常规加工方法无法实现的加工难题,所以特种加工技术的主要应用领域有:

(1)难加工材料,如钛合金、耐热不锈钢、高强钢、复合材料、工程陶瓷、金刚石、红宝石、硬化玻璃等高硬度、高韧性、高强度、高熔点材料等的加工。

(2)难加工零件,如复杂零件三维型腔、型孔、群孔和窄缝等的加工。

(3)低刚度零件,如薄壁零件、弹性元件等零件的加工。

(4)以高能量密度束流实现焊接、切割、制孔、喷涂、表面改性、刻蚀和精细加工。

11.4.5 电火花加工原理与特点

电火花快走丝线切割工作原理及特点如下:

(一)工作原理

如图11-3所示为往复高速走丝电火花线切割的工作原理。利用储丝筒上的细钼丝做工具电极进行切割,储丝筒使钼丝做正、反向交替移动。加工能源由脉冲电源供给,工件接脉冲电源正极,钼丝接负极。电极丝与工件之间保持一定的轻微接触压力,形成火花放电。加工时,在电极丝和工件之间浇注工作液介质,工作台在水平面两个坐标方向各自按预定的控制程序,根据火花间隙状态做伺服进给移动,从而合成各种曲线轨迹,将工件切割成形。

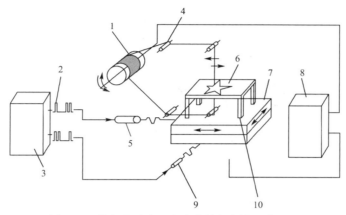

图 11-3　往复高速走丝电火花线切割的工作原理

1—储丝筒;2—电脉冲信号;3—微机控制柜;4—导轮;5—丝杠;6—工件;7—工作台;8—脉冲电源;9—步进电动机;10—垫铁

(二)特点

(1)以 $\phi0.03\sim\phi0.35$ mm 的金属线为电极工具,不需要制造特定形状的电极,加工材料为导体或半导体的材料。

(2)虽然加工的对象主要是平面形状,但是除了内侧圆角(直径是金属线半径加放电间隙)等个别限制外,任何复杂开头的零件都可以加工。

(3)轮廓加工所需加工的余量少,能有效地节约贵重的材料。

(4)电极丝损耗小,加工精度高。高速走丝切割采用低损耗脉冲电源,加工精度能达 $0.01\sim0.02$ mm;慢速走丝线切割采用单向连续供丝,在加工区总是保持新电极丝加工,加工精度可达 $0.002\sim0.005$ mm。

(5)依靠微型计算机控制电极丝轨迹和间隙补偿功能,同时加工凹、凸两种模具时,间隙可任意调节。

(6)采用乳化液或去离子水做工作液,不会引燃起火,可以昼夜无人连续加工。

(7)任何复杂开头的零件,只要能编制加工程序就可以进行加工,因而很适合小批零件和试制品的生产加工,加工周期短,应用灵活。

(8)采用四轴联动,可加工上、下面异形体,形状扭曲的曲面体、变锥度和球形等零件。

11.4.6　AR1300 的基本操作

首先,使用 AutoCAD 的简单基础指令进行绘图,图案形状不限,但必须是封闭、连贯、无重合且无分叉的一笔画图形,大小限制在 50×50 的正方形区域内。再将图案保存为 Dxf2007 版本格式并导入线切割机床 CAD 中设置路径(此步骤也可以在 AutoCAD 中设置路径),路径方向为顺时针方向。然后进入 DTNS 界面,将路径生成为 NC 代码文件。模拟检查绘图文件后,无误才可加工。

AR1300 的开机界面如图 11-4 所示。

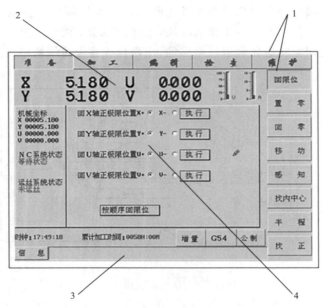

图 11-4　AR1300 的开机界面

1—主模块与子功能区；2—坐标显示区；3—信息显示区；4—主模块及子功能执行区

　　CAD 在主模块"编辑"的子功能区里，路径、DTNS 命令在 CAD 界面主模块"线切割"的子功能区里。AR1300 的 DTNS 界面如图 11-5 所示。

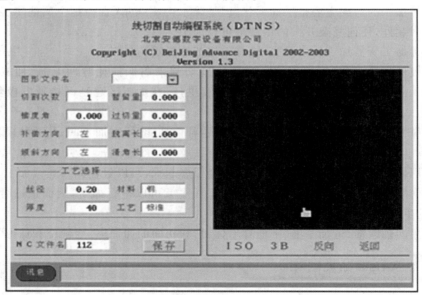

图 11-5　AR1300 的 DTNS 界面

　　丝径输入 0.20，厚度为工件厚度，其他默认即可。生成 3B 的 NC 文件，单击"返回"选项，回到开机操作面板界面，在主模块"检查"的子功能区"绘图文件"命令中模拟检查，无误后在主模块"加工"的子功能区"文件加工"中找到生成的 NC 文件名，调整好工件与钼丝的距离，最后，单击"启动"选项进行加工。加工过程中如出现意外，可按下红色急停按钮。

11.5 操作示例分析

以切割圆形工件为例,说明线切割操作的一般顺序:

(1)利用 Auto CAD 二维软件绘制半径为 5 mm 的圆,文件名为"YUAN",另存为 Dxf2007 版本格式的文件。

(2)将保存好的文件导入线切割机床 CAD 内,设置路径。圆外一点(5 mm 以内)为穿丝点,靠近圆上的一点为切入点,切割方向为顺时针方向,保存文件名为"YUAN"。

(3)打开 DTNS 界面,将文件"YUAN"打开,生成 3B 国际标准语言的 NC 代码程序,保存文件名为"YUAN"。

(4)装夹工件,利用手控盒"X、Y 轴"按键,调整丝与工件的位置关系,确保穿丝点与切入点适当。

(5)单击"返回"选项,回到开机界面,在主模块"加工"的子功能区"文件加工"中打开"YUAN"的 NC 文件名,单击"启动"选项进行加工。

11.6 思 考 题

1.简述电火花加工的基本原理。

2.电火花加工时应具备几种条件?

3.简述图 11-6 所示零件使用电火花线切割加工的工艺,材料:45 钢,毛坯尺寸 50 mm×50 mm×3 mm。

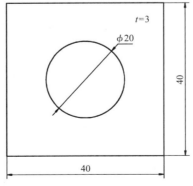

图 11-6 题 3 图

第 12 章

激光加工实训

本章思政目标: 学习激光加工的基本操作、训练,加强职业认知,增强学生的家国情怀、文化素养,筑牢中华民族共同体意识。

12.1 实训目的

1.了解激光加工设备的种类以及加工特点。

2.了解激光加工设备的工作原理及应用范围。

3.了解激光雕刻机的基本组成部分及其作用。

4.熟悉激光雕刻机的加工工艺及操作方法。

5.熟悉二维软件 AutoCAD 制图的基本方法,利用激光雕刻机,进行简单的加工。

12.2 实训要求

1.学生需按实习要求规范着装,认真学习并遵守安全守则。

2.严格执行本车间的规章制度,听从实训教师的管理。

3.未经许可不得动用实训室内设备,禁止随意拨动实训室内开关电闸。

4.严格按照安全操作规程操作设备,不允许违规操作。

5.具有良好的职业道德,文明操作,确保设备安全。

12.3　实训设备

12.3.1　激光雕刻机

如图 12-1 所示为 YLP-HM20I 大族激光雕刻机,其技术参数如下:

图 12-1　YLP-HM20I 大族激光雕刻机

工作面副:600 mm×400 mm。

工作速度:0~500 mm/s。

支持图片格式:AI、DXF、BMP、JPGE、PLT、DST、DSB 等。

整机质量:250 kg。

工作平台:蜂窝网工作平台。

整机功率:<1 500 W。

冷却方式:水冷。

12.3.2　激光打标机

如图 12-2 所示为 YLP-F2OI 大族激光打标机,其技术参数如下:

图 12-2　YLP-F2OI 大族激光打标机

机型:YLP-F20I。

激光平均输出功率:20 W。

激光波长:1 064 nm。

雕刻范围:160 m×160 m。

最大激光雕刻速度:7 000 mm/s。

激光雕刻最小线宽:0.03 mm。

整机功率:≤500 W。

电力需求:AC 220 V;50 Hz;2.5 A。

运行环境温度:15～35 ℃

主机外形尺寸:1 064 mm×1 102 mm×1 326 mm。

主机质量:155 kg。

12.3.3 激光内雕机

如图 12-3 所示为 PHANTOM Ⅲ 大族激光内雕机,其技术参数如下:

图 12-3　PHANTOM Ⅲ大族激光内雕机

工件最大尺寸:300 mm×300 mm×100 mm。

内雕最大范围:90 mm×90 mm×90 mm。

激光器类型:端面泵浦激光器。

激光器激光等级:第四级。

镜头与聚焦点之间的距离:120 mm(空气中)。

主机尺寸:1 100 mm×800 mm×1 300 mm。

主机质量:约 60 kg。

电力需求:220 V/50 Hz/15 A 单相。

整机耗电功率:1 kW。

工作环境温度:15～35 ℃。

工作环境湿度:10%～60%。

兼容文件格式:DXF、JPG、BMP、PLT 等。

12.4 实训内容

12.4.1 激光加工

（一）概述

激光加工（Laser Beam Machining，LBM）是用高强度、高亮度、方向性好、单色性好的相干光，通过一系列的光学系统聚焦成平行度很高的微细光束（直径为几微米至几十微米），获得极高的能量密度（$10^8 \sim 10^{10}$ W/cm^2）和 10 000 ℃以上的高温，使材料在极短的时间内熔化甚至汽化，以达到去除材料的目的。激光加工的应用包括切割、焊接、表面处理、打孔、打标、划线、微调等各种加工工艺，已在生产实践中越来越多地显示了它的优越性，受到了广泛的关注。

（二）原理

激光是一种受激辐射而得到的加强光。其基本特征是：强度高，亮度大；波长频率确定，单色性好；相干性好；相干长度长，几乎是一束平行光。当激光束照射到工件表面时，光能被吸收，转化成热能，使照射斑点处的温度迅速升高、熔化、汽化而形成小坑，由于热扩散，使斑点周围金属熔化，小坑内金属迅速膨胀，产生微型爆炸，将熔融物高速喷出并产生一个方向性很强的反冲击波，于是在被加工工件表面上打出一个上大下小的孔。激光加工原理如图 12-4 所示。

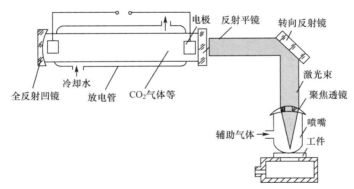

图 12-4　激光加工原理

（三）特点

（1）对材料的适应性强。激光加工的功率密度是各种加工方法中最高的一种，激光加工几乎可以用于任何金属材料和非金属材料的加工，如高熔点材料、耐热合金及陶瓷、宝石、金刚石等脆性材料。

（2）打孔速度极快，热影响区小。通常打一个孔只需 0.001 s，易于实现加工自动化和流水作业。

（3）激光加工不需要加工工具。由于它属于非接触加工，工件无变形，对刚性差的零件可实现高精度加工。

（4）激光能聚焦成极细的光束，能加工深而小的微孔和窄缝，适于精微加工。

（5）可穿越介质进行加工。可以透过由玻璃等光学透明介质制成的窗口对隔离室或真空室内的工件进行加工。

（四）应用

激光加工的应用包括焊接、切割、打标、打孔、表面处理、划线、微调等加工工艺，已经在生产实践中越来越多地显示了它的优越性，受到广泛的重视。

1. 激光焊接

激光焊接是利用高能量密度的激光束作为热源的一种高效精密焊接方法。激光焊接是激光材料加工技术应用的重要方面之一。由于其独特的优点，已成功应用于微、小型零件的精密焊接中。

2. 激光切割

激光切割是将从激光器发射出的激光，经光路系统，聚焦成高功率密度的激光束。激光束照射到工件表面，使工件达到熔点或沸点，同时与光束同轴的高压气体将熔化或汽化金属吹走。随着光束与工件相对位置的移动，最终使材料形成切缝，从而达到切割的目的。

3. 激光打标

激光打标是激光加工最大的应用领域之一。激光打标是利用高能量密度的激光对工件进行局部照射，使表层材料汽化或发生颜色变化的化学反应，从而留下永久性标记的一种打标方法。激光打标可以打出各种文字、符号和图案等，字符大小可以从毫米到微米量级，这对产品的防伪有特殊的意义。

4. 激光打孔

激光打孔过程是激光和物质相互作用的热物理过程，它是由激光光束特性（包括激光的波长、脉冲宽度、光束发散角、聚焦状态等）和物质的诸多热物理特性决定的。

5. 激光热处理

激光热处理也称激光淬火或激光相变硬化，它以高能量激光束快速扫描工件，使被照射的金属或合金表面温度以极快速度升高到相变点以上，激光束离开被照射部位时，由于热传导作用，处于冷态的基体使其迅速冷却而进行自冷淬火，得到较细小的硬化层组织，硬度一般高于常规淬火硬度。处理过程中工件变形极小，适用于其他淬火技术不能完成或难以实现的某些工件或工件局部部位的表面强化。

6. 激光快速成形

激光快速成形是将 CAD、CAM、CNC、激光、精密伺服驱动和新材料等先进技术集成的一种全新制造技术。与传统制造方法相比具有以下优点：原型的复制性、互换性高；制造工艺与制造原型的几何形状无关；加工周期短、成本低，一般制造费用降低 50%，加工周期缩短 70% 以上；高度技术集成，实现设计制造一体化。

7. 激光涂敷

在航空航天、模具及机电行业应用广泛。

（五）注意事项

激光加工技术的某些特殊性，决定了加工精度受多方面影响，所以其加工精度是由加工机性能、光束品质、加工现象所决定的整体精度。

1. 加工产品的全体尺寸有变化

这是由于切口上激光焦点直径和其周围燃烧区域形成的切口宽度所影响的。

虽然在相同条件下,对相同的加工物,使用同一偏置补偿值可以确保其精度,但是焦点位置的设定要凭借加工机操作人员的感觉来确定,而且热透镜作用也会造成焦点位置的变化,所以需要定期检查最佳的偏置补偿值。

2. 加工方向(部分)上的尺寸误差有差别

板材上部的尺寸精度有不同的情况。这个现象要考虑两个方面的原因:首先,光束的圆度和强度分布不均,造成切口宽度沿加工方向有所不同。解决的方法是进行光轴调整或清洗光学部件。其次,被加工物受热膨胀会引起加工形状长方向尺寸变短的情况。

3. 翘曲引起的变化

尺寸精度虽然在要求范围内,但由于热变形等原因会造成发生翘曲。加工铝、铜、不锈钢等时非常显著,它受到线膨胀系数、热容量等因素的影响。就加工形状来说,纵横比越大,翘曲量就越大。

4. 间距精度变化

加工很多孔时,孔与孔之间的间距精度会出现偏差。由于在热膨胀情况下开孔,冷却收缩后,间距变小。我们可以在程序中补正收缩部分的精度或者灵活运用形状缩放功能。无论在什么情况下,都要在初期加工后,测定其加工尺寸,补误差。当间隔精度不随加工位置的变化而变化,而是在整个加工区里都恶化时,其原因是机械精度的恶化。

5. 圆度变化

在激光加工中加工孔切割面产生坡度是无法避免的,下面直径比侧面直径大,一般都评估侧面稍小一侧的圆度。

(六)防护措施

为避免发生各种伤害,应对激光加工设备采取必要的防护措施。这些措施主要包括以下几个方面:

(1)激光加工设备要可靠接地,电器外罩的所有维修门应安装有联锁装置,电器外罩应设置相应措施以便在进入维修门之前使内部的电容器组放电。

(2)激光加工设备应有各种安全措施,在激光加工设备上应印有明显的危险警告标志和信号,如"激光危险""高压危险"等字样。

(3)激光加工的光路系统应尽可能全部封闭,如使激光在金属管中传递,以防止对人体的直接照射造成伤害。

(4)如果激光加工的光路系统不可能全封闭,则光路应设在较高的位置,使光束在传递过程中避开人的头部,让激光从人的高度以上通过。

(5)激光加工设备的工作台应采用玻璃等防护装置屏蔽,以防止激光的反射。

(6)进行激光加工的场地也应设有明显的安全标志,并设置栅栏、隔墙、屏风等,防止与工作无关人员误入危险区。

12.4.2 激光雕刻

(一)简介

激光雕刻分为点阵雕刻和矢量雕刻。点阵雕刻酷似高清晰度的点阵打印。激光头左右摆动,每次雕刻出一条由一系列点组成的一条线,然后激光头同时上下移动雕刻出多条线,最后构成整版的图像或文字。扫描的图形、文字及矢量化图文都可使用点阵雕刻;矢量切割与点阵雕刻不同,矢量切割是在图文外轮廓线上进行的。我们通常使用此模式在木材、亚克力、纸张等材料上进行穿透切割,也可在多种材料表面进行打标操作。

(二)设备特点

YLP-HM2OI 大族激光雕刻机系列激光雕刻机是光、机、电一体化的高科技产品,可由计算机控制激光进行工作,该雕刻机具有如下特点:

(1)适用范围广,可用于切割和雕刻等,切割机可进行分色切割,根据软件中设定的不同颜色线条,切割出不同深度;扫描方式,可以制作半色调图,即以点的疏密表现颜色的深浅,成品具有黑白照片的效果。

(2)适用材料多样,适用于常见的非金属材料,如竹木制品、有机玻璃、塑料制品、皮革制品、双色板、皮革纺织品、纸张、橡胶等的加工。

(3)加工质量好,分辨精度为 0.025 mm;切割时,走线平滑,曲线拟合精准;雕刻机扫描加工时,可精确输出点阵图,网点细腻。

(4)结构巧妙,配置自动升降台,最厚可加工 250 mm 的工件;机箱前、后相通,工作台板配置灵活,可以根据不同的加工方式和材料选择不同的台面配置。

(三)设备型号及外观组成

大族激光雕刻机 YLP-HM2OI 的外观组成如图 12-5 所示。

图 12-5 大族激光雕刻机 YLP-HM2OI 的外观组成
1—上盖;2—机器箱体;3—料渣收纳盒;4—加工仓(内含导轨、激光头);
5—主控面板(包含急停开关、电流调节旋钮等)

(四)使用环境

激光雕刻机的使用环境如下:

(1)运行环境温度:5～40 ℃。

(2)运行环境湿度:5%～80%无结露。

（3）空气压力：0.15～0.4 MPa。

（4）电力要求：220 V/50 Hz/2.5 A

（5）电网波动：<10%

（6）所处环境：干燥、无烟、无灰尘、无污染、无震动

（7）电磁干扰：设备安装附近应无强烈电磁干扰，远离无线发射站或中继站

（五）工作原理

激光切割机技术的工作原理是采用激光束照射到金属板材表面时释放的能量，使金属板材熔化并由气体将溶渣吹走。由于激光力量非常集中，所以只有少量热传到金属板材的其他部分，造成的变形很小或没有变形。利用激光可以非常准确地切割复杂形状的坯料。

（六）主要用途及适用范围

适合对二氧化碳激光吸收特性好的材料，如布料皮革、有机玻璃木制品、橡胶、竹制品等非金属材料，对其进行切割或扫描；适用于服装商标、玩具工艺品、广告装饰、建筑装潢、包装印刷、纸制品等行业。

（七）设备基本操作与加工

（1）首先，顺时针旋转机器控制面板上的红色急停开关，使其处于弹开状态，机器解锁。

（2）找到机器右侧控制开关面板（图 12-6），打开"电源"开关，打开"照明"开关，注意此时不要打开"激光"开关，然后等待开机，激光头自动回到工作原点。

图 12-6　机器右侧控制开关面板

（3）打开电脑，在电脑桌面找到 RDworksV8 软件图标，双击鼠标左键打开软件，开机界面如图 12-7 所示，软件自动和激光雕刻机连接，和电脑扩展成外接控制系统。

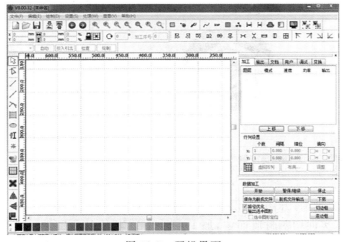

图 12-7　开机界面

（4）使用 AutoCAD 的简单基础指令进行绘图，要求图形边框大小为 80 mm×60 mm 的封闭长方形，内部绘制图案不限，要求配有文字。再将图案保存 Dxf2007 版本格式导入软件中。通过"文件"里子目录的"导入"功能，或者直接单击"导入"功能键，搜索所绘 Dxf 格式文件，从电脑桌面导入 DRworksV8 软件中（如简单图形，可直接利用 DRworksV8 软件中的画图功能绘制）。工作界面如图 12-8 所示。

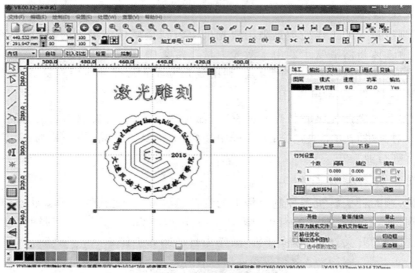

图 12-8　工作界面 1

（5）通过单选右侧图层，选择图层，定义边框为图层 1，内部图形为图层 2，分别用不同颜色表示，通过鼠标左键选中后再单击左下角各种颜色不同的小方框更改图层颜色，达到分图层和区分不同图层的目的，如图 12-9 所示。

图 12-9　工作界面 2

（6）双击鼠标左键，打开图层，设置加工参数，不同材质只需更改切割速度和切割功率，具体参数设置根据实训切割材质而定，加工方式可选"激光切割"和"激光扫描"，根据加工需要而定，如图 12-10 所示。

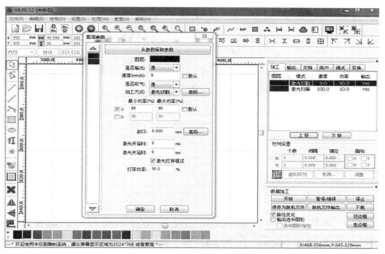

图 12-10　工作界面 3

（7）参数设置完毕之后，检查激光头是否在要求的工件切割点的正确位置，如需调整位置可用控制面板上的方向键调整。准备好后单击"走边框"，观察物料大小是否符合，符合加工条件后打开"激光"船型开关，激光器激活，水冷系统运行，然后单击软件"开始"按钮，开始加工（图 12-11）。

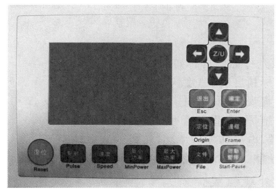

图 12-11　控制面板

（8）加工过程中可根据需要适当调节电流旋钮（图 12-12），使输出功率既能满足加工需要，又不至于过大破坏工件的表面质量甚至损坏工件。

图 12-12　电流旋钮

（9）加工结束后，关闭"激光"开关，开盖检查加工效果是否达到预期。如果扫描效果不明显可调整参数后二次扫描，如工件没有切割完全，也可以进行二次切割，在这期间不可移动工件。

（10）加工完毕后激光头会退回自定义的初始原点，机器发出"嘀嘀"报警声，证明加工结束。这时首先关掉激光器开关，再打开上盖，取出工件。

（11）加工完成后，关闭软件、电脑主机、照明开关、激光开关、总开关，最后按下急停开关。

12.4.3　激光打标

（一）简介

激光打标是激光加工最大的应用领域之一。激光打标是利用高能量密度的激光对工件进行局部照射，使表层材料汽化或发生颜色变化的化学反应，从而留下永久性标记的一种打标方法。激光打标可以打出各种文字、符号和图案等，字符大小可以从毫米到微米量级，对产品的防伪有特殊的意义。其型号说明如图 12-13 所示。

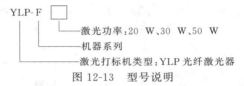

图 12-13　型号说明

（二）设备特点

YLP-F 系列通用激光打标机具有如下特点：

（1）整机体积小、打标精度高、速度快。

（2）操作方便，界面直观，方便用户加工操作。

（3）使用寿命长，免维护，能适应恶劣环境。

（4）采用光纤激光器，电光转换效率高，整机的耗电功率低。

（5）具有红光预览功能，具有激光器过温保护、防干扰等安全保护功能。

（三）设备型号及外观组成

大族激光打标机 YLP-F2OI 的外观组成如图 12-14 所示。

图 12-14　大族激光打标机 YLP-F2OI

1—主梁一体化方头；2—电子手轮升降台；3—鼠标键盘组件；
4—机柜主体；5—液晶显示器；6—控制按钮；7—工控机

（四）使用环境

激光打标机的使用环境要求如下：

(1)大气气压：86～106 kPa

(2)湿度要求：40%～80%，无结露。

(3)设备工作空间要保证无烟无尘，避免金属抛光研磨等粉尘严重的工作环境。

(4)安装设备附近应无强烈电磁信号干扰。安装地周围避免有无线电发射站。

(5)地基振幅小于 50 μm；震动加速度小于 0.05g。避免有大型冲压机等机床设备在附近。

（五）工作原理

由激光器输出波长为 1 064 nm 的激光束内部扩束后，再射到 X 轴、Y 轴两只振镜扫描器反射镜上，振镜扫描器在电脑控制下产生快速摆动，使激光束在平面 X、Y 二维方向上进行扫描。通过镜头激光束聚焦在加工物体的表面形成一个个微细的、高能量密度的光斑，每一个高能量的激光光斑瞬间就在物体表面烧烛成雕刻。经过电脑控制的连续不断的这一过程，预先编制好的字符、图形等标记内容就被永久地刻在了物体的表面上。

（六）主要用途及适用材料

YLP-F 系列通用激光打标机主要用于如下行业：电子元器件、集成电路、电工电气、手机通信、五金制品、工具配件、精密器械、眼镜钟表、首饰饰品、汽车配件、医疗器械等。

适用材料包括：普通金属及合金（铁、铜、铝等金属）、金属氧化物（各种金属氧化物均可）、ABS 材料（电器用品外壳，日用品）、特殊表面处理（磷化、铝阳极花、电镀表面）、油墨（透光按键、印刷制品）、环氧树脂（电子元件的封装、绝缘层）。

（七）基本操作与加工

激光打标机的基本操作与加工如下：

(1)接通外供电源（确定各部分的电气连接可靠无误，接通外部电源开关）。

(2)闭合空气开关（合上设备后部的空气开关）。

(3)开启急停开关（旋转急停开关处于打开状态）。

(4)开启钥匙开关（旋转操作面板上的钥匙至"ON"状态）。

(5)启动电脑（按操作面板上的"PC POWER"按钮）启动电脑。

(6)进入打标软件（桌面上 HAN'S LASER MAKING SYSTEM）。

(7)按下设备启动按钮"START"（设备启动，风机开始运行）。

(8)调节升降工作台至焦点（之后要锁定升降主梁）。

(9)调节标记参数开始打标工作（注意回检，确保无误后才可以加工）。

12.4.4　激光内雕

（一）简介

激光内雕是一种新兴的激光加工技术。激光内雕是通过激光束在透明材料内部定位聚焦,使焦点处的材料被烧坏或熔化成可见的点,从而留下永久性标记的一种雕刻技术。高能量密度的激光可以在材料内部雕刻出各种二维或三维的图像、文字或符号。激光内雕具有无机械接触、热影响区域小、加工精细、速度快、成本低、无污染等优点。激光内雕因其独特的优点已成功应用于工艺品、纪念品、装饰材料和工业标记防伪等行业。

(二)设备特点

激光内雕机的设备特点如下:

(1)雕刻的图像位于产品内部,并且丝毫不损伤表面。

(2)内雕爆破点细腻、均匀、密集,使得内雕图案清晰精美。

(3)激光通过高速振镜可以实现高速度、高精度的雕刻。

(4)通过电脑随意设置所需图案、文字、符号,简单方便。

(三)设备型号(图 12-15)及外观组成

PHANTOM Ⅲ激光内雕机采用如图 12-16 所模块化封闭结构,整机包括机架、激光器、光路系统、工作台、工控机、控制箱、散热风扇、显示器和输入设备等。

图 12-15 型号规格说明

图 12-16 PHANTOM Ⅲ激光内雕机

1—急停按钮;2—电脑主机显示屏;3—外接 USB 插口;4—键盘;5—控制箱;6—电脑主机;

7—加工仓;8—依次为电源按钮、激光按钮、照明按钮、控制箱控制面板

控制面板按钮说明如图 12-17 所示。

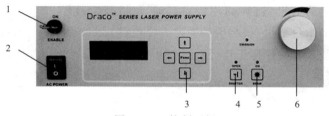

图 12-17 控制面板

1—在船型开关开启时候,钥匙打到"ON",整个系统得电;2—船型开关,急停松开情况下,打到"ON"表示系统得电;

3—方向键,主要用于调节电流;4—松开有效激活键;5—GSTE 模式下打开 BEAM;6—主要用于调节电流大小

（四）使用环境

激光内雕机的使用环境如下：

（1）运行环境温度：18～25 ℃。

（2）运行环境湿度：40%～70%，无结露。

（3）气压：86～106 kPa。

（4）电力要求：220 V/50 Hz/2.5 A。

（5）电网波动：<10%。

（6）地基辐射：<50 μm，要求地面水平。

（7）电磁干扰：设备安装附近应无强烈电磁干扰，远离无线发射站或中继站。

（五）工作原理

激光内雕机的工作原理是，激光器输出的绿激光经扩束镜扩束后，通过 XY 振镜反射到聚焦镜，聚焦镜将激光聚焦到透明工件的内部，并在聚焦点处烧烛材料形成像点，XY 振镜在计算机控制下摆动，使激光焦点在 XY 二维方向上进行扫描形成平面图像，再配合自动升降工作台实现三维图像内雕。

（六）主要用途及适用范围

（1）配合三维照相机，可以制作个性化的 3D 水晶人头像。

（2）制作精美的水晶、玻璃工艺品、纪念品、装饰品和奖杯。

（3）工业标记及防伪，如手机按键、防伪瓶盖。

12.5 操作示例分析

1.整机开机程序

（1）接通整机总电源线，把整机后面的空开打到"ON"。

（2）松开急停开关，打开"START"按钮。

（3）打开船型开关，钥匙开关打到"ON"，打开电脑开关。

（4）等待就绪后，调节电流，依次打开"振镜（SCAN）""照明灯（LIGHT）"按钮。

（5）打开内雕软件，设置内雕参数，载入或绘制图形。

（6）放置工件，打开菜单对话框选择"通用内雕"，单击"通用内雕"选项，开始内雕。

2.软件组成及功能简介

该软件系统主要由两部分组成：三维图形处理软件和图形内雕软件。

（1）三维图形处理软件可以导入 Dxf、3DS、GIF 等格式的三维图，然后进行处理，转化成内雕数据——点云。

（2）图形内雕软件根据三维图形处理软件转化成的图形数据进行内雕，也可以使用 JPG、BMP 等平面内雕，并且可以对一些主要的系统参数进行设置。例如工作台参数、图层参数和内雕参数等。

3.三维图形编辑软件

三维图形编辑软件可以导入 Dxf、BMP、JPG、GIF、PLT 等文件格式进行处理，同时显示三维图形在 XY、YZ、XZ 平面的投影以及整个立体图形。可以手工对图像进行相关的处理，以满足用户的要求。

（1）启动：在电脑桌面上单击"HL3D"内雕软件图标，即可启动三维图形编辑软件。

（2）主界面主要分为以下几部分：文件、编辑、查看、设置、窗口和帮助等。文件菜单中包含常见的九个子菜单。其中"导入"子菜单是在当前文件中导入所需图像。编辑菜单也同样包含九个子菜单：

实体切层：产生内雕数据——点云。

新建：创建一个空白文档。

打开：打开文档。

保存：保存当前使用的文档。

导入：导入内雕图案，例如 Dxf、3DS 等格式图形。

导出：将处理后的图形导出成默认的.Agl 点云文件。

居中：内雕图形居中。

转换实体：实际改变内雕图形位置、大小和角度参数等。

细分：产生内雕数据——点云。

4.平面图像内雕

（1）打开桌面雕刻软件"HL.exe"。

（2）单击工具栏的"导入"按钮 ，导入图像。

（3）选择" "可以调整图形的大小，也可以通过按住鼠标左键拖动边框来调整。

（4）选择位图按钮 设置图像参数。

（5）设置物料高度参数，物料高度必须和要雕刻材料的物料高度一致。

（6）选择通用内雕按钮 进行内雕。

5.三维图像内雕

（1）双击内雕软件图标打开软件。

（2）导入需要处理的图形，比如 Dxf、3DS 等格式的三维图形，单击工具栏上的"导入"图标，等待一段时间。

（3）选择"实体变换工具"来修改图形的大小、位置和角度，单击"应用"按钮后关闭此对话框。

（4）选择设置菜单——设置内雕参数，"X,Y 点间距"和"层间距"默认值为 0.6，这里设置"X,Y 间距"为 0.15，"层间距"为 0.15。"细分模式"使用面模式。设置完成后单击"确定"按钮。

（5）细分完成后，单击"导出"按钮，自动转换成了.Agl 格式的文件保存。

（6）选择用于振镜式内雕机，单击"确定"按钮，将在你所选择的路径下自动生成.Agl 格式的文件。之后可以将转换的文件导入 HL.exe 中进行后续的内雕操作。

12.6　思考题

1.工业上哪些加工设备利用了激光技术？

2.在激光切割中，物料的硬度和厚度哪一个是应该考虑的因素，为什么？

3.除了在工业上，还有哪些领域应用了激光技术？

第 13 章

电气控制实训

本章思政目标：学习电气控制系统的基本操作、训练，加强职业认知，增强学生的家国情怀、文化素养，筑牢中华民族共同体意识。

13.1 实训目的

1.了解电气控制。
2.了解电气控制生产线设备的工作原理及应用范围。
3.了解自动化生产线和机械手的基本组成部分及其作用。
4.熟悉电气控制系统的搭建和软件编写。
5.熟悉机械手编程和调试，并做出简单的动作组合。

13.2 实训要求

1.学生需按实习要求规范着装，认真学习并遵守安全守则。
2.严格执行本车间的规章制度，听从实训教师管理。
3.未经许可不得动用实训室内设备，禁止随意拨动实训室内开关电闸。
4.严格按照安全操作规程操作设备，不许违规操作。
5.具有良好的职业道德，文明操作，确保设备安全。

13.3 实训设备

13.3.1 设备简介

S7-1200 自动生产线加工装配实训装置采用型材结构,其上安装有井式供料单元、皮带传送与检测单元、机械手搬运与仓储单元、切削加工单元和多工位装配单元五大单元。每个单元由一个控制器控制,各控制器之间使用工业以太网连接,同时配合电源模块、按钮模块、PLC 模块、变频器及交流电动机模块、步进电动机及驱动模块、交流伺服电动机及驱动模块、各种工业传感器检测模块和触摸屏模块等构成整个系统。系统涵盖技术广泛,包含气动技术、传感器检测技术、直流电动机驱动技术、步进电动机驱动技术、伺服电动机驱动技术、触摸屏应用技术、上位机监控技术、PLC 工业网络技术、变频调速技术、PLC 技术、故障检测技术、机械结构与系统安装调试技术、人机接口技术和运动控制技术等。S7-1200 自动生产线外观如图 13-1 所示。

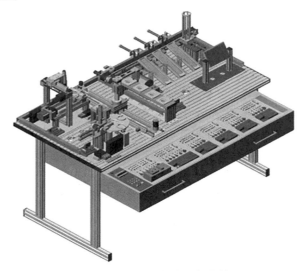

图 13-1　S7-1200 自动生产线外观

13.3.2 产品特点

本系统采用开放式结构,PLC 主机接口开放,控制单元接口开放,能让学生进行更深层次的训练,使其不仅会编程,而且能熟悉各种传感器、电动机、变频器和气缸等传感器和执行器的接线方式,学习设计系统的思路与方法。

系统开放式的结构适用于多种控制器,如西门子、三菱、欧姆龙、松下、AB、GE 以及单片机等。同时,各控制器均采用模块化结构,方便移动,可用于其他实验室或其他控制机构上进行控制,大大提高了设备的利用效率。

系统模型及模块均采用工业典型控制过程,并且简繁有序,使学生在了解各种生产工艺后编制相应的控制程序,各工艺流程由简单到复杂,由浅入深,层次分明,利于学生进行有梯度的训练,也方便因材施教,使接受能力稍差的学生学习比较简单的控制工艺,让接受能力较强的学生学习较复杂的控制工艺。

系统涵盖技术广泛,使学生不仅能进行基本指令训练,而且能利用特殊生产控制工艺流程进行高速脉冲输出(PTO)、高速计数(HSC)、网络以及 PID 算法研究等高级功能的应用与训练。

该装置中五大单元均采用独立的机电集成设计,单元中涉及各类传感器、电动机、电磁阀等。传感器、执行器都采用就近原则汇总到带保护装置的 YF1301 接口模块中,便于各模块单元之间的灵活组合,系统可以采用工业网络进行整个培训系统的控制,同时进行上位机管理和监控。

各模块、单元能够通过重新组合,构成多种典型的工业生产培训系统,让实训装置的培训内容从基本模块、单元到各种功能机构,再到综合系统及自动化生产线,逐步由简单、基础的训练到复杂、综合的训练。

装置设有漏电保护、短路保护、急停保护、隔离保护和智能保护等各种保护功能,一旦运行过程中出现故障,培训系统能够自动诊断停止,在培训的过程中可确保人身与设备的安全。系统布线工艺规范、合理。

13.3.3 产品用途及适用范围

S7-1200 自动生产线加工装配实训装置能满足"PLC 原理及应用""运动控制""传感器检测技术""机械传动与控制""气动技术"等课程的实训教学要求,同时结合工业现场生产线的实际情况,能清楚地反映工厂生产线中的供料环节、仓储环节、加工环节、装配环节、搬运环节和分拣环节等部分,综合采用多种工厂典型应用的电气设备和机械结构。能够实现工厂生产线的拆装和调试等实践技能训练要求。本实训装置涵盖技术全面,设计结构合理,不仅可以作为大中专学校自动化、机电一体化专业教学、培训、竞赛的装置,还可作为教师通用技术的研发平台,完美实现了教学实训环节与工厂实习的无缝对接。

13.3.4 系统的结构及技术参数

1.系统总体结构

系统由型材桌体、井式供料单元、传送检测与分拣单元、机械手搬运与仓储单元、切削加工单元、多工位装配单元、电源模块、PLC 模块、变频器模块、触摸屏模块等组成,各组成部分的分布如图 13-2 所示。

2.技术参数

系统主要参数与规格:

(1)尺寸(长×宽×高):1 810 mm×1 210 mm×1 200 mm。

(2)电源:三相五线 380 V 交流电(380 V±10%　50 Hz)。

(3)功率:0.8 kW。

(4)气源:外接气源气压大于 0.6 MPa,气管直径为 6 mm。

（5）工作温度：5～40 ℃。

（6）工作湿度：≤80％。

（7）质量：＜100 kg。

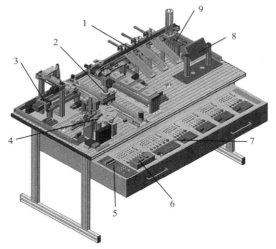

图 13-2　系统各组成部分分布

1—传送检测、分拣单元；2—机械手搬运、仓储单元；3—切削加工单元；4—多工位装配单元；
5—电源模块；6—变频器模块；7—PLC 模块；8—触摸屏；9—井式供料单元

实训内容

1.触摸屏模块

（1）触摸屏模块概述

触摸屏模块采用西门子 TP700 Comfort 型彩色触摸屏，通过一个型材基体将触摸屏模块固定于桌面，移动方便，可安装在任何位置，也可移到其他设备上使用，从而大大提升了触摸屏的使用效率；同时将触摸屏的电源端引线、通信端口均外引到面板上，用户可直接通过面板上引出的通信端口连接网络就能实现与触摸屏的通信，方便用户使用。

TP700 Comfort 触摸屏具有 422/485 接口和 Internet 接口，可进行 PPI、MPI、PROFIBUS 和 ETHERNET 等通信连接。

（2）TP700 Comfort 触摸屏的使用

触摸屏的使用请参考西门子的使用手册。

2.井式供料单元（A 单元）

（1）井式供料单元概述

该单元由井式供料塔、货料检测传感器（A-SQ3）、料块推块、推料气缸限位传感器（A-SQ2）、推料气缸（A-YV）、推料气缸原点传感器（A-SQ1）、接线端子排、底座和连接线接口等组成。其中，货料检测传感器（A-SQ3）采用对射型光电传感器（CX411）；磁性开关 A-SQ1、

A-SQ2 分别用于检测推料气缸的原点和限位点。该单元能实现工件出库时的调度管理等功能。其结构如图 13-3 所示。

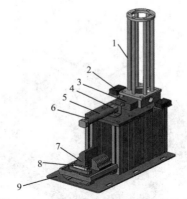

图 13-3　TVT-METSA 供料机的结构

1—井式供料塔;2—货料检测传感器(A-SQ3);3—料块推块;4—推料气缸限位磁性开关(A-SQ2);5—推料气缸(A-YV);
6—推料气缸原点磁性开关(A-SQ1);7—接线端子排;8—连接线接口;9—底座

(2)井式供料单元各部件使用说明

①磁性开关

在井式供料单元中,使用磁性开关作为推料气缸的原点和限位装置。

A.磁性开关参数

当工作电压为 DC 24 V 时,工作电流为 5～40 mA;当工作电压为 AC 110 V 时,工作电流为 5～20 mA。在本系统中,A-SQ1 和 A-SQ2 均采用 DC 24 V 供电方式。

B.磁性开关使用说明

将磁性开关处于磁性气缸内磁环正上方时,磁性开关指示 LED 亮,有信号输出;当磁性开关不能正确指示时,应移动磁性开关的位置,使其正常工作。

一定要注意工作电流和极性,不要把磁性开关直接接至 24 V 电源,以免烧毁。

②光电传感器

在井式供料单元中,使用 CX-411 传感器检测料井中有无工件。

A.光电传感器 CX-411 参数(表 13-1)

表 13-1　　　　　　　　　　　　　　　　　CX-411 参数表

名称	光电传感器
型号	CX-411
电源电压	DC 12～24 V
消耗电流	≤20 mA
最大输出电流	100 mA
检测范围	10 m
灵敏度调节	连续可变调节器
重复精度	≤0.5 mm
检测输出操作	可在入光时 ON/遮光时 ON 之间调节

（续表）

名称	光电传感器
反应时间	1 ms 以下
输出类型	NPN

B.CX-411 的使用方法

在进行调整时,可以通过指示灯的状态,来判断是否调整成功。CX-411 有两个调整旋钮:一个用来调节检测距离,顺时针旋转检测距离变大(向 MAX 一侧转动),逆时针旋转检测距离变小(向 MIN 一侧转动);一个用来调整工作状态,在 L 侧时,检测到物体,传感器有输出,在 D 侧时,检测不到物体有输出,其旋钮与指示灯各状态含义如图 13-4 所示。

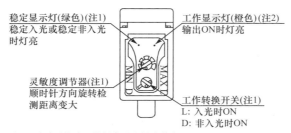

稳定显示灯(绿色)(注1)
稳定入光或稳定非入光时灯亮

工作显示灯(橙色)(注2)
输出ON时灯亮

灵敏度调节器(注1)
顺时针方向旋转检测距离变大

工作转换开关(注1)
L: 入光时ON
D: 非入光时ON

注1: 透过型传感器的投光器上没有装备。
注2: 透过型传感器的投光器上是电源显示灯 (绿色: 接通电源时灯亮)。

图 13-4 传感器指示灯与调整旋钮

在运行系统例程时,需将工作转换开关调整到 L 侧,然后将工件放进井式供料塔,调节灵敏度调节器(调节检测距离),使其在放进工件后有信号输出(红色指示灯亮),取走工件后无输出(红色指示等灭)。

详细调试步骤参见传感器使用手册。

③工件

工件主要由料块和料柱组成,其中料块采用工程塑料材质,分为黄色和蓝色两种,如图 13-5 所示,可通过调节内嵌弹簧钢珠来调节料块和料柱的松紧。料柱也称为料芯,由铝质和铁质两种材质组成,如图 13-6 所示。

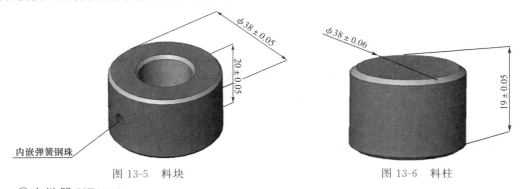

内嵌弹簧钢珠

图 13-5 料块

图 13-6 料柱

④中继器 YF1301

每个单元都用到中继器 YF1301,在这里详细介绍,以后不再赘述。

井式供料单元的电气布线采用集线控制方式,将所有的传感器、执行器的端口,包括器件所需的供电端口,都直接连到中继器 YF1301,通过 YF1301 转接,并接到 PLC 模块,这种布线采用就近原则,使各单元均模块化、独立化,节省了布线空间,由于采用了带屏蔽的集成电缆的传输方式,所以能更好地防止干扰、断线等故障的发生。传感器输出信号为低电平,而 PLC 输入端高电平有效,信号已经在中继器里进行转换。PLC 输出低电平与执行器电平一致。当有信号时指示灯会发光。每一位端子的作用相同,位置顺序跟 PLC 主机面板端子的位置是固定的。

⑤控制模块

A.PLC 概述

本装置可以使用多种型号主机进行控制,并且可以组合使用。

a.工艺:铁质外壳,能嵌入实训台抽屉式架体内,I/O 接口开放式控制面板,并提供误接线保护功能。

b.控制面板工艺要求:2 mm 厚印刷电路板上覆膜,采用背面印刷技术。

c.采用两台西门子 S7-1200、CPU 1214C 系列晶体管主机。

d.采用一台西门子 S7-300 系列主机。

B.PLC 使用方法与使用注意事项

PLC 模块控制面板在使用时,红色的端口应连接 24 V,黑色端口应连接 GND(接地),蓝色端口接 PLC 输入,绿色端口接 PLC 输出。

每个 YF1301 接口模块可以提供 8 入 8 出的信号连接。

首先要接好 PLC 电源、输入与输出公共端,注意不要带电进行接插线。

在例程中,急停使用常闭点做输入。

井式供料单元执行器接线端口 0 对应电磁阀 A-YV。

井式供料单元传感器接线端口对应表见表 13-2,当传感器有输出时,YF1301 接口模块相应接口会有低电平,传到 PLC 输入端的信号是高电平。井式供料单元 PLC 模块执行端口对应分布表见表 13-3。

表 13-2　　　　　　　　井式供料单元传感器接线端口对应表

检测端口号	对应传感器名称	备注
检测-0	A-SQ1	推料气缸原点
检测-1	A-SQ2	推料气缸限位
检测-2	A-SQ3	工件有无检测

表 13-3　　　　　　　　井式供料单元 PLC 模块执行端口对应分布表

执行端口号	对应执行器名称	备注
执行-0	A-YV1	供料电磁阀

3.皮带传送与检测单元(B 单元)

(1)皮带传送与检测单元概述

皮带传送与检测单元由皮带传送模块、传感器检测模块、气缸分拣模块和滑槽模块组成。其中,皮带传送模块经由同步轮和三相永磁低速同步电动机的轴连接在一起,变频器控制电动机,电动机带动皮带一起转动;分拣部分由电感传感器、电容传感器和光纤传感器组成,可对工件的颜色、材质进行检测;分拣部分由三个气缸、电磁阀和滑槽组成,可对不同颜色和材质的工件进行分拣。皮带传送与检测单元的结构布局如图 13-7 所示,滑槽模块结构如图 13-8 所示。

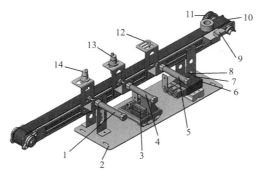

图 13-7　皮带传送与检测单元的结构布局

1—气缸(B-YV1);2—底座;3—YF1301;4—气缸(B-YV2);5—气缸(B-YV3)6—电磁阀(B-YV1);

7—电磁阀(B-YV2);8—电磁阀(B-YV3);9—到位传感器(B-SQ1);10—同步带;11—同步轮;

12—光纤传感器(B-SQ4);13—电容传感器(B-SQ3);14—电感传感器(B-SQ2)

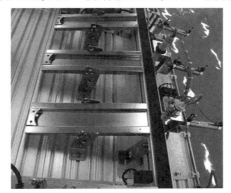

图 13-8　滑槽模块结构

(2)皮带传送检测与分拣单元各元器件介绍和使用方法

在皮带传送检测与分拣单元中,使用 CX421 作传送带上工件到位的传感器。

①到位传感器 CX421

A.CX421 的参数

CX421 是光电传感器,其具体参数见表 13-4。其接线图如 CX411 接线,已经在上个章节中介绍。

表 13-4　　　　　　　　　　　　　　**CX441、CX421 参数**

型号	CX441	CX421
检测距离	2~50 mm	300 mm
电源电压	12~24 VDC	
消耗电流	≤25 mA	
输出工作	检测时 ON 或非检测时 ON 可通过转换开关选择	

（续表）

型号	CX441	CX421
输出类型	NPN	
反映时间	1 ms 以下	
灵敏度调节	连续可变调节器	

B.CX421 的使用方法

其调节使用方法同 CX411,已经在上个章节中介绍。

在使用例程时,应先将 CX421 的工作转换开关旋钮跳到 L 侧,然后取一个工件,放到 CX421 的前面,调节灵敏度调节器(调节检测距离),使其在放进工件后有信号输出(红色指示灯亮),取走工件后无输出(红色指示等灭)。同理,调节 CX421 传感器,使其在库满时有输出。

②电感传感器

在传送检测与分拣单元中,使用电感传感器来检测已经加工装配完毕的工件。

A.电感传感器参数

电感传感器接线如图 13-9 所示,电感传感器参数见表 13-5。

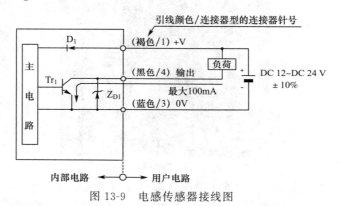

图 13-9　电感传感器接线图

表 13-5　　　　　　　　　　　电感传感器参数

名称	电感传感器
额定动作距离	8 mm
电源电压	6～36 V
输出压降	≥5 V
复位精度	≥0.01 mm
出线盒输出方式	三线常开
最大输出电流	300 mA
输出形式	NPN

B.电感传感器调节方法

可以通过传感器上的两个螺母的相对位置来调节传感器的灵敏度,具体方法是:将被检测物体(金属类物体)放在传感器正下方,然后把传感器上的两个螺母旋松,接着上、下调整传感器并观察输出指示灯,指示灯稳定发光时,再将传感器上的两个螺母旋紧固定。

可应用电感传感器来检测金属物体,也可利用铁块和铝块检测距离的不同来区分铁块和铝块,例程中应用电感传感器来检测金属物体,调节电感传感器使安装铁块和铝块经过时,电感传感器均有信号输出(红色指示灯亮)。

③电容传感器

在传送检测与分拣单元中,使用电容传感器来检测工件是否需要加工。

A.电容传感器参数

电容传感器接线图如图 13-10 所示,其参数见表 13-6。

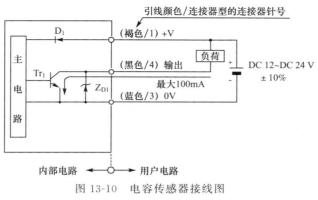

图 13-10　电容传感器接线图

表 13-6　　　　　　　　　　　　　电容传感器参数

名称	圆柱形电容传感器
检测距离	8 mm±10%
检测物体	导体及电介质体
电源电压	DC 12～DC 24 V
接线方式	直流三线式
消耗电流	≤15 mA
最大输出电流	200 mA
输出类型	NPN

B.电容传感器的调节方法

可以通过传感器上的两个螺母的相对位置来调节电容传感器的灵敏度,具体方法是:将被检测物体放在电容传感器正下方;然后把电容传感器上的两个螺母旋松,接着调整电容传感器并观察输出指示灯,指示灯稳定发光,直到满意的效果;最后再将电容传感器上的两个螺母旋紧固定。

电容传感器是一种常见的接近开关,能检测导体及电介质体,通常情况下金属物体检测距离远,非金属物体检测距离近,可通过调节电容传感器与被检测物体的距离,来区分金属和非金属物体,在例程中,用来检测料块内是否有料柱,调节过程如下:

将装铝芯的料块放在电容传感器下,调节电容传感器,使其有输出(红色指示灯亮),将一个空芯的料块放在电容传感器下,调节电容传感器,使其无输出(红色指示灯灭),电容传感器调节完毕。

④光纤传感器

系统使用光纤传感器来检测工件的颜色,根据检测的结果做出相应的判断。

A.光纤传感器参数

光纤传感器放大器部件说明如图 13-11 所示。

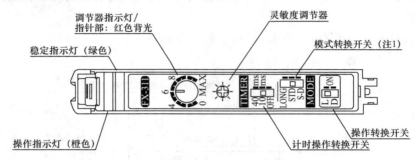

注1:FX-311B(P)及FX-311G(P)的模式转换开关为"LONG""STD""FAST"模式。

图 13-11   光纤传感器放大器部件说明

B.光纤传感器的调节方法

光纤传感器有三种检测模式,LONG、STD 和 S-D,LONG 适用于长距离检测的情况,STD 适用于标准检测的情况,S-D 适用于细微的检测。

光纤传感器有两种输出模式,将操作转换开关置于 L 侧,检测到物体时,传感器有输出;将操作转换开关置于 D 侧,检测不到物体时,传感器有输出。

调节光纤传感器的灵敏度按钮,可调整光纤传感器检测的距离。

例程中将模式选择在 STD 适用于标准检测的情况,将操作转换开关置于 L 侧,即检测到物体,传感器有信号输出。同时,把黄色工件放于传感器下,调节灵敏度调节器使传感器有输出(红色指示灯亮),把蓝色工件放于传感器下,调节传感器使其没有(输出红色指示灯灭)即可。

⑤皮带传送单元 PLC 模块

皮带传送单元 PLC 模块的使用方法和注意事项同井式供料单元 PLC 模块相同,但传感器和执行器对应接口不同,传送检测与分拣单元 PLC 模块检测端口对应分布见表 13-7,执行端口对应分布见表 13-8。

表 13-7   皮带传送单元 PLC 模块检测端口对应分布

检测端口号	对应传感器名称	备注
检测-0	B-SQ1	电感传感器
检测-1	B-SQ2	电容传感器
检测-2	B-SQ3	光纤传感器
检测-3	B-SQ4	到位检测传感器

表 13-8　　　　　　　　皮带传送单元 PLC 模块执行端口对应分布

执行端口号	对应执行器名称	备注
执行-0	B-YV1	1♯滑槽气缸
执行-1	B-YV2	2♯滑槽气缸
执行-2	B-YV3	3♯滑槽气缸

4.行走机械手搬运与仓库单元(C 单元)

(1)行走机械手搬运与仓储单元概述

行走机械手搬运与仓储单元由行走机械手、直流电动机、旋转编码器、限位传感器、平面仓库、仓库检测传感器等组成,可完成工件在多个单元之间的搬运工作以及入库工作。仓储部分由一个四工位的平面仓库构成,可用来进行货物的仓储以及出入库的管理工作,机械手搬运与仓储单元的结构图如图 13-12 和图 13-13 所示。

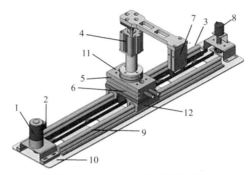

图 13-12　行走机械手结构图

1—直流电动机(C-M1);2—行走机械手限位接近开关(C-SQ3);3—行走机械手电动机原点接近开关(C-SQ2);
4—升降气缸(C-YV2);5—旋转气缸原点(C-SQ4);6—旋转气缸限位点(C-SQ5);7—气动夹手(C-YV3);
8—旋转编码器(C-SQ1)9—直线导轨;10—底座;11—旋转气缸(C-YV1);12—行走机械手滑块

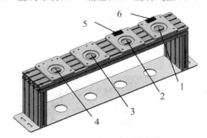

图 13-13　平面仓库结构图

1—1♯仓库;2—2♯仓库;3—3♯仓库;4—4♯仓库;5—2♯仓库传感器(C-SQ7);6—1♯仓库检测传感器(C-SQ6)

(2)机械手搬运与仓储单元各部件说明与使用方法

①欧姆龙接近开关

在机械手搬运与仓储单元中,欧姆龙接近开关用来作为行走机械手的原点和限位。

A.欧姆龙接近开关参数

欧姆龙接近开关是一种小型的短距离传感器,其接线如图 13-14 所示,其参数见表 13-9。

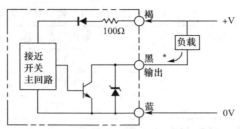

· 100mA以下（负载电流）…型号TL—Q2MCl
  50mA以下（负载电流）…型号TL—Q5MCl

图 13-14　欧姆龙接近开关接线图

表 13-9　　　　　　　　　　　　欧姆龙接近开关参数

名称	欧姆龙方形接近开关
检测距离	5 mm±10%
检测物体	磁性物体(非磁性金属会降低检测距离)
电源电压	DC12～DC24 V
接线方式	直流三线式
消耗电流	≤10 mA
输出类型	NPN
响应时间	2 ms 以下

B.使用说明

在使用机械手搬运单元时,应首先调整接近开关的固定螺丝,使其尽量靠近被检测物体(例程中用来检测行走机械手的滑块),当被检测物体靠近时,接近开关红色指示灯亮,此时接近开关有信号输出。

②旋转编码器

在机械手搬运与仓储单元中,使用旋转编码器来做行走机械手的定位。

A.转编码器参数

旋转编码器外观如图 13-15 所示。

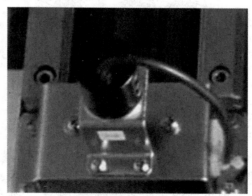

图 13-15　旋转编码器外观图

旋转编码器的参数见表 13-10。

表 13-10　　　　　　　　　　　　　　　旋转编码器参数

名称	小型增量型旋转编码器
电源电压	DC 12－10％～DC 24＋15％脉动
分辨率	100 P/R
输出状态	开路集电极输出
最高应答频率	20 KHz
输出相位差	A 相、B 相相差 90°±45°
允许最高转速	5 000 r/min
启动转矩	980 μN·m
惯性力矩	10～7 kg·m^2

B.旋转编码器使用说明

在使用旋转编码器时,注意 A、B 相的区分,在编程时,如果改变了 A、B 相的接线,PLC 正交计数的方向就会有变化。同时可以根据旋转编码器的每圈所发脉冲数,结合同步轮的周长,计算出每个脉冲所对应的距离;同理,也可计算出一定距离所对应的脉冲数。

③直流电动机

行走机械手的拖动部分采用直流电动机,直流电动机采用 YF1040.2 模块驱动, YF1040.2 智能驱动模块具有保护电路,防止直流电动机的短路、堵转等功能,有效地保护了直流电动机和设备,延长了直流电动机和设备的使用寿命。直流电动机参数见表 13-11。

表 13-11　　　　　　　　　　　　　　　直流电动机参数

名称	小型直流电动机
额定电源电压	24 VDC
速比	1∶130
功率	10 W
额定转速	30 rpm

④磁性开关

在机械手搬运与仓储单元中,使用磁性开关用作旋转气缸的原点和限位。

A.磁性开关参数

旋转气缸的原点和限位采用磁性开关,其参数见表 13-12。

表 13-12　　　　　　　　　　　　　　　磁性开关参数

名称	磁性开头
工作电压	5～120 V
电流范围	100 mA, 10 W

B.磁性开关的调节说明

将磁性开关安装在磁性气缸内磁环正上方时,当气缸运动,尾部经过磁性开关时,指示 LED 灯亮,有信号输出。调整它的位置可以控制气缸运动的幅度。

在例程中需先将旋转气缸处于原点位置,然后调节磁性开关(C-SQ4),使其固定于输出指示灯由不亮转亮的地点,同理调节旋转气缸限位点(C-SQ5),这样能使系统运行更可靠。

⑤行走机械手搬运与仓储单元 PLC 模块

行走机械手搬运与仓储单元 PLC 检测端口对应分布见表 13-13。

表 13-13 　　　　　行走机械手搬运与仓储单元 PLC 检测端口对应分布

检测端口号	对应传感器名称	备注
检测-0	C-SQ1	旋转编码器 A 相脉冲
检测-1	C-SQ1	旋转编码器 B 相脉冲
检测 2	C-SQ2	行走机械手原点
检测-3	C-SQ3	行走机械手限位
检测 4	C-SQ4	旋转气缸原点
检测-5	C-SQ5	旋转气缸限位
检测-6	C-SQ6	平面 1♯ 库检测
检测-7	C-SQ7	平面 2♯ 库检测

行走机械手搬运与仓储单元 PLC 执行端口对应分布见表 13-14。

表 13-14 　　　　　行走机械手搬运与仓储单元 PLC 执行端口对应分布

执行端口号	对应执行器名称	备注
执行-0	C-YV1-F	旋转气缸左转 CW
执行-1	C-YV1-R	旋转气缸右转 CCW
执行-2	C-YV2	升降气缸
执行-3	C-YV3	夹紧气缸
执行-4	C-M1-F	直流电动机正转
执行-5	C-M1-R	直流电动机反转

5.切削加工单元(D 单元)

(1)切削加工单元概述

切削加工单元由 X 轴、Y 轴、Z 轴组成,X 轴与 Y 轴由步进电动机组成,可进行精确定位,Z 轴由升降气缸和直流电钻组成,三轴配合进行切削加工,其结构图如图 13-16 所示。

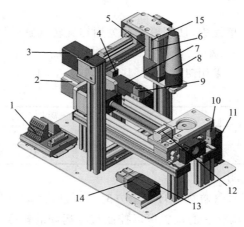

图 13-16 切削加工单元结构图

1—YF1301 接口模块;2—X 轴步进电动机(D-M1);3—Y 轴步进电动机(D-M2);4—Y 轴原点(D-SQ3);
5—Y 轴限位(D-SQ4);6—升降气缸(D-YV1);7—X 轴步进电动机驱动器;8—电钻(D-M3);
9—X 轴限位(D-SQ2);10—X 轴原点(D-SQ1);11—Y 轴步进电动机驱动器;12—工作台夹紧气缸(D-YV1);
13—夹紧电磁阀(D-YV1);14—升降电磁阀(D-YV2);15—Z 轴原点(D-SQ5)

（2）切削加工单元部件介绍与使用方法

①步进电动机

在切削加工单元中，X 轴丝杠和 Y 轴皮带由步进电动机拖动，步进电动机及其驱动器的具体参数和使用方法如下。

A.步进电动机参数

Y、X 轴步进电动机参数见表 13-15、表 13-16，步进电动机驱动器参数见表 13-17。

表 13-15　　　　　　　　　　　　　Y 轴步进电动机参数

名称	Y 轴步进电动机
相数	2
步距角	0.9 °/1.8 °
静态相电流	1.5 A
保持转矩	1 N·m
定位转矩	0.04 N·m
空载启动频率	2.5 KHz
转动惯量	200 g·cm²

表 13-16　　　　　　　　　　　　　X 轴步进电动机参数

名称	X 轴步进电动机
相数	2
步距角	0.9 °/1.8 °
静态相电流	1.5 A
保持转矩	0.54 N·m
定位转矩	0.025 N·m
空载启动频率	1.5 KHz
转动惯量	82 g·cm²

表 13-17　　　　　　　　　　　　　步进电动机驱动器参数

名称	步进电动机驱动
供电电源	10～40 V，DC 容量为 0.03 KVA
输出电流	峰值 3 A/相（最大），电流可由面板拨码开关设定
驱动方式	恒流 PWM 驱动
励磁方式	整步、半步、4 细分、8 细分、16 细分、32 细分、64 细分
绝缘电阻	在常温常压下大于 100 MΩ

步进电动机驱动器典型接线图如图 13-17 所示。

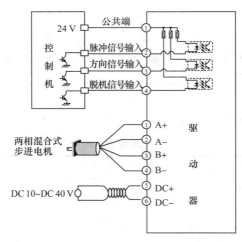

图 13-17　步进电动机驱动器典型接线图

B.步进电动机驱动器的使用方法

在使用系统提供的例程时,将 X 轴步进电动机驱动器细分调整为 8,电流调整为 2.4 A;Y 轴步进电动机驱动器细分调整为 8,电流调整为 1.5 A。

②加工单元 PLC 模块

加工单元 PLC 模块的使用方法和注意事项与以上 PLC 相同,但传感器和执行器的对应接口不同,机械手搬运与仓储单元 PLC 模块检测端口对应分布见表 13-18。

表 13-18　　　　　机械手搬运与仓储单元 PLC 模块检测端口对应分布

检测端口号	对应传感器名称	备注
检测-0	D-SQ1	X 轴原点
检测-1	D-SQ2	X 轴限位
检测-2	D-SQ3	Y 轴原点
检测-3	D-SQ4	Y 轴限位
检测-4	D-SQ5	Z 轴原点

机械手搬运与仓储单元 PLC 模块执行端口对应分布见表 13-19。

表 13-19　　　　　机械手搬运与仓储单元 PLC 模块执行端口对应分布

执行端口号	对应执行器名称	备注
执行-0	D-M1	X 轴 CP
执行-1	D-M1	X 轴 DIR
执行-2	D-M2	Y 轴 CP
执行-3	D-M2	Y 轴 DIR
执行-4	D-YV1	Z 轴夹紧
执行-5	D-YV2	Z 轴升降
执行-6	D-M3	Z 轴电动机

③其他部件说明

X 与 Y 轴限位开关采用欧姆龙接近开关,其参数和使用方法在上面章节中已经介绍,Z

轴限位采用磁性开关,其使用方法也已经在上一章节中介绍。

在使用时,将 Z 轴限位开关向上调节,当升降气缸缩回时,传感器(D-SQ5)有输出。

④系统运动说明

系统上电后,按下启动按钮切削加工单元会自动复位,即 X、Y、Z 各自回到原点位置,这时,应首先检查 X、Y 轴原点传感器(D-SQ1、D-SQ3)能否正常工作,位置调整是否恰当,如果原点传感器调整不当,会使步进电动机堵转,长时间堵转会损坏设备。

6.多工位装配单元(E 单元)

(1)多工位装配单元概述

多工位装配单元由推料机构、料井、工件固定机构、工件检测机构、多个装配工位、步进电动机系统、转盘和缓冲库模块等组成,可进行多工位的装配工作,检测机构可及时检测是否有待装配工件,以及工件是否装配完毕,同时,配备了一个缓冲工位,可及时处理一些多出的待加工的工件或有异常的工件。多工位装配单元结构如图 13-18 所示,缓冲库模块结构如图 13-19 所示。

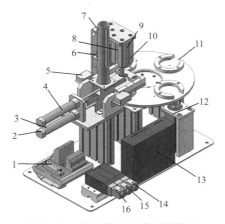

图 13-18　多工位装配单元结构图

1—接口模块 YF1301;2—工件固定气缸(E-YV1);3—工件固定气缸原点(E-SQ5);4—料柱推出气缸(E-YV2);
5—料塔内料柱检测(E-SQ4);6—料块有无检测(E-SQ2);7—料块内有无料柱检测(E-SQ3);8—压料柱气缸(E-YV3);
9—压料柱气缸回位(E-SQ6);10—压料柱气缸到位(E-SQ7);11—转盘原点(E-SQ1);12—步进电动机(E-M1);
13—步进驱动器;14—压料柱电磁阀(E-YV3);15—料柱推出电磁阀(E-YV2);16—工件固定电磁阀(E-YV1)

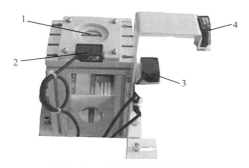

图 13-19　缓冲库模块结构图

1—缓冲库;2—缓冲库检测(E-SQ8);3—料块有无检测(E-SQ2);4—料块内有无料柱检测(E-SQ3)

（2）多工位装配单元部件介绍与使用说明

①步进电动机驱动器

步进电动机驱动器说明请参见"5.切削加工单元（D 单元）"。

在使用系统提供的例程时，将转盘步进电动机驱动器细分调整为 4，电流调整为 2.4 A；

②装配单元 PLC 模块

装配单元 PLC 模块的使用方法和注意事项与以上 PLC 相同，但传感器和执行器对应的接口不同，机械手搬运与仓储单元 PLC 模块检测端口对应分布见表 13-20。

表 13-20　　　　　　机械手搬运与仓储单元 PLC 模块检测端口对应分布

检测端口号	对应传感器名称	备注
检测-0	E-SQ1	转盘原点
检测-1	E-SQ2	料块有无检测
检测-2	E-SQ3	料块内有无料柱检测
检测-3	E-SQ4	料塔内有无料柱检测
检测-4	E-SQ5	工件固定气缸原点
检测-5	E-SQ6	压料柱气缸回位
检测-6	E-SQ7	压料柱气缸到位
检测-7	E-SQ8	缓冲库有无工件检测

机械手搬运与仓储单元 PLC 模块执行端口对应分布见表 13-21。

表 13-21　　　　　　机械手搬运与仓储单元 PLC 模块执行端口对应分布

执行端口号	对应执行器名称	备注
执行-0	E-M1	转盘 CP
执行-1	E-M1	转盘 DIR
执行-2	E-YV1	工件固定气缸
执行-3	E-YV2	料柱推出气缸
执行-4	E-YV3	压料柱气缸

③其他部件说明

转盘原点传感器（E-SQ1）采用的是电感传感器，其使用方法在上面章节中已经介绍，转盘上开有孔，当 E-SQ1 没有信号输出时，即为转盘到达原点，所以在调节时需注意，此传感器和其他传感器有所区别，在编写程序时也应加以区分。

其他传感器在上述章节中已经叙述，请参考其使用方法。

在调整料块有无检测传感器（E-SQ2）时，将料块放入装配工位内，并且正对着 E-SQ2，调节传感器 E-SQ2，使其有输出即可。

在调整料块内有无料柱检测传感器（E-SQ3）时，将料块内装入料柱，使传感器 E-SQ3 正对着料柱，调节传感器 E-SQ3，使其有输出即可。

④多工位装配单元运动说明

上电后，请手动控制执行复位后，才可以对多工位装配单元进行控制。

7.气动元器件介绍

（1）气动二联体

气动二联体（图 13-20）主要由气压调节阀、空气滤清器、气压表、油气雾化室和油盅等部分构成。

图 13-20　气动二联体

1—气压调节阀；2—进气口；3—空气滤清器；4—油气雾化室；5—出气口；6—气压表；7—油盅

①气动二联体的工作原理

高压气体从进气口进入气动二联体，首先进入空气滤清器，空气滤清器能过滤空气中的水分，使被过滤的空气保持干燥。接下来空气进入油气雾化室，油气雾化室可以将存放在油盅中的油雾化后与进入到油气雾化室的空气相混合，最后气体通过出气口被输送到气缸。油盅中的油与高压气体气雾化后能对执行器进行润滑；通过气压调节阀可以调节出气口的气压大小并由气压表指示压力大小；当空气滤清器中的水达到 1/4 时应通过放水阀排放。

②气压调节方法

气压调节方法是将气压调节阀的旋钮向上拔起，然后通过旋转气压调节阀的旋钮就可以调节出气口的气压大小，调节好气压后，再将气压调节阀的旋钮向下按下即可。

（2）气动快接头

如图 13-21 所示为气动快接头，金属部分带有圆锥螺纹与汇流排连接，另一部分是自锁卡头（蓝色塑料圈）与气管连接，当用手轻压自锁卡头即可实现对气管的拆卸

气动快接头

图 13-21　气动快接头

（3）消音器

如图 13-22 所示为消音器，消音器一端带锥螺纹与汇流排连接，另一头是孔状金属网，分散气流，避免气流产生漩涡而发出噪声

图 13-22　消声器

（4）双动气缸

如图 13-23 所示为双动气缸，气缸滑塞杆的推、回程由高压气体通过电磁阀对气路的切换实现。

图 13-23　双动气缸

（五）节流阀

如图 13-24 所示为节流阀，图 13-24（a）所示是直接与气缸连接的节流阀；图 13-24（b）所示是两头与气管连接的节流阀。

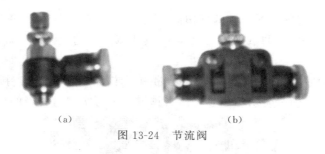

（a）　　　　　　　　　　　（b）

图 13-24　节流阀

13.5　操作示例分析

S7-1200 自动生产线加工装配实训装置控制系统结构（图 13-25）

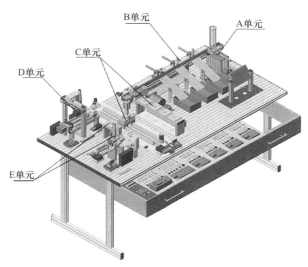

图 13-25　S7-1200 自动生产线加工装配实训装置控制系统结构

1.开机前检查步骤如下：

（1）取下防尘布；

（2）开启空气压缩机使输出压力在 0.6～0.8 MPa；

（3）检察二联体上的表气压是否正常，如过大或过小需调节到 0.4 MPa；

（4）A 单元井式供料塔内是否有料柱,如没有请上料；

（5）B 单元传输带上是否有料块或其他物品,并清理；

（6）C 单元夹手、库体上是否有料块或其他物品,并清理；

（7）D 单元工作台是否有料块或其他物品,并清理；

（8）E 单元工作台是否有料块或其他物品,并清理。

2.开机过程的操作步骤如下：

仔细检查各急停开关是否在正常位置,开启空气开关,注意动作有异常按下急停开关。如果用户没有改变演示 PLC 程序或硬件即可正常运行。

（1）将转换开关转到右边,按下绿色的按钮,系统开始复位；

（2）绿色指示灯点亮时,说明系统已经复位完成；

（3）将转换开关转到左边,按下绿色的按钮,系统开始启动运行；

（4）设备开始启动。A 单元推出一个料块,B 单元传输带运行,如果料块内有料柱,则根据料柱的属性进行分拣,如果是铁芯,则被推到第一个滑槽,如果是铝芯,则被推到第二个滑槽,如果是黄色料块,则被推到第三个滑槽,料块落入滑槽后,传送带运行停止,A 单元继续推料；

（5）如果是蓝色空心工件,则直到 B-SQ4 传感器检测到后,传输带停止,机械手（C 单元）把料块从传输带搬运到加工单元（D 单元）,加工单元开始工作。当加工单元加工完成后,机械手把料块从加工单元搬运到检测单元（载货台）。在检测单元检测完成后（3S）,机械手把料块从检测单元搬运到装配单元（E 单元）,在装配单元内把料柱装植入料块中。当装配完成后,机械手直接把料块搬运到平面仓库中。工序完成,重新进入步骤（4）运行。

3.关机过程的操作步骤如下：

检查系统的工序是否完成，检查各传输带上是否有料块或其他物品；如有其他物品，则等待人工取走后：

（1）按下停止按钮，关闭触摸屏电源，断开空气开关；

（2）断开空气压缩机的电源，关闭气源阀门；

（3）盖上防尘布，使用完毕。

13.6 思考题

1.简述工业上哪些加工设备利用了气动技术。

2.在整个生产线运动过程中，哪一种元器件是保证系统有条不紊运行的重要条件？为什么？

3.通过此系统的学习，在我们以后的产品设计系统中都应该具备哪些分系统？

第14章

三维数字化实训

本章思政目标:学习三维数字化的基本操作、训练,加强职业认知,增强学生的家国情怀、文化素养,筑牢中华民族共同体意识。

14.1 实训目的

1.了解 3D 打印的基本原理、分类和应用范围。
2.了解 3D 打印机的基本结构、加工原理和加工方法。
3.了解和掌握 3D 打印机的基本操作。
4.了解 3D 模型的基本创建过程、能够利用软件建立简单的三维模型。
5.了解 3D 打印机软件的基本参数意义、会设置软件常用的参数。
6.了解 3D 打印产品的后期处理工艺、简单上色喷涂的过程。

14.2 实训要求

1.操作前必须穿戴好规定的劳保用品。
2.了解所用 3D 打印机的技术规范及安全操作规程。
3.未经许可不得动用车间一切水电及其他设备。
4.具有良好的道德规范。

14.3 实训设备

14.3.1 设备型号

闪铸科技 Dreamer Pro 桌面级 3D 打印机如图 14-1 所示。

图 14-1　闪铸科技 Dreamer Pro 桌面级 3D 打印机

14.3.2 设备功能、特点

功能：能够打印最大尺寸为 200 mm×150 mm×160 mm（长×宽×高）的模型。
一般使用材料：ABS，PLA。
特点：小巧轻便，快速成型。

14.4 实训内容

14.4.1 3D 打印机的概念

3D 打印（3D Printing）技术是快速成型技术的一种，以数字模型文件为基础，运用粉末状金属或塑料等可黏合材料，通过逐层堆积的方式来构造物体的技术，也称为增材制造（Additive Manufacturing）技术。图 14-2 所示为 3D 打印机和 3D 打印作品。

图 14-2　3D 打印机和 3D 打印作品

14.4.2　3D 打印机的组成

和我们通常见到的打印机一样,3D 打印机也是由控制电路、驱动电路、数据处理电路、电源及输入/输出等模块组成的。硬件部分包括 PC 电源、主控电路、步进电动机及控制电路、高温喷头和工件输出基板等。外面用木板来固定,采用非密闭式铸模平台。

14.4.3　3D 打印机的核心构件

3D 打印机的核心是一块采用微处理器的主电路板,通过这块主电路板将处理后的 3D 模型文件转换成 X、Y、Z 轴和喷头供料的步进电动机数据,交给 4 个步进电动机控制电路进行控制,然后让步进电动机控制电路控制工件输出基板的 X-Y 平面移动、喷头的垂直移动和喷头供料的速度,比较精确地让高温喷头将原料(ABS 或其他塑料丝)融化后一层一层地喷在工件的输出基板上,最终形成实体模型。

14.4.4　快速成型技术

快速成型(Rapid Prototyping,RP)诞生于 20 世纪 80 年代后期,是基于材料堆积法的一种新型技术,被认为是近 40 年来制造领域的一个重大成果。它集机械工程、CAD、逆向工程技术、分层制造技术、数控技术、材料科学和激光技术于一身,可以自动、直接、快速、精确地将设计思想转变为具有一定功能的原型或直接制造零件,从而为零件原型制作、新设计思想的校验等提供一种高效、低成本的实现手段。目前国内传媒界习惯把快速成型技术叫作"3D 打印"或者"三维打印",显得比较生动形象,但是实际上"3D 打印"或者"三维打印"只是快速成型的一个分支,只能代表部分快速成型工艺。目前市面上常见的 3D 打印技术主要有熔融沉积快速成型技术(FDM)、光固化成型技术(SLA)、三维粉末粘接技术(3DP)、选择性激光烧结技术(SLS)、分层实体制造技术(LOM)、无模铸型制造技术(PCM)等,这些技术基本满足了产品快速成型的要求。

1.熔丝堆积技术(FDM)

(1)熔丝堆积技术(FDM)也叫挤出成型技术,其关键是保持半流动成型材料刚好在熔点之上(通常控制在比熔点高 10 ℃左右)。FDM 喷头受 CAD 分层数据控制使半流动状态的熔丝材料(丝材直径一般在 1.5 mm 以上)从喷头中挤压出来,凝固形成轮廓形状的薄层,一层叠一层,最后形成整个零件模型。其工艺特点是直接采用工程材料 ABS 和 PC 等进行制作,适用于设计的不同阶段。其缺点是表面光洁度较差。FDM 打印如图 14-3 所示。

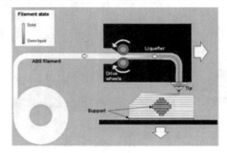

图 14-3　FDM 打印

（2）代表厂家:美国 STRATASYS(工业级)、波兰 ZORTRAX(桌面级)。

（3）耗材种类:ABS、PETG、HIPS、PA、PLA。

（4）成型精度:±0.2/100 mm。

（5）成型规格:400 mm×400 mm 以内。

（6）应用领域:设计模型试做。

2.光固化技术(SLA)

（1）光固化技术(SLA)以光敏树脂为原料,由计算机控制下的紫外激光以预定零件各分层截面的轮廓为轨迹对液态树脂进行连点扫描,使被扫描区的树脂薄层产生光聚合反应,从而形成零件的一个薄层截面。当薄层固化完毕后,移动工作台,在原先固化好的树脂表面上再敷一层新的液态树脂以便进行下一层扫描固化。新固化的一层牢固地粘合在前一层上,如此重复直到整个零件原型制造完毕。该项技术的特点是精度和光洁度较高,但是材料比较脆,运行成本太高,后期处理复杂,对操作人员要求较高,适合在验证装配设计过程中使用。3D 打印机结构如图 14-4 所示,光固化 3D 打印机的结构如图 14-5 所示。

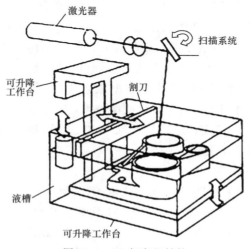

图 14-4　3D 打印机结构

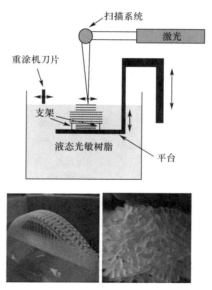

图 14-5　光固化 3D 打印机的结构

（2）代表厂家：美国 3D system（工业级）、中国陕西恒通智能（工业级）。

（3）耗材种类：液态光敏树脂（含半透明与可铸造材料）。

（4）成型精度：±0.1/100 mm。

（5）成型规格：600 mm×600 mm 以内。

（6）应用领域：精细外观与结构模型制作、珠宝首饰、精密铸造蜡型。

（7）光固化技术（SLA）的优点如下：

①光固化成型法是最早出现的快速原型制造工艺，经过时间的检验，成熟度高。

②由 CAD 数字模型直接制成原型，加工速度快，产品生产周期短，无须切削工具与模具。

③可以加工结构外形复杂或使用传统手段难以成型的原型和模具。

④使 CAD 数字模型直观化，降低错误修复成本。

⑤为实验提供试样，可以对计算机仿真计算的结果进行验证与校核。

⑥可联机操作，可远程控制，有利于生产的自动化。

（8）光固化技术（SLA）的缺点如下：

①SLA 系统造价高昂，使用和维护成本过高。

②SLA 系统是对液体进行操作的精密设备，对工作环境要求苛刻。

③成型件多为树脂类，强度、刚度、耐热性有限，不利于长时间保存。

④预处理软件与驱动软件运算量大，与加工效果关联性太高。

⑤软件系统操作复杂，入门困难；使用的文件格式不为广大设计人员熟悉。

⑥立体光固化成型技术被单一公司所垄断。

（9）光固化技术（SLA）的发展趋势与前景：立体光固化成型法的发展趋势是高速化、节能环保与微型化。不断提高的加工精度使其最有可能在生物、医药、微电子等领域大有作为。

3.数字光投影技术(DLP)

(1)DLP 投影式三维打印工艺的成型原理是利用直接照灯成型技术(DLPR)把感光树脂成型,CAD 的数据由计算机软件进行分层及建立支撑,再输出黑白色的 Bitmap 档。每一层的 Bitmap 档会由 DLPR 投影机投射到工作台上的感光树脂,使其固化成型。DLP 投影式三维打印的优点:利用机器出厂时配备的软件,可以自动生成支撑结构并打印出完美的三维部件。相比于快速成型领域的其他设备,独有的 Voxelisation 专利技术保证了成型产品的精度与表面光洁度。DLP 打印如图 14-6 所示。

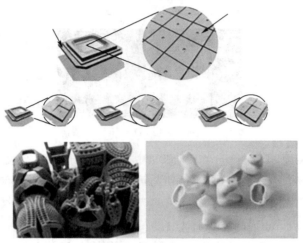

图 14-6 DLP 打印

(2)代表厂家:美国 Formlabs(桌面级),德国 Envision TEC(工业级)。

(3)耗材种类:液态光敏树脂(含半透明与可铸造材料)。

(4)成型精度:±0.1/100 mm。

(5)成型规格:400 mm×400 mm 以内。

(6)应用领域:精细外观与结构模型制作、珠宝首饰、精密铸造蜡型。

4.选择性激光烧结技术(SLS)

(1)选择性激光烧结技术(SLS)该法采用 CO_2 激光器做能源,目前使用的造型材料多为各种粉末材料。在工作台上均匀铺上一层很薄的($100\sim200\ \mu m$)粉末,激光束在计算机的控制下按照零件分层轮廓有选择性地进行烧结,一层完成后再进行下一层烧结。全部烧结完成后去掉多余的粉末,再进行打磨、烘干等处理便获得零件。目前,其工艺材料为尼龙粉及塑料粉,还有的使用金属粉进行烧结。德国 Envision TEC 公司的 P 系列塑料成型机和 M 系列金属成型机产品,是全球最好的 SLS 技术设备。SLS 技术既可以归入快速成型的范畴,也可以归入快速制造的范畴,使用 SLS 技术可以直接快速地制造最终产品。SLS 打印如图 14-7 所示。

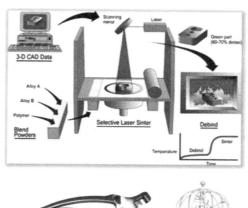

图 14-7　SLS 打印

（2）选择性激光烧结技术（SLS）的原理：使用 SLS 设备，可以直接制造金属模具和注塑模具的异形热流道系统，其硬度可达较高洛氏硬度，性能达到锻件级别，也可以直接制造特殊、复杂功能的零件。正是由于 SLS 技术具有小批量特殊、复杂功能件的快速制造能力，且可以多个零件一次性成型制造，实现多品种、个性化的小批量快速制造，该种技术在航空航天、军工、汽车发动机测试和开发、医疗领域等得到了广泛的认可和应用。其 3D 打印产品如图 14-8 所示。

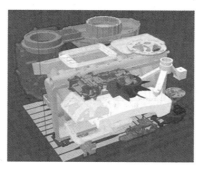

图 14-8　SLS 打印产品

（3）代表厂家：德国 EOS（金属粉末打印），中国华曙高科（尼龙粉末打印）。

（4）耗材种类：尼龙粉末、PS 高分子粉末（蜡型）、合金粉末。

（5）成型精度：±0.1/100 mm。

(6)成型规格:800 mm×500 mm 以内。

(7)应用领域:航空航天、军工、高端模具、精密铸造、医疗骨关节、牙科等。

(8)总结与展望:在快速成型技术中,金属粉末 SLS 技术是人们研究的一个热点。实现了使用高熔点金属直接烧结成型零件,用传统切削加工方法难以制造出高强度零件,对快速成型技术更广泛的应用具有特别重要的意义。展望未来,SLS 技术在金属材料领域中的研究方向应该是单元体系金属零件的烧结成型,多元合金材料零件的烧结成型,先进金属材料如金属纳米材料、非晶态金属合金等的激光烧结成型等,尤其适合于硬质合金材料微型元件的成型。此外,可根据零件的具体功能及经济要求来烧结形成具有功能梯度和结构梯度的零件。随着人们对激光烧结金属粉末成型机理的掌握,对各种金属材料最佳烧结参数的获得以及专用的快速成型材料的出现,SLS 技术的研究和引用必将进入一个新的境界。

14.4.5 FDM、SLA、DLP、SLS 四种工艺表面打印质量对比

FDM、SLA、DLP、SLS 四种工艺在 0.1 mm 分层 60 倍放大镜下观察的打印表面质量对比,如图 14-9 所示。

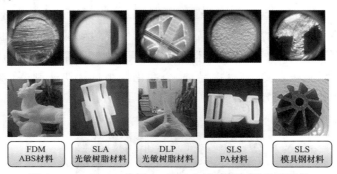

图 14-9 0.1 mm 分层 60 倍放大镜观察打印表面质量

14.4.6 Dream Pro 桌面级 3D 打印机的组成和结构

Dream Pro 桌面级 3D 打印机的组成和结构较为简单,从图 14-10 和图 14-11 中可以看到 3D 其基本组成和相关配件。

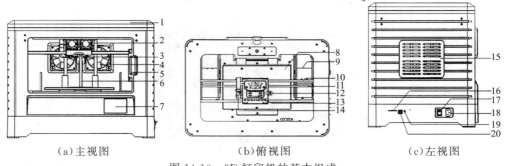

(a)主视图　(b)俯视图　(c)左视图

图 14-10 3D 打印机的基本组成

1—顶盖;2—喷头风扇;3—喷嘴;4—排风扇;5—前门;6—Z 轴导轨;7—触摸屏;8—打印平台;9—耗材;
10—X 轴导轨;11—同步带;12—弹簧片;13—进丝孔;14—涡轮风扇;15—侧窗;16— SD 卡槽;17—开关;
18—电源输入端口;19—复位键;20—USB 连接端口

248

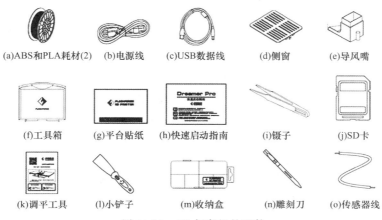

(a)ABS和PLA耗材(2)　(b)电源线　(c)USB数据线　(d)侧窗　(e)导风嘴

(f)工具箱　(g)平台贴纸　(h)快速启动指南　(i)镊子　(j)SD卡

(k)调平工具　(l)小铲子　(m)收纳盒　(n)雕刻刀　(o)传感器线

图 14-11　3D 打印机的配件

14.5 操作示例分析

1.耗材安装

(1)将配送的耗材放置于机身内的圆槽中,使用丝盘轴将丝盘保持在固定位置,并保证丝盘转动顺畅。丝盘轴旋转 90°固定,如图 14-12 所示。

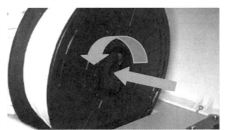

图 14-12　丝盘轴固定

(2)使耗材从位于机身内背部的导丝管通过,这样可以有效防止耗材旋转打结,保持打印畅通,如图 14-13 所示。

图 14-13　耗材安装

(3)通过进丝操作将耗材通入喷头内。

(4)出厂时已将一张平台贴纸粘在打印平台上,如图14-14所示。自行更换贴纸时,应先将平台加热再撕下来更换,注意避免高温烫伤。

图 14-14　出厂贴纸

(5)连接电源线和 USB 数据线。

①确定电源输入端口,将电源线一端插入端口,电源线另一端连接插座,如图14-15所示。

②确定 USB 数据传输端口,将数据线一端连接 Dreamer Pro 打印机,另一端连接电脑。Dreamer Pro 仅支持 USB 2.0 端口,若电脑不能识别,应确认连接是否正确。

图 14-15　连接电源线

(6)打印所使用的材料有 PLA 与 ABS 两种,其材料特性如下:聚乳酸(PLA)是一种新型的生物降解材料,使用从可再生的植物资源(如玉米)中提取的淀粉原料制成。机械性能及物理性能良好。聚乳酸适用于吹塑、热塑等加工方法,加工方便,应用十分广泛。其相容性与可降解性良好。聚乳酸在医药领域应用也非常广泛,如可生产一次性输液用具、免拆型手术缝合线等,低分子聚乳酸作为药物缓释包装剂等。ABS 树脂是目前产量最大、应用最广泛的聚合物,它将 PS、SAN、BS 的多种性能有机地统一起来,兼具韧、硬、刚相均衡的优良力学性能。ABS 是丙烯腈、丁二烯和苯乙烯的三元共聚物,A 代表丙烯腈,B 代表丁二烯,S 代表苯乙烯。ABS 一般是不透明的,外观呈浅象牙色,无毒、无味,燃烧缓慢,火焰呈黄色,有黑烟,燃烧后塑料软化、烧焦,发出特殊的肉桂气味,但无熔融滴落现象。打印 ABS 材料与打印 PLA 聚乳酸的区别如下:

打印 PLA 时气味为棉花糖气味,不像 ABS 那样刺鼻子,PLA 可以在没有加热床的情况下打印大型零件模型而且边角不会翘起。PLA 的加工温度是 200 ℃,ABS 的加工温度在220 ℃以上。PLA 具有较低的收缩率,即使打印较大尺寸的模型时也表现良好。PLA 具有较低的熔体强度,打印模型更容易塑形,表面光泽性优异,色彩艳丽。PLA 是晶体,ABS 是非晶体。当加热时,ABS 会慢慢转换成凝胶液体,不经过状态改变。PLA 像冰冻的水一样,直接从固体变到液体。因为没有相变,所以 ABS 不吸收喷嘴的热能。部分 PLA 使喷嘴堵塞的风险更大。

2.进丝和退丝

进丝操作步骤见表 14-1。

表 14-1 　　　　　　　　　　　　　　　　进丝操作步骤

序号	步骤内容	示意图
1	取下 Dreamer Pro 顶盖	
2	在触摸屏主面板上单击"工具"选项	
3	选择"换丝"选项,并在下一栏中选择"左喷头进丝"选项	
4	等待喷头加热到工作温度。达到工作温度后喷头会提示一次。安装耗材时先从导丝管中穿过再从垂直的角度插入喷头,同时按下左侧的弹簧片	

（续表）

序号	步骤内容	示意图
5	耗材开始从喷嘴挤出。继续装填以保证耗材能够沿着直线被挤出。如果耗材挤出角度不对,请报告指导教师	

退丝操作步骤见表 14-2。

表 14-2 退丝操作步骤

序号	步骤内容	示意图
1	取下 Dreamer Pro 顶盖	
2	在触摸屏主面板上单击"工具"选项	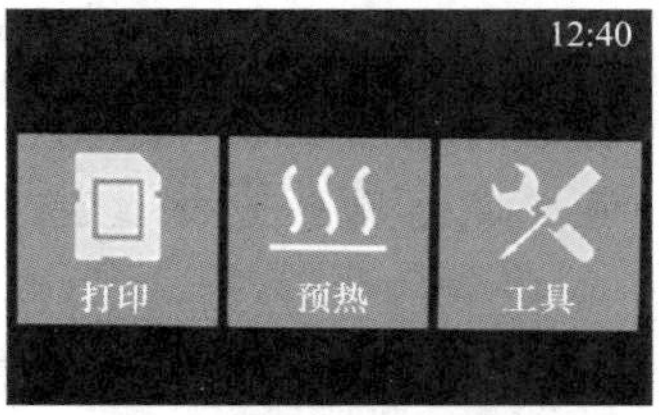
3	选择"换丝"选项,并在下一栏中选择"左喷头退丝"选项	 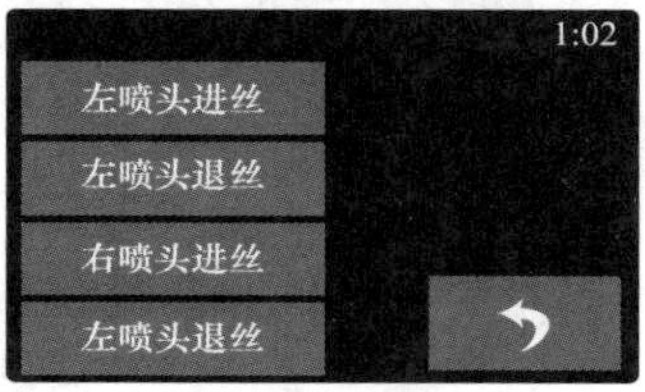
4	等待喷头加热到工作温度。达到工作温度后喷头会提示一次。按下左侧的弹簧片,先将耗材向下按压1～2秒,然后快速从喷头内拔出。注意:请勿用蛮力将耗材拔出,否则会造成喷头堵塞。若耗材已在喷头内冷却则重复上述步骤	

3.平台调平

一个正确调平的打印平台是打印质量的保证。当打印出来的物体有问题时,首先就是检查并复核以保证打印平台被调平。一般的经验就是留出一片纸的厚度的间隙。然而,要打印高精度(150 微米及以下)的物体,务必使用塞尺来调整平台,因为高精度打印需要喷嘴和平台之间拥有更小的间隙。

Dreamer Pro 为打印平台应用了三点调平系统。在打印平台的底部,前面有一个弹簧承载的螺丝,后面有两个。拧紧螺丝,打印平台和喷嘴间隙增大,反之减小。平台调平步骤见表 14-3。

表 14-3　　　　　　　　　　　　　　　　　平台调平步骤

序号	步骤内容	示意图
1	在触摸屏主页面上单击"工具"选项,在下一级菜单中单击"调平"选项。此时,喷头移动到起始位置	
2	调出调平工具	
3	一旦喷头和打印平台停止移动,即可在喷嘴和打印平台之间来回滑动纸片,同时调整螺丝的松紧,直到纸片产生明显的摩擦为止	
4	按下"next"键,并等待喷头移动到第二个位置,前后滑动纸片,像上一步一样调整螺丝,直到产生同样强度的摩擦为止	

(续表)

序号	步骤内容	示意图
5	再次按下"next"键,重复同样的调平手法	
6	按下"next"键,喷嘴会移动到打印平台的中心。滑动纸片确保其有明显的摩擦。如果没有摩擦或者摩擦过大,则缓慢调整螺的丝松紧	
7	当调平完成后,按下"完成"键结束调平	12:42 底板调平已完成

4.打印软件 FlashPrint-Pro 的基本操作

打开 FlashPrint-Pro 软件,FlashPrint-Pro 桌面如图 14-16 所示。

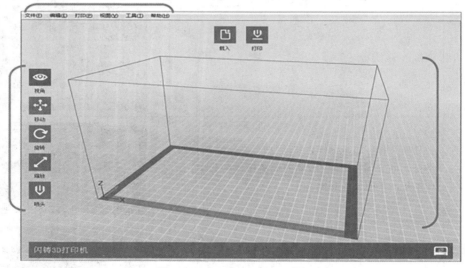

图 14-16 FlashPrint-Pro 桌面

（一）工具栏

工具栏包含了 7 个子项目,分别为载入、打印、视角、移动、旋转、缩放和喷头。下面将一一介绍各个子项目的作用和操作。

1.载入

单击"载入"选项,选择一个 3D 文件(.stl &.obj),可以从网上下载 3D 模型。载入成功以后,在软件的平台上看到所载入的 3D 模型。该 3D 模型就是实际打印的模拟对象。

2.打印

可对打印方案进行选择。可以选择切片引擎、打印机类型、使用耗材种类、是否需要支撑结构等相关内容。一般情况下,Slic3r 引擎的切片表现更为良好,建议用户使用这个引擎。方案选项中有三种方案,不同的方案已经设置好了不同的参数,高质量方案的成型效果更好,但速度慢;低质量的方案则刚好相反。如果选择使用 PLA 耗材打印,另有超精细选项可供选择(该选项实际效果还需要更多测试)。底板选项(仅限 Skeinforge 切片)可设置是否打印底板。有打印底板模型将更容易贴合在打印平台上。围墙选项用在双色打印中,由于两个喷头会交替使用,处在待命状态的喷头会漏出少许耗材。围墙可以刮除喷头上漏出的耗材,防止粘连在模型表面。

单击"更多选项"按钮,弹出参数菜单,可以对层高、填充、速度和温度等具体参数进行设置,见表 14-4。

表 14-4　　　　　　　　　　　对层高、填充、速度和温度等具体参数进行设置

菜单项目	参数	参数设置要求
层高	第一层层高	是模型文件第一层的层厚,这将影响到模型与打印平台的黏合度,最大厚度为 0.4 mm。一般情况下,建议用户使用默认的层参数即可(该选项仅在 Slic3r 切片引擎下支持)
	外壳数量	控制每层模型外壳部分的打印圈数,最大数量为 10
填充	填充密度	等同于填充率
	填充形状	模型内部填充部分的形状。不同的填充形状可能会影响打印时间
速度	打印速度	打印中喷头的移动速度。较慢的移动速度会获得相对更高的精度,也会获得相对细腻的模型表面
	支撑打速度	控制打印支撑结构时喷头的移动速度(注:该选项仅在 Slic3r 切片引擎下支持)
	空走速度	控制喷头在不打印状态下的移动速度
温度	喷头及打印平台温度	1.ABS 耗材建议喷头温度设置为 220 ℃,打印平台温度默认设置为 105 ℃; 2.PLA 耗材建议喷头温度设置为 220 ℃,打印平台默认设置为 50 ℃
其他选项	陡峭判定阈值	设置支撑的生成条件,即超过设定陡峭度的部位将生成支撑结构

注:不同的温度会对打印成型效果产生细微影响,想要获得更好的打印效果,需要用户根据自身情况进行调整。打印参数设置完成后单击"确定"按钮,保存为.g 或.gx 文件即可用于 Dreamer Pro 打印。

3.视角

从不同角度观察模型。长按鼠标左键,可以拖动打印范围框体在屏幕中的位置;长按鼠标右键,可通过移动鼠标来变换不同的角度;滚动鼠标滚轮可改变观察距离。

在加按 Shift 键状态下,上述两种操作方式相互交换。在除视角模式之外的模式中,长

按鼠标右键,可通过移动鼠标来变换不同的角度;长按鼠标右键并加按 Shift 键,可以拖动打印范围框体在屏幕中的位置。在任何操作状态下,都可以如此操作来改变模型观察角度与观察距离。

再次单击"视角"按钮,将弹出视角选择框,可以选择从六个方向观察模型,也可以选择重置模型视角。

4.移动

移动用来调节模型空间位置。单击鼠标左键选择需要移动的模型文件,被选中的模型会呈现更为明亮的颜色。选中模型后,长按鼠标左键并移动鼠标来移动模型。坐标箭头显示模型相对前一位置产生的位移方向和距离。再次单击"移动"按钮,将弹出"设置位置框",可以调节或设置模型的坐标,或者重置模型位置。

5.旋转

旋转用来调节模型摆放姿态。选中需要操作的模型后,会看到相互垂直的三个圆环,分别为红色、绿色和蓝色。单击选中圆环后可以在当前圆环方向进行旋转。转过的角度和转动方向将以夹角显示在圆心位置。再次单击旋转按钮,将弹出"设置旋转框",可以设置转动角度,或者重置模型姿态。

6.缩放

缩放用来调节模型的大小。选中模型文件后,长按鼠标左键并拖动鼠标来改变模型的大小。模型文件当前的长、宽、高数值将显示在对应三条边框上。再次单击"缩放"按钮,可以设置模型的尺寸,或者改变各个方向上的比例以进行缩放。在下方的"保持比例"选项为勾选状态下,改变任意一边的长度将使模型进行等比例缩放;如"保持比例"选项为不勾选状态,长度的改变将在单一方向上进行。单击"最大尺寸"选项,模型将自动等比例缩放到打印机允许的最大尺寸上。单击"重置"按钮可以返回模型的最初样式。

7.喷头

双击"喷头"按钮,会弹出"设置喷头框"。在选中需要设置的模型后,可以选择打印该模型使用的喷头(如果用户的打印机为双喷头打印机)。设置为左喷头打印的部分将在模型上显示为绿色,使用右喷头打印的部分将在模型上显示为米色。

(二)菜单栏

菜单栏的各功能见表 14-5。

表 14-5　　　　　　　　　　　　　　菜单栏

名称	功能
载入文件	单击"载入文件"选项,选择一个 3D 文件(.stl & .obj)。可以从网上下载 3D 模型。载入成功以后,在软件的平台上看到所载入的 3D 模型。该 3D 模型就是实际打印的模拟
保存场景	将当前软件中显示的模型,包括模型的相关设置参数保存到一个 .stl 文件中
示例	软件中直接有四个示例模型,便于进行初次打印以及相关打印测试。可以根据示例模型的打印情况来评估 Dreamer Pro 打印机的现状

（续表）

名称	功能
最近打开的文件	便于浏览查看最近打开的文件
偏好位置	语言文字选项,有四种语言文字,每次重新选择语言文字后需要重启软件
关闭	关闭软件

（三）编辑

各编辑功能说明见表 14-6。

表 14-6　　　　　　　　　　　　　　　编辑

名称	功能
撤销	撤销上一步的操作
重做	取消撤销
全选	选中软件中的全部模型
创建副本	复制且仅能复制一次软件平台上的模型(所有模型)
删除	删除选中的模型

（四）打印、视图、工具、帮助

打印、视图、工具、帮助中各功能分别见表 14-7～表 14-10。

表 14-7　　　　　　　　　　　　　　　打印

名称	功能
连接	将 Dreamer Pro 打印机连接到电脑,有串口(USB)连接和 Wi-Fi 连接两种连接方式。另请阅读 Wi-Fi 设置部分
断开	断开 Dreamer Pro 打印机和电脑的连接
打印	请参照工具栏下的打印选项操作

表 14-8　　　　　　　　　　　　　　　视图

名称	功能
六视图	可分别从六个不同的面观察模型
显示模型边框	高亮显示模型的边线,便于更好地观察
显示陡峭表面	高亮显示陡峭面的区域,这些区域需要支撑打印

表 14-9　　　　　　　　　　　　　　　工具

名称	功能
控制面板	控制面板是一个带有诊断功能的菜单,包括 X、Y、Z 轴电动机的点动控制,喷头电动机的转速设置以及喷头和平台温度的设置。该功能仅在连接电脑的情况下有效
更新固件	当 Dreamer Pro 有新的固件需要更新时,可以使用该选项进行更新固件。必须连接到电脑进行更新

名称	功能
主板参数配置	查看主板的参数配置
机器信息	查看 Dreamer Pro 打印机的版本信息

表 14-10　　　　　　　　　　　　　　帮助

名称	功能
帮助	单击"帮助"选项，打开 FlashPrint Pro 使用指南
模型共享	将模型共享到网站
检查更新	查看软件的更新情况，若有更新将会自动提示
关于	查看软件的版本信息

（五）一般的打印流程

1.USB 连接打印

（1）用 2.0 的数据线连接 Dreamer Pro 到电脑上。

（2）打开机器，确保打印平台已被调平，耗材装载在左喷头上。

（3）在软件的菜单栏中选择"打印"选项，然后选择"连接机器"选项。

（4）单击"重新扫描"选项，然后单击"连接"选项。

（5）现在打印机连接上了 FlashPrint Pro。右下角状态栏会显示两个喷头和打印平台的温度。

（6）单击"打印"图标，然后会出现一个"打印选择"的对话框。确保在左侧材料选项选择了"ABS"高级选项，可以单击"更多选择"图标来进行选择。注意在对话框上方勾选"分层完成后打印"选项，然后单击"确定"选项。

（7）.g 或 .gx 代码文件可以保存在任何位置，保存后模型开始切片，并自动上传至 Dreamer Pro 中，马上打印机开始进入预热模式，预热完成后即可开始打印。

2.从 SD 卡打印

（1）将 SD 卡插入电脑。

（2）模型设置好后单击"打印"选项，出现"打印选择"对话框，确保在左侧材料选项选择了"ABS"高级选项，可以单击"更多选择"图标来进行。注意在对话框上方勾选"打印预览"，然后单击"确定"按钮。

（3）将 .g 或 .gx 代码文件保存到 SD 卡，软件开始对模型切片。

（4）切片完成后，将 SD 卡插入打印机的卡槽中，并启动打印机，确保已被调平，耗材已装载于左喷头。

（5）单击触摸屏主菜单中"打印"按键，然后选择中间 SD 卡图标，出现打印文件列表，选择所需要打印的文件，单击"是"按钮。注意 .gx 文件是可预览的。

（6）打印机开始预热，预热完成后则开始打印。

3.支撑打印

如果 3D 模型有处于"悬空"状态的部位，这些部位就需要支撑打印来进行。在打印选择对话框中有"支撑"选项，可以选择左/右喷头来进行支撑部分打印，另一个喷头来打印模

型实体。在这里,推介使用可溶性耗材来进行打印支撑,可溶性耗材可溶于水或香蕉水,便于去除支撑打印部分的材料

（六）打印中的常见错误和解决办法

（1）开始打印第一层时,若吐丝未能与底板较好地粘在一起,请立即停止打印,并重新调平底板。

（2）若打印中出现断丝的情况,请立即停止打印,并通知指导教师。

（3）打印时,若遇到喷头不吐丝的情况,请立即停止打印,并通知指导教师。

（4）打印时,若发现打印的模型底面与底板脱落,请停止打印,重新调平底板,并且打印时加底板

（七）模型打印完成以后的后期工艺

（1）打印完成以后请把工作台手动调到合适高度,用小铲子把模型从打印平台上卸下来,如若难以卸载,请通知指导教师。

（2）用整形锉刀将模型表面的毛刺去掉,并用尖嘴钳将支撑部分去除。

（3）将模型放置在的通风的地方由指导教师统一上色。

（4）若模型需要拼接,请使用指导教师统一发放的黏接剂。

14.5　思考题

1.什么是 3D 打印技术？常见的 3D 打印技术有哪几种？

2.简述 3D 打印耗材如何安装。

3.简述 3D 打印时如何进丝和退丝。

4.简述 3D 打印软件的使用方法。

第 15 章

工业工程实训

本章思政目标：学习立体仓库、流水线、管理沙盘的基本操作、训练,加强职业认知,增强学生的家国情怀、文化素养,筑牢中华民族共同体意识。

15.1 自动化立体仓库系统操作

15.1.1 实训目的

1.掌握立体仓库的基本功能。

2.了解自动化立体仓库的用途、应用实例。

3.熟悉自动化立体仓库系统中的设备组成。

4.熟悉自动化立体仓库系统中的软件(储配之窗)操作流程。

5.加强理论和实践的联系,培养发现问题、提出问题和解决问题的能力。

6.锻炼组织、协调、管理和执行能力,为专业课程的学习及日后进入工作岗位打下良好基础。

15.1.2 实训要求

1.安全技术。

2.熟悉自动化立体仓库系统中的硬件组成。

3.熟悉自动化立体仓库系统中的软件操作流程:

①(整件货物、散件货物)出库作业;

②(整件货物、散件货物)入库作业;

③(整件仓库向散件仓库)补货作业。

15.1.3　实训设备

1.立体货架(图 15-1)

货架是采用具有一定强度的材料,按一定式样建成用来存放货物的几何构筑体。货架的种类有许多种,以满足各种不同的物品、储存单位、承载容器及存取方式的需求。

立体货架是自动化立体仓库的承重构筑物,货架在仓储设备的总体投资中所占比例最大,投资约占整个仓库设备投资的 1/3~2/3,消耗钢材最多。根据存储方式和货物形状、体积、重量及库房面积等,选择和设计经济合理的货架是很重要的。要在保证强度、刚度及整体稳定,能满足仓库设备运行工艺要求的较高的制造和安装精度的条件下,尽量减轻货架的重量、降低钢材消耗。

图 15-1　立体货架

2.堆垛机

堆垛机是自动化立体仓库中最重要的运输及装卸存取设备。堆垛机是指用货叉或串杆擢取、搬运和堆垛或从高层货架上存取单元货物的专用起重机。常用的为巷道堆垛机,按其结构形式分为单立柱堆垛机(图 15-2)和双立柱堆垛机两种基本形式。巷道式堆垛机由机架(车身)、运行机构、起升机构、载货台及存取货机构和电气设备五部分组成。

图 15-2　单立柱堆垛机

3.自动导引车(图15-3)

自动导引车(Automatic Guided Vehicle,AGV)也称无人搬运车或自动搬运车,是一种现代化的先进物料搬运设备。AGV备有自动导向系统,按设定的路线自动行驶或牵引着载货台至指定地点,实现物料的自动装卸和搬运,与其他物流设备自动接口,全过程自动化无人驾驶,是具有安全保护以及各种移载功能的输送设备。它具有导向行驶、认址和移交载荷的基本功能。

图15-3　自动导引车(AGV)

4.机械手(图15-4)

机械手能模仿人手和臂的某些动作功能,用以按固定程序抓取、搬运物件或操作工具的自动操作装置。机械手是最早出现的工业机器人,也是最早出现的现代机器人,它可代替人的繁重劳动以实现生产的机械化和自动化,能在有害环境下操作以保护人身安全,因而广泛应用于机械制造、冶金、电子、轻工和原子能等部门。

图15-4　机械手

5.输送设备

输送设备是以连续的方式沿着一定的线路从装货点到卸货点均匀输送货物的机械。与间歇动作的起重机械相比,其工作构件的装载和卸载都是在运动过程中完成的,无须停车,因此具有较高的生产率。在同样的生产率下,输送设备具有:自重轻、外形尺寸小、成本低、驱动功率小;传动机械的零部件负荷较低且冲击小;结构紧凑,制造和维修容易;输送货物线路固定,动作单一,便于实现自动化控制;工作过程中负载均匀,所消耗的功率几乎不变等特点。图 15-5 所示为辊筒输送链。

图 15-5　辊筒输送链

6.箱式托盘(图 15-6)

托盘是在运输、搬运和存储过程中,将物品规整为货物单元时,作为承载面并包括承载面上辅助结构件的装置。采用托盘集装单元方式来保管物料是自动化立体仓库最广泛的使用形式,通常说"自动化立体仓库",指的就是托盘单元式的自动化立体仓库。

箱式托盘的基本结构是沿托盘四个边有板式、栅式、网式等各种平面组成箱体。有些箱体上有顶板,有些箱体上没有顶板。箱式托盘的主要特点是:其一,防护能力强,可有效防止塌垛,防止货损;其二,由于四周有护板护栏,装运范围较大,不但能装运可码垛的整齐形状包装货物,也可装运各种异型、不能稳定堆码的物品。

图 15-6　箱式托盘

7.激光条码识别系统

条码自动识别系统具有制作简单、信息收集速度快、准确率高、信息量大、成本低和条码设备方便易用等优点,在自动化立体仓库的管理中,应用条码技术实现了物流与信息流的有机结合,可以对自动化立体仓库的物流全过程进行跟踪管理。基于条码技术的自动化立体仓库管理信息系统,必须配置相应的条码识别系统,而自动化立体仓库的条码识别系统常用的为激光条码识别系统。一个激光条码识别系统的主要元素有:

(1)载有此条码的货物;

(2)能够自动读入条码的装置——条码自动阅读器(激光扫描器和译码器);

（3）把读入的信息传送到通信系统的处理器；

（4）执行处理器指令的动作机构。

货物信息的载体条码在前进过程中通过条码自动阅读器读入后，送到中央处理机进行处理分析判断，然后发出命令，指挥动作机构执行，使货物被送到指定的位置，激光条码识别系统工作流程如图 15-7 所示。激光式扫描仪如图 15-8 所示。

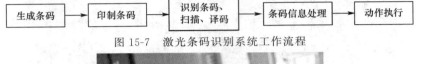

图 15-7　激光条码识别系统工作流程

图 15-8　激光式扫描仪

8.管理信息系统（图 15-9）

管理信息系统（Management Information System，MIS）综合运用了管理科学、计算机科学、系统科学、运筹学和统计学等学科知识。广义地说，管理信息系统是用系统的思想建立起来的，以计算机为信息处理手段，以现代通信设备为基本传输工具，能为管理决策者提供信息服务的人机系统。狭义地说，管理信息系统是一个由人和计算机组成的，能够进行数据采集、传递、储存、加工、维护和使用的系统，它具有计划、预测、控制和辅助决策的功能。

自动化立体仓库管理信息系统的主要功能是对仓库所有出入库作业进行最佳分配、登录和控制，并对数据进行统计和分析，以便决策者对生产实现进行宏观调控，及早发现问题，采取相应措施，满足生产需求，最大限度地降低库存量及资金的占用，加速资金周转。

图 15-9　管理信息系统

15.1.4　实训内容

（一）出/入库作业流程

出/入库作业流程分别如图 15-10、图 15-11 所示。

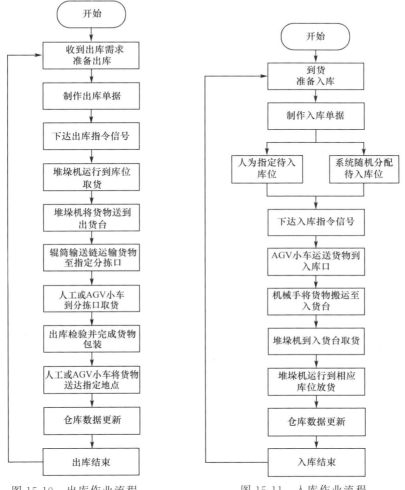

图 15-10　出库作业流程　　　　图 15-11　入库作业流程

出/入库作业的实训步骤如下：

（1）仓库管理员根据供应链上、下游的供给或需求制作入库单据（或出库单据），保存并提交至上级主管。

（2）主管审核通过后，生成入库作业单（或出库作业单）。

（3）到货后，进行入库检验（仅入库作业需此步骤）。

（4）仓库管理员向系统硬件下达指令，进行入库作业（或出库作业）。其中，入库作业中需 AGV 小车配合送货，出库作业中需 AGV 小车配合接货。

（5）出库检验并打包，送货至指定地点（仅出库作业需此步骤）。

（6）入库（或出库）作业完成。

（二）补货作业

补货作业流程如图 15-12 所示。

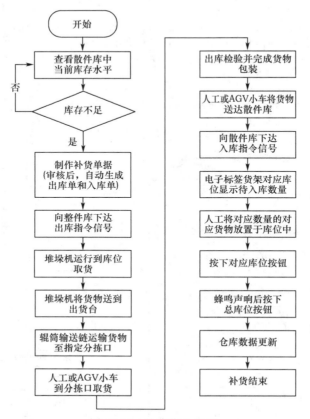

图 15-12 补货作业流程

补货作业的实训步骤如下：

（1）仓库管理员根据管理软件确定零部件仓库（散件库）目前库存，判断是否库存不足，如不足，需要及时从整件库补货。如整件库中库存不足，需从供应商处采购入库。

（2）仓库管理员制作补货单。

（3）主管审核补货单通过后，系统自动生成两张单据，分别是整件库的出库单和散件库的入库单。

（4）仓库管理员向整件库系统硬件下达指令，完成出库作业。

（5）出库检验并打包，送货至散件库。

（6）仓库管理员向散件库系统硬件下达指令，完成入库作业。

（7）补货作业完成。

15.1.5 操作示例分析

1.入库作业

（1）新增入库单（主菜单—存储管理—入库单新增列表）

填入计划入库的货物相关信息，填写后保存。

（2）提交审核入库单并开始作业（主菜单—存储管理—入库单列表）

进入入库单列表之后，勾选对应行并单击"提交"按钮。单击记录行右侧的"审核"按钮，审核通过后，单击"开始执行"按钮，系统根据入库单内容自动生成入库作业单，如果涉及两个不同区域的作业，例如货品有整件也有散件，则需要拆分为不同的单据。

（3）开始入库作业（主菜单—存储订单执行—入库作业单列表）

单击主菜单中入库作业单列表，需要注意的是单据下方的表格内没有任务内容，这是因为整件入库作业时需要先对货品进行码垛，在没有码垛的情况下，无法得知具体码垛的托盘编号以及托盘数量，无法安排入库库位，也就无法作业。此时如果我们单击"开始执行"按钮，系统则会按默认排序自动为入库作业单分配托盘以及库位。若想手动指定托盘以及库位，可使用手动指定出入库功能。

（4）手动指定出入库（主菜单—手动指定出/入库—入库码垛）

单击主界面的"手动指定出入库"按钮，进入其界面，并选择作业单号，界面下方会出现任务内容。扫描或输入托盘号、货品编号，并输入码垛在该托盘上的货品包装数量，单击"绑定"按钮。绑定成功后，下方会显示绑定记录，可以解绑并重新作业。码垛完毕后单击"码垛""完毕"按钮。

（5）入库上架（主菜单—手动指定出/入库—立库指引）

单击"立库指引"按钮，进入其界面，并选择作业单号，界面下方会出现任务内容。选择仓库以及库位的分配策略，"自动分配"将由系统指定入库库位；"手动分配"可人工选择库位，选择好后单击"确定"按钮。

启动堆垛机及其配套软件后，将托盘放到入库链上，入库链及堆垛机将自动启动，并将托盘放入指定库位。

（6）库存查询（主菜单—存储管理—仓库管理）

单击"全自动立体库"，界面右侧将以图形的方式显示库存情况，具体某一库位的库存信息可直接单击查看。

2.出库作业

（1）新增出库单（主菜单—存储管理—出库单新增列表）

选择并填写计划出库的货物相关信息，填写后保存。

（2）提交审核出库单并开始作业（主菜单—存储管理—出库单列表）

进入出库单列表之后，勾选对应行并单击"提交"按钮。单击单据右侧的"审核"按钮，审核通过后，单击"开始作业"按钮，系统根据出库单内容生成一份或多份出库作业单。出库单的状态变为"开始作业"。打开出库作业单页面，单击"开始执行"按钮。

（3）出库检验（主菜单—存储订单执行—出库检验单列表）

注意：本系统的每一次出库作业结束都有出库检验的流程。出库检验的步骤和入库检验类似。在出库检验单列表可以看到待检验内容，单击单据右侧的"开始执行"按钮，实际数量以及异常原因两列会出现文本框，可以在此直接输入内容并验收完毕。

（4）出库打包（主菜单—存储订单执行—出库检验单列表）

在出库检验单页面的单据右侧，单击"出库打包"按钮，系统自动弹出一个对话框，输入包装数量即可，下方灰色的记录是出库检验的任务信息，仅供打包参考。

3.补货作业

数据准备，如果设置的物料在整件存储区缺货，请先入库。散件存储区的货物有缺货时,系统才能生成补货单。

(1)缺货查询并生成补货单(主菜单—存储管理—仓库管理)

单击仓库管理顶部的"缺货查询"按钮,将弹出"缺货情况一览"页面,如果该页面有记录,说明散件库存在缺货的情况。单击"自动生成补货单"按钮,系统将自动生成一张补货单。

(2)提交审核补货单并开始作业(主菜单—存储管理—补货单列表)

选择补货单并单击"提交主管"按钮,当补货单状态变为已提交后,可以对该单据进行审核,审核通过后,单击"开始作业"按钮,系统自动生成两种单据,第一种是出库作业单;第二种是入库作业单。先执行出库作业单,将整件存储区的货物取出,然后执行入库作业单,将货物补货到散件库。

(3)补货之出库作业(主菜单—存储订单执行—出库作业单列表)

打开出库作业单页面后,此刻补货单已自动转成出库作业单,单击开始执行按钮,堆垛机会自动将货物取出。

(4)补货之出库检验(主菜单—存储订单执行—出库检验单列表)

注意:本系统的每一次出库作业结束都有出库检验的流程。出库检验的步骤和入库检验类似。在出库检验单列表可以看到待检验内容,单击单据右侧的"开始执行"按钮,实际数量以及异常原因两列会出现文本框,在此直接输入内容并验收完毕。

(5)补货作业(主菜单—存储订单执行—入库作业单列表)

打开入库作业单页面后,此刻补货单已自动转成入库作业单,单击"开始执行"按钮。然后,打开电子标签仓库(散件库)管理电脑上的电子标签辅助分拣软件。单击"入库"按钮后选择作业单号,输入待补货的货品编码,单击"开始补货"按钮,电子标签将自动点亮要补货的库位以及数量。将货品按标签显示数量放入库位后,拍下电子标签上的完成键。

(6)库存查询(主菜单—存储管理—仓库管理)

单击"摘取库房"按钮,界面右侧将以图形的方式显示库存情况,具体某一库位的库存信息可直接单击查看。

15.1.6 思考题

1.写出实训步骤(出/入库、补货作业)。
2.列明实训操作中所用到的单据名称。
3.针对当前的出入库作业流程提出自己的改进想法。

15.2 流水线生产操作和精益制造管理系统操作

15.2.1 实训目的

1.了解精益管理并掌握精益制造管理系统软件的使用。
2.使用精益制造管理系统软件进行流水线模拟生产。

3.加强理论和实践的联系,培养发现问题、提出问题、解决问题的能力。

4.锻炼组织、协调、管理和执行能力,为专业课程学习及日后进入工作岗位打下良好基础。

15.2.2　实训要求

1.满足人员安全、场地安全、技术安全要求。

2.熟悉流水线上的硬件组成。

3.熟悉精益制造管理系统中的软件操作流程。

4.学会流水线生产操作。

15.2.3　实训设备

1.倍速链生产线(图 15-13)

倍速链生产线主要用于装配及加工生产中的物料输送,其输送原理是运用倍速链的增速功能,使其上承托货物的工装板快速运行,通过阻挡器停止于相应的操作位置;或通过相应指令来完成积放动作及移行、转位等功能。一般采用特制的、经表面处理的挤压铝合金型材作为导轨,使倍速链在输送过程中具有非常好的稳定性和持久性,适合产品大批量连续生产。

倍速链生产线广泛应用于各种电子电器、机电等行业,最常见的有:电脑显示器生产线、电脑主机生产线、笔记本电脑装配线、空调生产线、电视机装配线、微波炉装配线、打印机装配线、传真机装配线、音响功放生产线、发动机装配线。

图 15-13　倍速链生产线

2.流水线工装板

流水线工装板都是循环使用的,其主要作用是放置、固定或夹持待加工、待检查或待返修的产品,一般在倍速链生产线上使用。

3.皮带生产线(图 15-14)

皮带生产线是一种利用连续运动且具有挠动的输送带来输送物料的输送系统。皮带生产线主要由输送带、驱动装置、传动滚筒、托辊和张紧装置等组成。输送带是环形封闭形式,兼有输送和承载两种功能。传动滚筒依靠摩擦力带动输送带运动。输送带全长靠许多托辊支承,并且有张紧装置拉紧。

皮带生产线是广泛应用于电子产品生产行业的一款流水线设备,在其他行业,如食品加工、包装行业也有较为广泛的应用。皮带线以其高效、稳定、方便的生产操作特点,深得生产企业的喜爱。

图 15-14   皮带生产线

4.工业面板(图 15-15)

工业面板主要用于安装生产运作管理软件(Andon 系统)使用。Andon 系统作为精益生产制造管理的一个核心工具,在制造过程中发现生产缺陷、异常时,能通过系统在最短的时间里将信息传递出去,使问题能够快速解决,使生产能够平稳进行,提高效率。

Andon 系统的主要作用有:设备运行宏观动态显示、在线生产品种动态显示、计划下达顺序调度、现场故障报警监视、设备故障停线时间及故障说明,从而发现生产中的质量问题停线原因、零件供应短缺停线原因,进而可以通过改善现场规划,推行“生产自动化”,提高过程质量控制能力、现场管理水平和效率,降低现场管理成本。

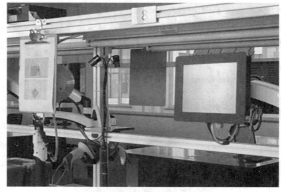

图 15-15   工业面板

5.工位 RFID 读写器(图 15-16)

工位 RFID 读写器又称为“RFID 阅读器”,即无线射频识别,通过射频识别信号自动识别目标对象并获取相关数据,无须人工干预,可识别高速运动物体并可同时识别多个 RFID 标签,操作快捷方便。工位 RFID 读写器有固定式和手持式两种,手持工位 RFID 读写器包含有低频、高频和超高频等。

工位 RFID 技术目前应用于很多行业,如物流、防伪溯源、工业制造和 ETC 等。特别是工业4.0的概念提出后,工位 RFID 读写器在制造业得到了广泛的应用。工位 RFID 读写器在制造业的使用中,配合电子标签可以实现自动采集数据,对生产线上的产品进行状态监控等。

图 15-16　RFID 读写器

6.条码扫描枪(图 15-17)

条码扫描枪作为光学、机械、电子和软件应用等技术紧密结合的高科技产品,是继键盘和鼠标之后的第三代主要的电脑输入设备。对于内部管理,工位上的条码扫描枪主要可以协助组长以上管理阶层掌握最正确实时的生产线动态,避免现场主管主观性派工所造成的争议,随时掌握各工段流程的生产效率。对于对外效益,可以提升企业尖端形象,强化企业接单能力,增加与客户沟通渠道。

图 15-17　条码扫描枪

7.摄像头

每个工位上的摄像头主要是为了采集并记录各工位上的作业情形,为后续的动作研究收集分析资料,最终达到节约人力、提高效率和充分降低时间成本以提高经济效益的目的。

8.电动螺丝刀(图 15-18)

电动螺丝刀用于拧紧和旋松螺钉用的电动工具。该电动工具主要用于装配线。是大部分生产企业必备的工具之一。

9.平衡器(图 15-19)

平衡工位应用的是载重 1.5～3 kg 的平衡器,主要用于悬挂电动螺丝刀。平衡器是一种吊挂重量较大的生产操作设备的辅助工具。它供生产线上从事持续性、重复性工作的人员使用,用于悬挂、集中、搬运及移开工具,可避免悬挂对象坠落。

图 15-18　电动螺丝刀

图 15-19　平衡器

10.流利斜坡式料架(图 15-20)

流利斜坡式料架安装有流利条,同时货架呈现一定的坡度,使货物在下滑过程中能够利用货物的自重,提高工作效率。流利斜坡式料架最大的特点是将货物置于流利条上,利用一边通道存货,另一边通道取货。料架朝出货方向向下倾斜,货物在重力作用下向下滑动。该种设计原理可实现先进先出,一次补货、多次拣货,从而提高存储效率。

图 15-20　流利斜坡式料架

11.电子标签原材料仓库(图 15-21)

电子标签原材料仓库主要用于存储生产所需的原材料,是基于电子标签货架设计安装的。电子标签辅助拣货系统是采用先进电子技术和通信技术开发而成的物流辅助作业系统,通常使用在现代物流中心货物分拣环节,具有效率高、差错率低的作业特点。电子标签辅助拣货系统根据两种不同的作业方式,可分为摘果式拣货系统 DPS(Digital Picking System)和播种式拣货系统 DAS(Digital Assorting System)。

摘果式拣货系统,是指将电子标签安装于货架储位上,一个储位放置一项产品,即一个电子标签代表一项产品,并且以一张拣货单为一次处理的单位,系统会将拣货单中有拣货商品所代表的电子标签亮起,拣货人员依照灯号与显示数字将货品从货架上取出放进拣货箱内。

播种式拣货系统,是指每一个电子标签代表一个客户或是一个配送对象,以每个品项为一次处理的单位,拣货人员先将货品的应配总数取出,并将商品信息输入,系统会将代表有订购此项货品的客户的电子标签点亮,配货人员只要依电子标签的灯号与显示数字将货品配予客户即可。

图 15-21　电子标签原材料仓库

15.2.4　实训内容

精益管理源于精益生产。精益生产(LP—Lean Production)是美国麻省理工学院教授詹姆斯·P·沃麦克等专家通过"国际汽车计划(IMVP)"对全世界 17 个国家 90 多个汽车制造厂的调查和对比分析,认为日本丰田汽车公司的生产方式是最适用于现代制造企业的一种生产组织管理方式。

精益管理要求企业的各项活动都必须运用"精益思维"(Lean Thinking)。"精益思维"的核心就是以最小资源投入,包括人力、设备、资金、材料、时间和空间,创造出尽可能多的价值,为顾客提供新产品和及时的服务。

精益管理的目标可以概括为:企业在为顾客提供满意的产品与服务的同时,把浪费降到最低程度。企业生产活动中的浪费现象很多,常见的有:错误—提供有缺陷的产品或不满意的服务;积压—因无需求造成的积压和多余的库存;过度加工—实际上不需要的加工和程序;多余搬运—不必要的物品移动;等候—因生产活动的上游不能按时交货或提供服务而等候;多余的运动—人员在工作中不必要的动作;提供顾客并不需要的服务和产品。努力消除这些浪费现象是精益管理的最重要的内容。

精益管理就是管理要满足下列条件：

(1)"精"——少投入、少消耗资源、少花时间,尤其是要减少不可再生资源的投入和耗费,高质量。

(2)"益"——多产出经济效益,实现企业升级的目标。更加精益求精。

在过去,精益思想往往被理解为简单的消除浪费,表现为许多企业在生产中提倡节约、提高效率、取消库存(JIT)、减少员工和流程再造等。但是,这仅仅是要求"正确地做事",是一种片面的、危险的视角。而现在的精益思想,不仅要关注消除浪费,同时还以创造价值为目标"做正确的事"。归纳起来,精益思想就是在创造价值的目标下不断地消除浪费。企业在全球化的背景下正面临着日益激烈的竞争形势,对企业进行精益改革已成为一个发展趋势。

(一)精益制造管理系统操作

进入软件,精益制造管理系统主界面如图 15-22 所示。

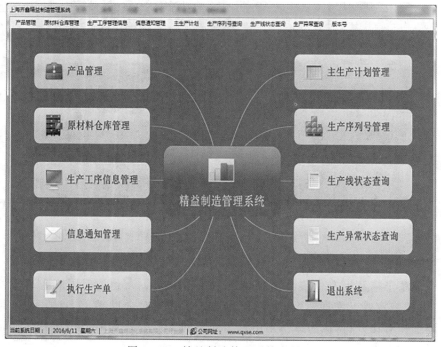

图 15-22　精益制造管理系统主界面

(1)产品管理

①新建产成品资料;

②新建原材料资料。

(2)原材料仓库管理

①绑定原材料与对应库位;

②建立原材料入库信息。

(3)生产工序信息管理

①添加生产任务名称和工序数量(工位数量);

②添加各工序内容。

（4）主生产计划管理

①添加工位平均作业时间；

②添加产品序列号采集方式；

③添加计划生产数量。

（5）执行生产单

（6）生产序列号管理

①查询总作业时间和产品流动情况；

②各工位作业时间。

（7）生产线状态查询

查询各工位故障、缺料情况。

（8）生产异常状态查询

（9）信息通知管理

（10）退出系统

（二）电子标签货架存、取货操作

（1）入库作业（存货操作）

①单击进入"原材料仓库管理系统"；

②单击"入库"按钮；

③选择入库单号；

④单击"开始入库"按钮；

⑤选择入库货物条码；

⑥此时电子标签仓库原材料对应库位的电子标签亮起，提示入库位置与数量，根据提示将货物入库后，单击电子标签旁的"确认"按钮；

⑦本单入库完成后，总库位蜂鸣提醒，按下"总库位提醒"按钮。

（2）出库作业（取货操作）

①单击进入"原材料仓库管理系统"

②单击"领料"按钮；

③选择生产单号；

④单击"开始领料"按钮；

⑤此时电子标签仓库原材料对应库位的电子标签亮起，提示出库位置与数量，根据提示将货物出库后，单击电子标签旁的"确认"按钮；

⑥本单出库完成后，总库位蜂鸣提醒，按下"总库位提醒"按钮。

（三）流水线生产操作

①工业面板开机；

②双击进入"Andon 系统"按钮；

③选择"生产单号"，并单击"确定"按钮；

④需要领料的工位单击"领料"按钮，领料完毕；

⑤从 1 号工位开始生产并计时。扫码或识别 RF 标签（已写入产品序列号）即视为该工位开始生产加工该件产品，单击"工序完成"按钮，即视为此工位对于该件产品的生产加工

结束；

⑥其他作业工位同上述步骤逐个完成产品的加工；

⑦最后一道工序的工位进行产品质量检验，单击"产品合格"或"产品报废"，直至最后一件产品检验完成，流水线自动停止运行。

15.2.5　操作示例分析

1.在软件主界面选择产品管理。

（1）产品管理分为成品管理和原材料管理两种，成品管理的编辑界面如图 15-23 所示，逐条输入产品生产过程中涉及的成品信息。

图 15-23　成品管理界面

（2）单击"原材料管理"选项，进入原材料管理的编辑界面（图 15-24），逐条输入产品生产过程中涉及的原材料信息。

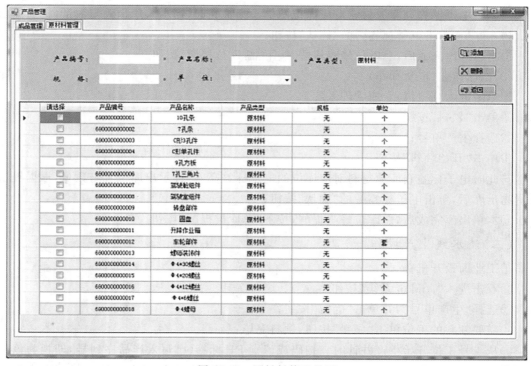

图 15-24　原材料管理界面

2.在软件主界面选择原材料仓库管理。

（1）进入"库存信息"界面（图 15-25），从下拉框选择原材料名称，勾选库位，将原材料与库位绑定。重复上述操作，将所有原材料与库位进行绑定；若要解除库位与原材料的绑定，则单击右侧的"解绑"按钮。

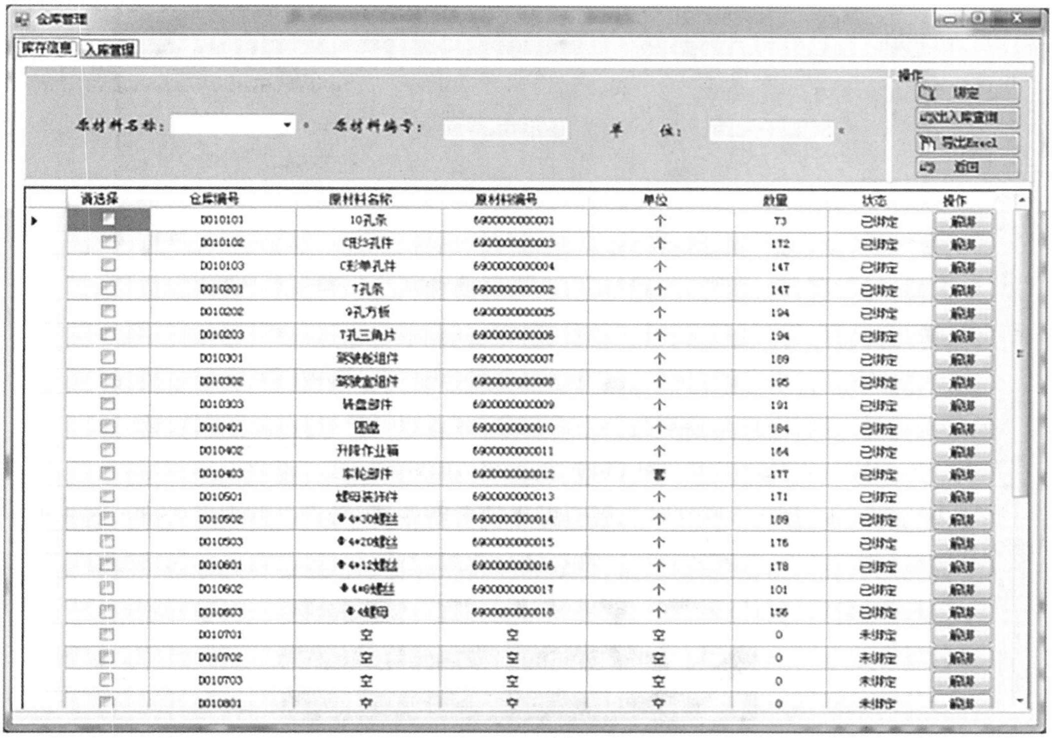

图 15-25　库存信息界面

（2）进入"入库管理"界面（图 15-26），从下拉框中选择原材料名称，输入入库数量，单击"添加"按钮。

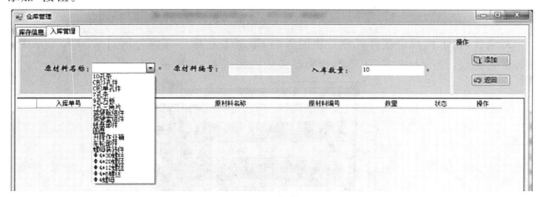

图 15-26　入库管理界面

3.添加完所有需要入库的原材料后，在原材料仓库管理电脑上打开原材料仓库管理系统软件，单击"入库"按钮，从下拉框中选择入库单号，单击"开始入库"按钮，再从下拉框中选择入库货物条码。如图 15-27 所示为原材料入库界面。

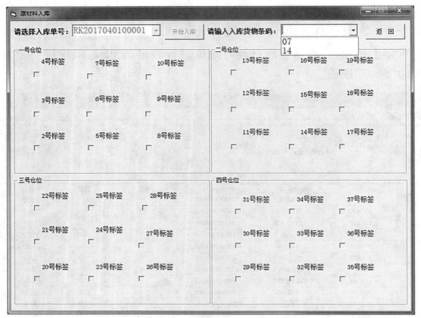

图 15-27　原材料入库界面

此时电子标签仓库原材料对应库位的电子标签亮起,提示入库位置与数量,根据提示将货物入库后,单击电子标签旁的"确认"按钮(图 15-28)。

图 15-28　入库操作示意 1

完成后,从下拉框中选择其他货物的条码,重复上述操作入库。所有货物入库完成后,蜂鸣器会响起,提示入库完成,单击蜂鸣器旁边的完成器,入库流程结束(图 15-29)。

图 15-29　入库操作示意 2

4.在软件主界面选择生产工序信息管理。

(1)进入"生产任务信息"界面(图 15-30),输入"任务编号""任务名称"和"工位数量"等信息,单击"添加"按钮。勾选生产工序,填写工序名称,单击确认修改,即可确定每个工序的名称。

图 15-30　生产任务信息界面

(2)在"生产任务信息"界面,勾选生产工序,单击操作栏中的"详细"按钮,在下拉框中选择"原材料名称"和"需用数量"等信息,单击操作栏中的"添加"按钮,即可完成对此工序需用原材料信息的添加,同一个工序可添加多个需用原材料信息。重复此操作,完成对所有工序需用原材料信息的添加,不需要使用原材料的工序在原材料名称下拉框中选择无。生产工序原材料信息界面如图 15-31 所示。

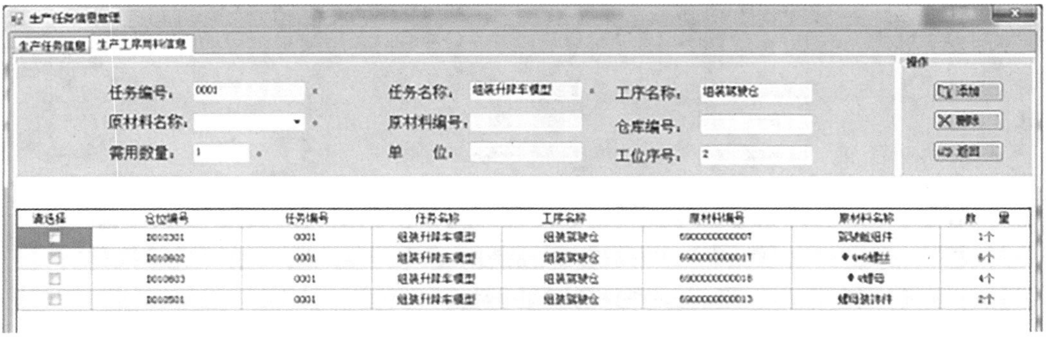

图 15-31　生产工序原料信息界面

5.在软件主界面中选择"主生产计划管理"。

从下拉框中选择"任务编号"和产品跟踪信息采集方式,设置"计划开始时间""计划循环时间"(即每个工序所需时间)和"计划生产数量",单击操作栏中的"添加"按钮即可完成主生产计划的编制工作。主生产计划制定界面如图 15-32 所示。

图 15-32　主生产计划制定界面

6.在软件主界面中单击"执行生产单"按钮。单击"刷新生产单"选项,在"选择生产工单号"下拉框中选择之前在主生产计划中建好的工单,单击"开始生产"选项,此时生产线就会自动启动(确认生产线已通电且开关处于自动位置)。执行生产单界面如图 15-33 所示。

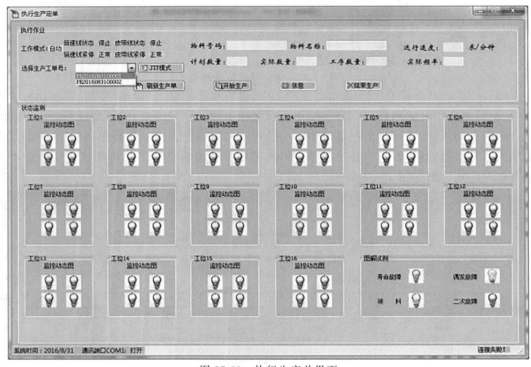

图 15-33　执行生产单界面

7.打开工位平板电脑上的精益制造管理 Andon 系统,从下拉框中选择生产单号,单击"确定"按钮,进入 Andon 系统管理界面。

各工位单击 Andon 系统中的"领料"按钮。自动化生产管理系统界面如图 15-34 所示。

图 15-34 自动化生产管理系统界面

8.在原材料仓库管理电脑上打开原材料仓库管理系统软件,单击"领料"按钮,从下拉框中选择"生产单号",单击"开始领料"选项(图 15-35)。

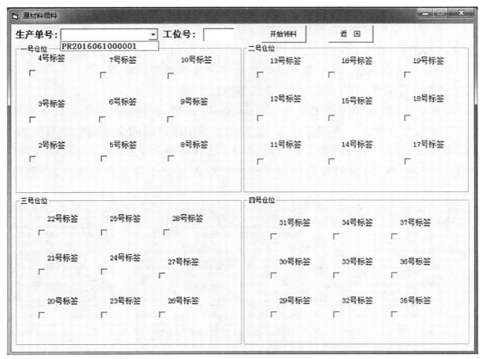

图 15-35 原材料领料界面 1

软件自动显示工位及其领料信息和库位信息。一个工位的原材料全部领取完毕后,系统会自动显示下一个工位的原材料领取情况,按照指示灯在电子标签仓库领取对应库位和数量的原材料,并配送到对应工位,领料工作结束(图 15-36)。

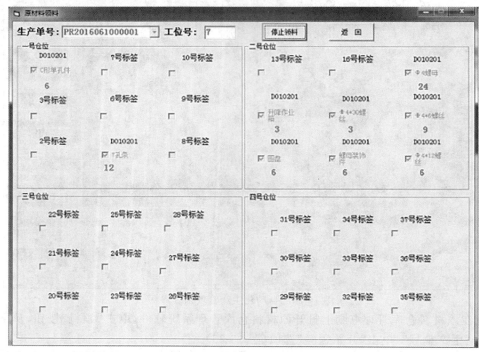

图 15-36　原材料领料界面 2

9.各工位领取完原材料后,可按装配流程扫描条码后进行生产,在该工位生产完成后单击"工序完成"按钮。在最后一个工序的 Andon 系统界面中,检验区内的"产品合格"和"产品报废"按钮变为可选状态,需根据产品的实际情况来选择产品状态。

10.在软件主界面单击"生产序列号管理"按钮。

从下拉框中选择"选择生产工单号",单击"查询"按钮,软件会显示生产任务中所有产品的生产序列号和生产状态。若产品作废,则需在填写作废原因的文本框中填写原因。

当需要查询每一个工位的作业信息时,单击"工位作业"信息,在下拉框中选择"生产工单号",单击"查询"按钮,这时我们可以看到生产线上每个工位上物料的登入/登出信息等(图 15-37)。

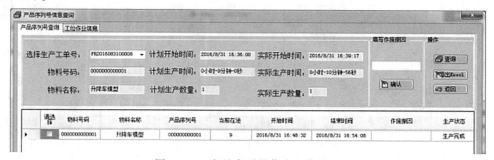

图 15-37　产品序列号信息查询界面

11.在软件主界面中单击"生产线状态查询"按钮,从下拉框中选择"生产工单号",单击

"查询"按钮,即可查询生产线所有工位的生产情况(图 15-38)。

图 15-38　生产线状态记录查询界面

12.在软件主界面中单击"生产异常状态查询"按钮,从下拉框中选择"生产工单号",单击"查询"按钮,即可查询生产线异常情况信息。

15.2.6　思考题

1.简述精益制造管理系统的使用步骤。

2.简述精益制造管理系统的使用对生产效率的影响。

15.3 企业经营管理沙盘模拟系统操作

15.3.1　实训目的

1.认知企业的组织结构、市场环境构成。

2.理解各个角色的岗位职责。

3.理解制造企业的运营流程。

4.学会风险决策。

15.3.2　实训要求

1.通过对 ERP 沙盘实验,构建公司,模拟对公司的运行操作来深入加强对已有 ERP 理论知识的了解并学习巩固自身薄弱的 ERP 知识。

2.通过在实训室沙盘模拟实践公司的运行,培养小组成员间的实践能力,提高素养,加强未来就业实践的基础。

3.通过对 ERP 沙盘模拟实训,加强小组成员之间的协调沟通,培养分析能力、合作能力、沟通能力、动手能力和创新能力。

4.通过对 ERP 沙盘模拟实训,总结实训经验,概括实训成果,分析实训当中的不足,整理模拟实训数据,撰写实训报告,提高自身的模拟研究水平。

15.3.3 实训设备

1.由教师机(1 台)与学生机(8 台)构成的局域网。
2.企业经营管理沙盘模拟系统软件。

15.3.4 实训内容

(一)沙盘起源与意义

(1)中国起源:《后汉书·马援列传》记载,公元 32 年,汉光武帝征讨陇西的隗(kui 三声)嚣,召名将马援商讨进军策略。马援对陇西一带的地理情况很熟悉,就用米堆成一个与实际地形相似的模型,以此来分析战术。光武帝刘秀看后,高兴地说:"敌人尽在我的眼中了!"这就是最早的沙盘作业。

(2)国外起源:1811 年,普鲁士国王菲特列·威廉三世的文职军事顾问冯·莱斯维茨,用胶泥制作了一个精巧的战场模型,用颜色把道路、河流、村庄和树林标识出来,用小瓷块代表军队和武器,陈列在波茨坦皇宫里,用来进行军事游戏。后来,莱斯维茨的儿子利用沙盘、地图表示地形地貌,按照实战方式进行策略谋划。

(二)企业运营流程图(沙盘图)

企业运营流程图(图 15-39)上的名词解释如下:

(1)P1/P2/P3/P4 销售订单:

P1/P2/P3/P4 为四种产品,起始年默认正在生产并销售 P1 产品,P2/P3/P4 产品需要企业自行决定是否投入研发资金,以获得生产该种产品的权利。

订单卡片用于模拟企业的市场,包括本地、区域、国内、亚洲和国际市场,上面有第几年、市场、产品、产品数量、单价、订单价值总额、账期、是否为 ISO 以及是否为加急要素。相当于客户给公司的订单,日后按订单数量将产品卖给客户后,得到相应金额的报酬。订单上的账期代表客户收货时货款的交付时间。若为 0 账期,则当即付款;若为 4 账期,代表客户 4 个季度后才能付款。

(2)借贷途径:短期贷款、长期贷款和民间融资。

(3)应付账款、现金、应收账款:

应付账款:原材料一次采购数量较多的时候,原材料费可计入应付账款。

应收账款:已销售的产品,因为有账期,所以尚未立即收到货款。

(4)行政管理费:维持运营发放的管理人员工资、必要的差旅费、招待费。

(5)维护、贴现、折旧、变更、利息、税金、租金、广告、固清(固定资产清理)及其他,属于支出费用,在后文会详细举例介绍。

(6)设备价值区:现有的生产线的价值,日后进行生产线变更或转卖时,需计入的一个值。

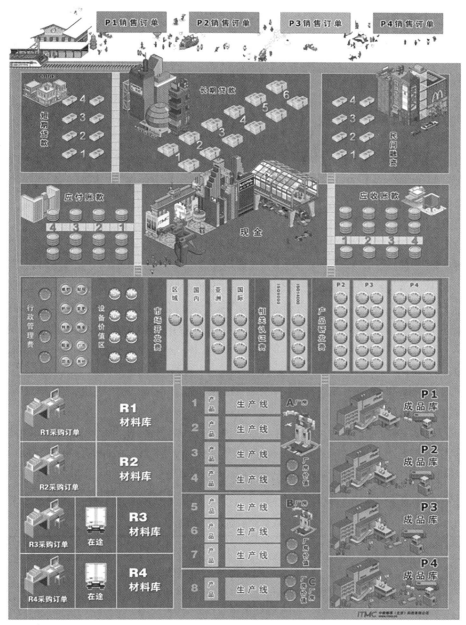

图 15-39　企业运营流程图

（7）市场开发费：ERP 供应链系统初始状态默认目前企业只能在本地市场内销售,如果想拥有获得更多订单的机会,就需要开发区域等市场,当然市场开发需要时间过程和资金投入。

（8）相关认证费：ISO9000 和 ISO14000。

ISO9000 标准是国际标准化组织颁布的在全世界范围内使用的关于质量管理和质量保证方面的系列标准。现在许多国家把 ISO9000 标准转化为自己国家的标准,鼓励、支持企业按照这个标准来组织生产,进行销售。可以说,通过 ISO9000 认证已经成为企业证明自已产品质量、工作质量的一种护照。

ISO14000 标准是环境管理体系标准的总称,是国际化标准组织(ISO)继 ISO9000 标准之后发布的又一国际性管理系列标准。ISO14000 标准对于提高各类组织的环境管理水平、节约资源、提高效益、降低风险具有全面的推进作用。建立 ISO14000 标准体系,已然成为进入世界市场,特别是欧美市场的绿色通行证。

(9)产品研发费:前文提到的,ERP 供应链系统初始状态默认目前我企业只能生产 P1 产品,如果想扩大产品的多样性,可以选择研发 P2/P3/P4 成功后,进行生产。

(10)R1/R2/R3/R4 采购订单。当需要采购 P1/P2/P3/P4 产品生产所需的原材料时,则下达原材料 R1(红色)/R2(绿色)/R3(灰色)/R4(黄色)的采购订单,需要注意的是存在采购提前期,因此设立了"在途"一项用以直观提醒操作者提前期。R1/R2 需提前一个季度采购,R3/R4 需提前两个季度采购。

(11)R1/R2/R3/R4 原料库:用来存放到货的原材料(R1/R2/R3/R4),当生产需要时,从原材料库取出即可。

(12)A/B/C 厂房、厂房价值:ERP 供应链系统初始状态默认目前企业只拥有厂房 A,因此在资金上的体现是企业的 A 厂房价值不为零,日后可以进行转卖,厂房不计提折旧。如果想要使用 B/C 厂房,需要购买或者租赁。A 厂房可容纳 4 条生产线,B 厂房可容纳 3 条生产线,C 厂房可容纳 1 条生产线。

(13)生产线:

生产线的种类可分为手工、半自动、全自动和柔性,不同的生产线生产效率及灵活性不同,最直接的体现就是购买价格不同。

(14)P1/P2/P3/P4 成品库:用来存放生产好的产品,根据销售订单内容,出售后获利。注意根据需求量适当调整生产进度,以免产生大量成品库存积压的情况。

(三)沙盘软件中模拟企业的各岗位职责

沙盘软件中模拟企业的各岗位职责见表 15-1。

表 15-1　　　　　　　　　　　模拟企业的各岗位职责

职能部门	企业业务	工作内容	说明	备注
市场部	战略规划市场营销	市场开拓	确定企业需要开发哪些市场,可供选择的区域市场、国内市场、亚洲市场和国际市场	市场开拓要在软件输入相应的数值,表示资金的投入
		营销投入	在已开拓完毕的市场上投放广告费用,争取市场份额	
		资格认证	确定企业需要争取获得哪些认证,包括 ISO9000 质量认证和 ISO14000 环境认证	ISO 认证完成,表示所生产的产品已达到 ISO 标准

（续表）

职能部门	企业业务	工作内容	说明	备注
生产部	组织生产	产品研发	确定企业需要研发哪些产品,可供选择的有 P2、P3、P4	产品研发完毕后,表示已具备生产该产品的资格
		厂房购买、出售与租赁	有大、中、小（A、B、C）三种厂房,大厂房可容纳 4 条生产线、中厂房可容纳 3 条生产线、小厂房可容纳 1 条生产线	购置的厂房的资金应摆放在厂房价值区
		生产线购买与出售	有手工、半自动、全自动、柔性生产四条线,不同生产线的生产效率及灵活性不同	购置生产线的资金应放置在设备价值区
		产品生产	四种：P1、P2、P3、P4	放置在产品标识处、表示生产线当前可以生产的产品
采购部	采购原料	采购提前期	R1、R2 原料的采购提前期为 1 个季度,R3、R4 的采购提前期为 2 个季度	
		原料订单	代表与供应商签订的订货合同,用放在原料订单位置的空桶数量表示	
仓储部	库存管理	原料库 4 个	分别用于存放 R1、R2、R3、R4 原料,每个币价值一百万	
		成品库 4 个	分别用于存放 P1、P2、P3、P4 产品	
财务部	会计核算财务管理财务运营	现金库	用来存放现金,现金用蓝币表示,每个价值一百万	
		银行贷款	用放置在相应位置上的空桶表示,每桶表示二千万	长期贷款按年;短期贷款按季度
		应收/应付账款	用放置在相应位置的装有现金的桶表示	应收和应付账款都是分账期的
		综合费用	将发生的各项费用置于相应区域	

（四）沙盘软件运营模拟规则

1.市场规则

一个币代表 1 M,即为 100 万,本沙盘模型中以 1 M 为单位数量。

（1）市场开拓规则

市场开拓时间与投资见表 15-2。

表 15-2　　　　　　　市场开拓时间与投资

市场	本地市场	区域市场	国内市场	亚洲市场	国际市场
时间	开放	1 年	2 年	3 年	4 年
投资	无	1 M	2 M	3 M	4 M

①可以在任何时间里停止对市场开拓的投资,但已经付出的钱不能收回。

②如果在停止开拓一段时间后想继续开拓该市场,可以在以前投入的基础上继续投入。

③市场开拓可以全部开拓,也可以选择部分市场。

④市场的开拓每年只能投入 1 M 的费用,不能加速开拓。

⑤只有在该市场完全开拓完成后,才能在下一年度里参与该市场的竞单。系统默认初始年的市场环境为本地市场。

（2）销售订单

①普通订单卡片可以在当年内任一季度交货,如果由于产能不够或其他原因,导致本年不能交货,企业为此将受到处罚:交货时扣除该张订单总额的 25％(取整)作为违约金。

②卡片上标注有"加急!"字样的,要求在第一季度交货,延期罚款处置同上。

③如果订单上标注了"ISO9000"或"ISO14000",则要求生产单位必须取得相应认证后,才能得到这张订单。

④企业需在年初决定是否购买订单,如果不购买订单,则累积到本年的产品,包括本年生产的产品,均不能在本年售出。

⑤竞单中的选单次序:1)按每个市场单一产品广告投入量,企业依次选择订单;2)如果该市场该产品广告投入相同,则比较该产品所有市场广告投入之和;3)如果单一产品所有市场广告投放相同,则比较所有产品,所有市场两者的广告总投入;4)如果所有产品,所有市场两者的广告总投入也相同,则根据谁优先提交的广告方案,谁优先选单。

⑥市场订单受随机事件影响,例如社会经济、政府、自然灾害等意外事件,由教师机设定。

⑦无论投入多少广告费,每次只能选择 1 张订单,然后等待下一次选单机会。

⑧各个市场的产品数量是有限的,并非打广告就一定能得到,至少投入 1 M 才有机会选单。

（3）厂房交易

①厂房可以随时使用,年底才需决定是否购买所用的厂房。如果决定购买,则支付相应的现金;如果决定不购买,则必须支付租金。支付的租金不考虑厂房开始使用的时间,只要在年底时不购买厂房,则必须支付全年的租金。

②厂房可随时按购买价值出售,得到的是 4 个账期的应收账款,厂房不提折旧。厂房使用成本及规模见表 15-3。

表 15-3 厂房使用成本及规模

厂房	A 厂房	B 厂房	C 厂房
价值	32 M	24 M	12 M
租金/年	4 M	3 M	2 M
售价	32 M	24 M	12 M
容纳生产线	4 条	3 条	1 条

（4）设备交易、变更与维护

①各种生产线的投资费用、安装时间和生产周期不同。

②在投资生产线时,付出的现金是按照安装周期来分期付款。

③可以在任何时间里停止对生产线的投资,但已经付出的钱不能收回。

④生产线只有在全部投资安装完毕以后才能够开始加工产品。

⑤一条生产线在同一时间里只能加工一个产品。

⑥半自动线和全自动线在选择加工了一种产品后,如果想加工其他产品,需要花费变更时间(变更周期)。只有空生产线方可转产;当季建成的生产线要等下一季度才能翻牌生产。

⑦完成规定年份的折旧后,生产线可以继续使用,但不用提取折旧。生产线的剩余的残值可以保留,直到该生产线变卖为止。当年新建成的生产线不提折旧。

⑧设备折旧按余额递减法计算,设备价值少于 3 M 时,每年折旧按 1 M 计算,厂房不提折旧。生产线成本见表 15-4。

表 15-4　　　　　　　　　　　　　　生产线成本

生产线	手工	半自动	全自动	柔性
购买价	5 M	8 M	16 M	24 M
安装时间	无	2 Q	4 Q	4 Q
生产周期	3 Q	2 Q	1 Q	1 Q
出售残值	1 M	2 M	4 M	6 M
变更周期	无	1Q	2Q	无
变更成本	无	1M	4M	无

(5)产品技术投资

①产品的研发至少需要 6 个周期,每个周期只能投入一定的费用,不能加速研发。

②只有在研发完成后才可以进行该种产品的加工生产,没有研发完成时不能开工生产(但可以提前备料)。

③可以同时研发所有的产品,也可以选择部分产品进行研发。

④可以在任何时间里停止对产品技术的投资,但已经付出的钱不能收回。

⑤如果在停止研发一段时间后想继续研发,可以在以前研发的基础上增加投入。

产品技术投资时间与成本见表 15-5。

表 15-5　　　　　　　　　　　　产品技术投资时间与成本

产品	P2	P3	P4
时间	1.5 年(6 Q)	1.5 年(6 Q)	1.5 年(6 Q)
投资	6 M	12 M	18 M

(6)资格认证

可以自己选择是否要通过 ISO9000 或 ISO14000 的认证。可以两个都认证,也可以只选择其中一个进行认证。

可以在任何时间里停止对认证的投资,但已经付出的钱不能收回。

一项认证只有全部投资完毕后才能视作拥有了该认证的资格。资格认证时间与成本见表 15-6。

表 15-6　　　　　　　　　　　　资格认证时间与成本

项目	时间	投资
ISO9000	2 年	2 M
ISO14000	4 年	4 M

(7)产品加工

产品研发完成后,可以接单生产。生产不同的产品需要的原料不同,各种产品所用到的原料及数量如下:

P1:1 * R1

P2:1＊R1＋1＊R2

P3:2＊R2＋1＊R3

P4:1＊R2＋1＊R3＋2＊R4

各个生产线需要支付的加工费,产品生产成本见表 15-7。

表 15-7　　　　　　　　　　　　产品生产成本

产品	手工线	半自动	全自动/柔性
P1	1 M	1 M	1 M
P2	2 M	1 M	1 M
P3	3 M	2 M	1 M
P4	4 M	2 M	1 M

(8)原材料订购

①R1 和 R2 需要提前一个季度采购,R3 和 R4 需要提前两个季度采购,方能到货。

②货物在运输途中,可能会受意外情况的影响,造成延期,延期概率是由教师指导平台的参数设定决定。

③货物到达企业时,必须照单全收,并按规定支付原料费或计入应付账款。

例如,需要原材料的数量为 6-10 个,那么所有原材料(第 1-10 个)都计入账期。原材料价格见表 15-8。

表 15-8　　　　　　　　　　　　原材料价格

原材料采购(每个原材料价格 1 M)		账期
每种每次原材料采购	5 个以下	现金
	6-10 个	1 Q
	11-15 个	2 Q
	16-20 个	3 Q
	20 个以上	4 Q

(9)筹资方式

①短期贷款、民间融资,每季度初各有一次机会决定是否贷款。长期贷款,在每年年底将有一次机会决定是否贷款。

②贷款到期必须偿还,如果在贷款限额内的,可以进行续贷,否则必须用现金进行支付。

③无论长期贷款、短期贷款还是民间融资,均以 20 M 为基本贷款单位。长期贷款最长期限为 6 年,短期贷款及民间融资期限为一年,不足一年的按一年计息,贷款到期后返还。

④应收账款贴现随时可以进行,金额必须是 7 的倍数,不考虑应收账款的账期,每 7 M 的应收款交纳 1 M 的贴现费用,其余 6 M 作为现金放入现金库。

筹资方式与利率见表 15-9。

表 15-9　　　　　　　　　　　　筹资方式与利率

融资方式	贷款额度	还贷规定	利率
长期贷款	上年所有者权益的两倍-已贷长期贷款	年底付息,到期还本	5%
短期贷款	上年所有者权益的两倍-已贷短期贷款	到期一次还本付息	10%
民间融资	银行协商	到期一次还本付息	15%
应收贴现	根据应收账款额度按1:6比例	贴现时付息	1/7

(10)运营费用、所得税

①行政管理费每季度末支付 1 M,其他费用于年底根据实际情况进行核算。

②每年所得税计入应交税金,在下一年初交。

2.初始年数据

(1)固定资产 42 M

固定资产包括土地及厂房、生产设施等。

①土地和建筑(A 厂房)32 M(蓝币代表资金),A 厂房为企业自有厂房。

②机器和设备价值 10 M。

企业已购置 3 条手工生产线和 1 条半自动生产线,已扣除折旧,其中 3 条手工线每条剩余设备价值为 2 M,1 条半自动线剩余设备价值为 4 M。

(2)流动资产 58 M

流动资产包括现金、应收账款和存货等,其中存货又细分为原料、在制品和产成品。

①现金 20 M。

②应收账款 18 M。

9 M 置于应收账款 3 账期位置,9 M 置于应收账款 4 账期位置(离现金库最近为 1 账期,最远为 4 账期)。

③在制品 8 M。

公司有 3 条手工线,1 条半自动线,每条线上各有 1 个 P1 产品。手工生产线有 3 个生产周期,靠近原料库为第 1 周期,3 条手工线上的 P1 在制品分别位于第 1、2、3 周期。半自动线有 2 个生产周期,P1 在制品位于第 1 周期。每个 P1 产品成本由 1 M 原料费和 1 M 人工费组成。

④成品 8 M。

P1 成品库中有 4 个成品,每个成品由 1 个 R1 原料费 1 M 和人工费 1 M 构成。

⑤原料 4 M。

原料库中有 4 个 R1 原料,每个价值 1 M。已向供应商预定 R1 原料两个,将两个空桶放置到 R1 原料订单处示意。

(3)负债 42 M

负债包括短期负债、长期负债及各项应付款。

①长期负债 40 M。

企业有长期贷款 40 M,分别位于长期贷款的第 4 年和第 5 年到期,将两个空桶置于长期贷款的第 4 年和第 5 年位置。

沙盘上长期贷款位置,每行代表 1 年,离现金库最近的为第 1 年;短期贷款和民间融资,每行代表 1 季度,离现金库最近的为第 1 季度。

②应交所得税 20 M。

企业上一年税前利润 6 M,按规定需交纳 2 M 税金。本年税金在下一年交纳。

(五)企业经营资产损益表和负债表

企业经营资产损益表和初始资产负债表分别见表 15-10 和表 15-11。

表 15-10   企业经营资产损益表   百万

项目	本期数	对应利润表项目
销售	36	主营业务收入
直接成本	14	主营业务成本
毛利	22	主营业务利润

（续表）

项目	本期数	对应利润表项目
综合费用	9	营业费用、管理费用
折旧前利润	13	营业利润
折旧	5	
支付利息前利润	8	财务费用
财务收入/支出	2	营业外收入/支出
额外收入/支出		营业外支出
税前利润	6	利润总额
所得税	2	所得税
净利润	4	净利润

销售：本年内售出的商品金额。

直接成本：本年内售出的商品个数 * 每个的成本（2 M/个）。

毛利："销售"－"成本"。

综合费用：广告投入＋产品研发费＋行政管理费＋生产线变更费＋维修费＋厂房租金＋市场开发费＋ISO 认证费。

折旧前利润："毛利"－"综合费用"。

折旧：生产线折旧费（当年已售的生产线也计入折旧）。

支付利息前利润："折旧前利润"－"折旧"。

财务收入/支出：短贷利息＋贴现费＋长贷利息。

额外收入/支出：＋/－订单转让＋已售生产线的残值－固定资产清理费。

税前利润："支付利息前利润"＋"财务收入/支出"＋"额外收入/支出"。

所得税："税前利润" * 25%，四舍五入取整。

净利润："税前利润"－"所得税"。

表 15-11　　　　　　　　　　　初始资产负债表　　　　　　　　　　百万

资产	期末数	负债和所有者权益	期末数
固定资产：		负债：	
土地和建筑（含在建）	32	长期负债	40
机器和设备	10	短期负债	0
总固定资产	42	应付款	0
流动资产：		应交税	2
现金	20	总负债	42
应收款	18	权益：	
在制品	8	股东资本	45
成品	8	利润存留	9
原料	4	年度净利	4
总流动资产	58	所有者权益	58
总资产	100	负债加权益	100

固定资产折旧是指固定资产出于损耗而转移到生产经营管理成果中去的那部分以货币表现的价值，应以折旧费用按期计入生产经营管理成本费用。

贴现是指持票人在需要资金时,将其持有的商业汇票,经过背书转让给银行,银行从票面金额中扣除贴现利息后,将余款支付给申请贴现人的票据行为。

负债是指过去的交易、事项形成的现实义务,履行该义务预期会导致经济利益流出企业。

所有者权益是指企业资产扣除负债后,所有者享有的剩余权益。

15.3.5　操作示例分析

1.年初 4 项工作

(1)支付应交税

企业所得税的法定税率为 25%,每年税前利润首先弥补前 5 年的亏损,弥补亏损后税前利润乘以 25%取整。

(2)计划新的一年

企业管理团队要制定(调整)企业发展战略,制定生产和采购计划、固定资产投资规划和融资计划和营销策划方案等。

(3)制定广告方案

销售部门按照年初计划分区域分产品进行市场广告投放。销售总监按照广告投放的总额取相应的现金放置于沙盘上的"广告"处。财务总监做好现金收支记录。

(4)参加订单竞选

按照广告投放、市场需求等条件,企业与客户达成销售协议。销售总监按照企业年初工作计划进行订单竞选。

2.每季 10 项工作

(1)更新贷款/支付利息

更新短期贷款:如果企业有短期贷款,财务总监需将空桶向现金区方向移动一格。移至现金库时,表示短期贷款到期。

还本付息:短期贷款的还款规则是利随本清。短期贷款到期时,每桶需支付 20 M * 10%=2 M 的利息,因此,本息共 22 M。财务总监从现金库中取现金,其中 20 M 还给银行,2 M 置于沙盘"利息"处,并做好现金收支记录。

获得新贷款:短期贷款只有在这一时间点上可以申请。可以申请的最高额度为:上一年所有者权益 * 2-已有短期贷款,贷款的数量必须为 20 的倍数。财务总监将从银行取得的现金放入现金库中,同时在短期贷款的第 4 个账期上放置对应的空桶数,并做好现金收支记录。

民间融资:企业随时可以申请民间融资,民间融资的管理同短期贷款一致,只是利率不同。

贴现:将应收账款变成现金的动作,应收贴现随时可以进行。财务总监按 7 的倍数取应收账款,其中 1/7 作为贴现费置于沙盘"贴现"处,6/7 放入现金区,并做好现金收支记录。应收账款贴现时不考虑账期因素。

(2)更新应收款/归还应付款

更新应收:财务总监将应收款向现金区方向推进一格,到达现金库时,表示应收账款变为现金,现金增加,应收账款减少,并做好现金收支记录。

归还应付款:财务总监将应付款向现金区方向推进一格,到达现金库时,表示该归还应付账款,财务总监从现金库中取相应的现金,归还应付款,并做好现金收支记录。

（3）接受并支付已定的货物

接受货物:供应商发出的订货已运抵企业时,企业必须无条件接受货物并支付材料款。采购总监将原料订单区中的空桶向原料区方向推进一格,接收相应的原料。

支付货款:财务总监将原料款支付给供应商,如果现金支付,财务总监要做好现金收支记录;如果是批量采购,在沙盘应付账款上做相应标记。

（4）下原料订单

订货:采购总监根据年初的采购计划,确定采购的原料的品种和数量,每个空桶代表一批原料,将相应数量的空桶放置于对应品种的原料订单处。

（5）产品研发投资

按照年初制订的产品研发计划,生产部主管向财务总监申请研发资金,置于相应产品技术投资区。财务做好现金收支记录。

（6）更新生产/完工入库

更新生产:由生产总监将各生产线上的在制品向前推进一格。

完工入库:产品下线表示产品完工,将产品置于相应的产成品库。

（7）购买或调整生产线

生产线转产:原来生产 P1 的生产线,希望转为生产 P2 产品。生产线转产需要花费变更周期和费用。

变卖生产线:变卖时,首先按单生产线计提折旧,从设备价值区取出折旧费用放到综合管理费用折旧一项上;如果还有剩余设备价值,则进行固定资产清理,从设备价值区取出固定资产清理费用放到综合管理费用固清一项上;同时将变卖生产线拿走,并根据设备变卖残值取回相应现金。

（8）开始新的生产

生产总监根据产品结构到仓库领用相应的原料,财务总监支付工人的加工费,将原料、加工费放入小桶中置于生产线上第一个生产周期处。

（9）交货给客户

营销总监检查各成品库中的成品数量是否满足客户订单要求,满足则按照客户订单交付约定数量的产品给客户。若订单为 0 账期付款,营销总监直接将现金置于现金库,财务总监做好现金收支记录;若为应收账款,营销总监将现金置于应收账款相应账期处。

（10）支付管理费

管理费用是企业为了维持运营发放的管理人员工资、差旅费和招待费。财务总监取出 1 M 置于"管理费"处,并做好现金收支记录。

3.年末 6 项工作

（1）长期贷款

更新长期贷款:如果企业有长期贷款,财务总监需将空桶向现金库方向移动一格,当移至现金库时,表示长期贷款到期。

支付利息:长期贷款的还款规则是每年付息,到期还本,年利率为 5%。财务总监从现金库中取出长期借款利息置于"利息"处,并做好现金收支记录。长期贷款到期时,财务总监从现金库中取出现金归还本金及当年利息,并做好现金收支记录。

申请长期贷款:长期贷款只有在年末时可以申请。额度为上一年所有者权益 * 2 - 已有长期贷款。

（2）支付设备维护费

在用的每条生产线需每年支付 1 M 的维护费。财务总监取出相应现金置于沙盘上的"维护费"处，并做好现金收支记录。

（3）购买或租赁厂房

A 厂房为自主厂房，如果本年在 C 厂房中安装了生产线，此时要决定该厂房是购买还是租赁。如果购买，财务总监取出与厂房价值相等的现金置于沙盘上的厂房价值处；如果租赁，财务总监取出与厂房租金相等的现金置于沙盘"租金"处。无论购买还是租赁，财务总监都应做好现金收支记录。

（4）折旧

厂房不提折旧，设备按每条生产线余额递减法计提折旧，在建工程及当年新建设备不提折旧。折旧金额等于单条设备价值除以 3 后，按四舍五入取整。财务总监从设备价值中取折旧费置于沙盘上的"折旧"处。当设备价值下降至 3 M 时，每年折旧 1 M。

（5）市场开拓/ISO 资格认证

新市场开拓：财务总监取出现金放置于要开拓的市场区域，并做好现金支出记录。

ISO 认证投资：财务总监取出现金放置于要认证的区域，并做好现金支出记录。

（6）结账

一年的经营下来，年终要做一次盘点，编制资产负债表和利润表。

15.3.6　思考题

根据本次沙盘模拟的过程与结果，撰写总结报告，其中报告内容需包含以下几个方面：

1.个人述职

（1）本人贡献与不足；

（2）对"下一次"的规划。

2.团队述职

（1）每位成员的贡献与值得改进之处；

（2）团队协作及其效果。

3.方案分析

本公司的方案的优点、缺点及如何改进。

4.业绩分析

（1）筹资分析；

（2）投资分析；

（3）营销分析。

5.沙盘模拟经营收获

（1）与以往在校的理论课程学习的关系；

（2）对个人素质完善与提高。

参考文献

［1］工程训练教程－实训分册,梁延德,大连理工大学出版社,2012.

［2］工程训练指导书,邵强,原子能出版社,2016.

［3］机械制造技术基础(第 2 版),于俊一、邹青,机械工业出版社,2017.

［4］工程训练教程,孙文志、郭庆梁,化学工业出版社,2018.

［5］工程训练(工科类),韦相贵,清华大学出版社,2019.

［6］机械工程训练,刘元义,清华大学出版社,2011.

［7］机械制造工程训练教程,郑志军,华南理工大学出版社,2015.

［8］数控加工中心:编程实例精粹(FANUC\SIEMENS 系统),吕斌杰、孙智俊、赵汶,化学工业出版社,2009.

［9］数控车床(FANUC\SIEMENS 系统)编程实例精粹,吕斌杰,化学工业出版社,2011.

［10］工程训练教程,马中全、张锁荣、邵强,原子能出版社,2016.

［11］钳工工艺与技能训练,唐世林、肖刚,北京理工大学出版社,2009.

［12］机械基础,曾德江、黄均平,机械工业出版社,2018.

［13］金属工艺学,邓文英、郭晓鹏,高等教育出版社,2017.

［14］铸造工艺学,余欢,机械工业出版社,2019.

［15］铸造工艺学,李荣德、米国发,机械工业出版社,2013.

［16］金属工艺学实习教材,张学政、李家枢,高等教育出版社,2011.

［17］电焊工工艺学(第二版),张洪流,中国劳动社会保障出版社,2005.

［18］焊接工程师手册(第二版),陈祝年,机械工业出版社,2010.

［19］焊接手册(第三版),中国机械工程学会焊接学会,机械工业出版社,2008.